现代电力中压交流真空开关设备
——基于柔性分合闸技术

江苏现代电力科技股份有限公司　组编

施文冲　主编

科学出版社

北京

内 容 简 介

本书提出了中压交流真空开关设备的柔性分合闸技术概念,使中压交流真空开关分合闸具有"柔性"特点;探讨了中压交流真空开关设备柔性分合闸的实用化技术参数和实施技术;介绍了基于柔性分合闸技术的以分相控制为特征的智能集成中压交流真空接触器设备和基于柔性分合闸技术的以三相控制为特征的智能集成中压交流真空断路器设备。

本书注重理论与实践相结合,可供从事坚强智能配用电电网建设的方案研究与确定、设备研发与制造、产品选择与使用的科研及技术人员参考。

图书在版编目(CIP)数据

现代电力中压交流真空开关设备:基于柔性分合闸技术/施文冲主编;江苏现代电力科技股份有限公司组编. —北京:科学出版社,2016
ISBN 978-7-03-048246-4

Ⅰ.①现… Ⅱ.①施… ②江… Ⅲ.①真空开关-开关柜 Ⅳ.①TM561.2

中国版本图书馆 CIP 数据核字(2016)第 098626 号

责任编辑:裴 育 王迎春 王 苏 / 责任校对:桂伟利
责任印制:张 倩 / 封面设计:陈 敬

科 学 出 版 社 出版
北京东黄城根北街 16 号
邮政编码:100717
http://www.sciencep.com

北京通州皇家印刷厂 印刷
科学出版社发行 各地新华书店经销

*

2016 年 5 月第 一 版 开本:787×1092 1/16
2016 年 5 月第一次印刷 印张:19 1/4
字数:434 000

定价:145.00 元
(如有印装质量问题,我社负责调换)

编写人员名单

组　编　江苏现代电力科技股份有限公司

主　编　施文冲

编　写　施博一　宋玉锋　顾曹新　姚卫东　顾明锋
　　　　孟领刚　沈卫峰　王春华　单金明　丁　菊
　　　　顾　勇　纪陈平　王新明

序言

中压交流真空开关设备是智能配用电电网中的基础性设备之一,使用面广、使用量大,其性能的提高对于配用电电网安全性和可调度性的提升具有重要意义,故望电力设备科研单位和制造企业予以高度重视,使我国中压交流真空开关设备的各项技术性能有更大提高。

该书编者和组编单位采用新型电量与非电量传感器技术、电磁操动与传动技术、机械缓冲与阻尼技术以及现代自动控制技术等,对中压交流真空开关设备的动触头分合闸运动进行微行程精确导控,使产品具有分合闸时间短、时点可控、过程无弹跳等"柔性"特点,这是我国中压交流真空开关设备一次技术和性能的突破。

该书对中压交流真空开关设备的精密分合闸技术提出了实用化的技术参数,并讨论了其产业化的工艺问题,为我国中压交流真空开关产品质量的提升做出了实际贡献。对从事这类设备设计及制造的科技人员、工程师和制造业的技师、技工有重要的参考价值。建议我国为数众多的从事这类工作的人员仔细研读,必会从中受益。

卢强

2016 年元月于北京

卢强,中国科学院院士、清华大学电机系教授、瑞典皇家工程科学院外籍院士。

前言

中压交流真空开关设备主要是指中压交流真空断路器和中压交流真空接触器及其成套设备。经多年发展,其已具有结构紧凑、体积小、运行可靠和性价比高等特点,在配用电电网中得到广泛应用,成为主流产品。

中压交流真空开关设备用于配用电电网的连接和隔断,面广量大,是配用电电网的重要和关键设备,也是建设坚强智能配用电电网的基础性设备,其技术进步和产品发展受到电力系统运行管理部门和电力设备科研、制造行业的高度重视,在坚强性、智能性和集成性等方面不断取得进步。

本书编者和组编单位在很长一段时间以来,投入了大量资源进行中压交流真空开关设备技术与产品的研究与开发。除了智能化和集成化方面以外,采用新型电量与非电量传感器技术、电磁操动与传动技术、机械缓冲与阻尼技术以及现代自动控制技术等,对中压交流真空开关设备的动触头分合闸运动进行微行程精确制导控制,取得了较好的效果,使其具有分合闸时间短、时点可控、过程无弹跳等"柔性"特点,大幅提高了中压交流真空开关设备的性能,使其变得更加"坚强"。

全书共三章:第一章探讨中压交流真空开关设备柔性分合闸技术的相关概念、柔性分合闸的技术参数和柔性分合闸的实施技术;第二章介绍基于柔性分合闸技术的以分相控制为特征的智能集成中压交流真空接触器设备产品;第三章介绍基于柔性分合闸技术的以三相控制为特征的智能集成中压交流真空断路器设备产品。

本书注重理论与实践相结合,探讨性地提出属于机电开关的中压交流真空开关设备的柔性分合闸的概念;探讨实用化的柔性分合闸的技术参数和能够具体实施的可用技术;同时,从原理、功能、指标、应用设计及与现有产品的对比等方面介绍业已形成实用产品的基于柔性分合闸技术的中压交流真空开关设备,可供从事坚强智能配用电电网建设的方案研究与确定、设备研发与制造、产品选择与使用的科研与技术人员参考。

基于柔性分合闸技术的中压交流真空开关设备在研发过程中得到了清华大学徐国政教授和中国电器工业协会高压开关分会的袁大陆、田恩文、刘兆林、高山以及电力行业的汤效军、储农、高继鸣、姜宁、陈少波、冯迎春等诸多专家的指导和支持,在此表示感谢。基于柔性分合闸技术的中压交流真空开关设备以"坚强智能配用电开关设备关键技术研发及产业化"为项目名称获得了 2014 年度江苏省科技成果转化专项资金,在此表示感谢。同时,感谢本书中参考引用和未曾引注的所有文献作者;感谢现代电力中压交流真空开关设备领域所有专家、学者的智慧与辛勤劳动。

由于现代电力中压交流真空开关设备技术和产品仍在不断发展,以及编者水平限制,书中难免存在不足之处,敬请读者批评指正。希望本书能在坚强智能配用电电网建设进程中起到抛砖引玉的作用。

2016 年元月于南通

目录

Chapter 1

第一章
中压交流真空开关设备柔性分合闸技术

第一节　中压交流真空开关设备

一、中压交流开关设备的应用

(一) 电力系统的交流开关设备

现代电力网是目前世界上结构最复杂、规模最大的用于电能量生产、输送和供给瞬间同时完成的整体性产业系统,包括发电、输电、变电、配电、用电和调度等环节。发电是将热能等其他能量转换成电能量;输电是将电能量从一地送往较远距离的另一地;变电是在电能量的输送过程中为了安全、经济地输送而对电能量输送电压进行改变;配电是对电能量的使用进行安全、优质、经济的分配;用电则是与用电设备联系在一起,使电能量转化为其他形式的能量。

电力网的安全、优质、经济运行和使用至关重要,需要坚强设备和高新技术的支持,而开关设备是其中重要和关键的设备。在电力网的发电、输电、变电、配电和用电的各个环节以及各个环节之间使用各种开关设备进行电网的连接和隔断,这些开关设备采用系统调度控制、局部自动控制或者就地人工控制等方式断开或者闭合,确保电能量的安全、优质、经济和按需流向。

由于交流电有助于发电、输电、变电、配电和用电,所以除特殊情况外,电能量均采用交流输送方式,在其中所使用的开关设备称为交流开关设备。

在一般概念中,电力系统中控制电能量流向的有开关和开关设备。开关是指用于开断和关合导电回路的电器,而开关设备则是指开关与控制、测量、保护、调节装置以及辅件、外壳和支持件等部件及其电气和机械的连接组成的设备总称。近年来,由于各种相关技术的进步,不少开关与控制、测量、保护、调节装置紧密集成在一起,不再是原有意义上的开关,本书将所有这些开关、开关设备统称为开关设备,在具体讨论某种开关设备时将其赋予特性,如智能开关、智能集成开关,而开关与辅件、外壳和支持件等部件及其电气和机械的连接组成的设备,如金属封闭开关设备和控制设备(开关柜)等称为开关成套装置。

(二) 开关设备的电压分类

电能量在发电、输电、变电、配电和用电各环节中传输,需要相应的传输设备,电能量在传输设备中传输有能量损耗,能量的传输损耗除了与传输设备有关外,也与其所采用电压等级有关,传输相同电能量时电压越高损耗越小,但电压越高,存在的技术难度越大,安全风险也越高。

在电能量传输电压等级实际选择过程中,会综合考虑技术难度、投资成本、传输损耗、安全可靠性等因素,电压等级的确定也与发电、输电、变电、配电和用电各环节相关,同时与电网的历史和逐步发展过程有关。

电能量传输电压目前分为较多等级,而且随着电力网的快速发展,将出现更多电压等级。为了表述方便和简洁,将某些电压等级进行归类,但这些归类存在一定不准确性,且随着更多电压等级的出现而不断变化。例如,传统上将低于 1000V 的电力称为低压、

1000V 及以上的统称高压,但目前一般又将 1000V 及以上的高压分为中压、高压、超高压、特高压等类别。表 1-1 是目前常用电压等级约定俗成的归类及其所在电网环节。

表 1-1　电网电压等级、类别及所在电网环节

序号	等级	类别	电网环节
1	110V、220V、380V、660V	低压	用电
2	6kV、10kV、20kV、35kV、66kV	中压	用电、配电、发电
3	110kV、220kV、350kV	高压	变电、输电、发电
4	500kV	超高压	输电
5	800kV、1000kV	特高压	输电

表 1-1 中未将应用较少的电压等级列入,如矿用低压 36V 等。

与电网电压等级、类别相对应,其中使用的交流开关设备也有电压等级与类别,如表 1-2 所示。

表 1-2　电网电压等级、类别及与此对应的交流开关设备的电压等级、类别

序号	电压类别	电网电压等级	交流开关设备电压等级
1	低压	110V、220V、380V	400V
2		660V	800V
3	中压	6kV、10kV	12kV
4		20kV	24kV
5		35kV	40.5kV
6		66kV	72.5kV
7	高压	110kV	126kV
8		220kV	252kV
9		350kV	363kV
10	超高压	500kV	550kV
11	特高压	800kV	800kV
12		1000kV	1000kV

表 1-2 所示交流开关设备的电压等级为其额定电压值,一般高于其所在电网电压等级。电压等级低的交流开关设备因安全性问题而不能应用于电压等级高的电网,而电压等级高的交流开关设备因体积大、价格高而一般不用于电压等级低的电网。

额定电流是交流开关设备重要的技术指标。同样额定电流的交流开关设备,电压等级高的交流开关设备所能开合、关断的能量大于电压等级低的交流开关设备,二者与电压等级高低成正比,因此前者比后者体积大、成本高。

电力网的发电、输电、变电、配电、用电各环节中电能量的传输是瞬间同时完成的,中间没有能量的储存,因此各环节所传输的能量如果不计损耗应相同。由于属于低压用电环节的电压等级低,传输相同电能量的电流大,所以使用的低压交流开关设备数量特别多。据国家统计局统计,2010 年度低压开关电器的相关数据为:产能 67291 万台,产量

60081 万台,销量 52781 万台。

中压交流开关设备的数量与之相比要少很多,而高压、超高压、特高压开关设备则更少。2013 年度《高压开关行业年鉴》资料显示,2013 年度国内中压、高压、超高压和特高压开关设备分别为 2813821 台、58663 台、1580 台、295 台。

(三) 中压交流开关设备的功能分类

中压交流开关设备应用场合不同,基本功能也不同,可分成较多类型,主要有以下几种。

1. 断路器

断路器是指能够关合、承载及开断运行回路的正常电流,也能够在规定时间内关合、承载及开断规定的过载电流(包括短路电流)的开关设备。

2. 接触器

接触器是指除手动操作外,只有 1 个休止位置,能关合、承载及开断正常电流及规定的过载电流的开断和关合设备。

休止位置是指接触器的电磁铁或压缩空气装置处于释放状态时,接触器可动部件所处的位置。

3. 隔离开关

隔离开关是指在分位置时触头间有符合规定要求的绝缘距离和明显的断开标志,在合位置时能承载正常回路条件下的电流及在规定时间内异常条件(如短路)下的电流的开关设备。

当回路电流"很小"时,或者当隔离开关每极的两接线端间的电压在关合和开断前后无显著变化时,隔离开关具有关合和开断回路的能力。

4. 负荷开关

负荷开关是指能在正常的导电回路条件或规定的过载条件下关合、承载及开断电流,也能在异常的导电回路条件(如短路)下按规定时间承载电流的开关设备。

根据需要,负荷开关也可具有关合短路电流的能力。

5. 接地开关

接地开关是指用于将回路接地的一种机械式开关装置。

在异常条件(如短路)下,可在规定时间内承载规定的异常电流,但在正常回路条件下,不要求承载电流。

接地开关可有关合短路电流的能力,也可与隔离开关组装在一起。

6. 重合器

重合器是指能够按照规定的顺序,在导电回路中进行开断和重合操作,并在其后自动复位、分闸闭锁或合闸闭锁的自具(不需要加能源)控制保护功能的开关设备。

7. 分段器

分段器是指能够自动判断线路故障和记忆线路故障电流开断次数,且当达到整定的次数后在无电压或无电流的情况下自动分闸的开关设备。

某些分段器可具有关合短路电流(自动重关合功能)及开断、关合负荷电流的能力,但无开断短路电流的能力。

8. 起动器

起动器是指能够起动和停止电动机并同适当过载保护元件组合在一起的所有开合方式的组合体。

(四) 中压交流开关设备的产量

在所有中压交流开关设备中,断路器应用最广、使用量最大。表 1-3 是 2013 年度《高压开关行业年鉴》中对上述中压开关设备的产量统计。

表 1-3   2013 年度主要中压交流开关设备的产量

序号	电压等级/kV 产量/台 种类	12	24	27.5/55	40.5	72.5	合计
1	断路器	662859	12413	3129	62956	3	741360
2	接触器	44322	1476	—	343	—	46141
3	隔离开关	352247	2135	3050	27430	5535	390397
4	负荷开关	157098	730	—	6136	—	163964
5	接地开关	195002	6590	—	26694	41	228327
6	重合器	848	—	—	—	—	848
7	分段器	—	—	—	—	—	—
8	起动器	—	—	—	—	—	—

中压交流开关成套设备主要有金属封闭开关设备和控制设备(中压交流开关柜)以及中压环网柜。金属封闭开关设备和控制设备中有一种为气体绝缘金属封闭开关设备和控制设备。表 1-4 是 2013 年度《高压开关行业年鉴》中对这三种中压交流开关成套设备的产量统计。

表 1-4   2013 年度主要中压开关交流成套设备的产量

序号	电压等级/kV 产量/台 种类	12	24	27.5/55	40.5	72.5	合计
1	金属封闭开关设备和控制设备	408762	11547	2228	76783	—	499320
2	气体绝缘金属封闭开关设备和控制设备	2983	—	—	3657	152	6792
3	中压环网柜	217837	4890	—	3249	—	225976

二、中压交流开关设备的性能要求

中压交流开关设备处于电网的中间环节,使用面广量大、操作频繁,高可靠性是其最重要的性能要求和追求目标,对电网的安全、经济、优质运行具有重大意义。

性能优良的中压交流开关设备在电气方面应有高绝缘性能、通流性能、关合和开断性能,同时应具有好的机械运动性能、在线监控性能和环境耐受性能,这些性能互相影响。

(一) 绝缘性能

中压交流开关设备在使用中用于接通和隔断电网,其中隔离电网要求电气绝缘。中压交流开关设备的绝缘要求包括三个方面。

(1) 开关开断后动、静触头之间的绝缘。

(2) 三极(三相)开关导电部件之间的绝缘。

(3) 开关导电部件对开关结构外壳之间的绝缘,由于开关结构外壳一般接地,所以又称为对地绝缘。

中压交流开关设备的绝缘水平用各种条件下的电压承受能力表述,主要有以下几种。

(1) 额定电压:在规定的使用和性能条件下能连续运行的最高电压,等于开关设备所在电网的最高电压,表示开关设备用于电网的"系统最高电压"的最大值。

(2) 额定短时工频耐受电压。

(3) 额定雷电冲击耐受电压。

几种使用较多的中压交流开关设备的额定绝缘性能如表 1-5 所示。

表 1-5　几种使用较多的中压交流开关设备的额定绝缘性能

额定电压 (U_r、有效值)/kV	额定短时工频耐受电压(U_d、有效值)/kV		额定雷电冲击耐受电压(U_p、有效值)/kV	
	通用值	隔离断口	通用值	隔离断口
12.0	42	48	75	85
24.0	50①	60①	95①	110①
	65	79	125	145
40.5	95	118	185	215
72.5	140	140(+42)	325	325(+59)
	160	160(+42)	380	380(+59)

① 接地系统中使用的数据。

中压交流开关设备的绝缘性能受以下因素影响。

(1) 电气间隙大小。

(2) 电气间隙中绝缘材料(介质)的优劣。

(3) 海拔、温度、湿度等自然环境因素。

（二）通流性能

中压交流开关设备在使用中用于接通和隔断电网,其中接通电网要求其有较好的通过电流性能,各种条件下的通流性能表述,主要有以下几种。

（1）额定电流:开关设备在规定的使用和性能条件下,应能够持续承载的电流的有效值。中压交流开关设备的额定电流系列中使用较多的有 400A、630A、1250A、2500A、4000A 等。

（2）额定短时耐受电流:开关设备在规定的短时间内,在合闸位置能够承载的电流的有效值。

（3）额定峰值耐受电流:开关设备在规定的使用和性能条件下,在合闸位置能够承载的额定短时耐受电流第一个大半波的峰值电流。一般情况下在数值上等于额定短时耐受电流的 2.5 倍。

（4）额定短路持续时间:开关设备在合闸位置能够承载额定短时耐受电流的时间。标准值为 2s,推荐值为 3s 和 4s。

中压交流开关设备中使用最多的 12kV 交流真空断路器的通流性能如表 1-6 所示。

表 1-6　12kV 交流真空断路器的通流性能

额定电流/A 通用特性	630	1250	2500	4000
额定短时耐受电流/kA	20	31.5	40	50
额定峰值耐受电流/kA	50	80	100	125
额定短路持续时间/s	4	4	4	4

中压交流开关设备中使用较多的 12kV 交流真空接触器的通流性能如表 1-7 所示。

表 1-7　12kV 交流真空接触器的通流性能

额定电流/A 通用特性	400	400	630	1250
额定短时耐受电流/kA	4	4.5	6.3	12.5
额定峰值耐受电流/kA	4	4.5	6.3	12.5
额定短路持续时间/s	4	4	4	4

中压交流开关设备的通流性能受以下因素影响。
（1）开关导电体(包括触头)的材料。
（2）开关导电体(包括触头)的长度、横截面积。
（3）开关动、静触头之间的接触压力。
（4）开关导电体外的绝缘材料。
（5）外部环境温度。

（三）关合和开断性能

中压交流开关设备在使用中用于接通和隔断电网。通流和绝缘性能是其静态电气性

能,保证其可靠地接通与隔断。此外,中压交流开关设备应能够可靠地从隔断转换为接通和由接通转换为隔断,该瞬态过程的主要参数如下。

(1) 额定短路关合电流:在额定电压以及规定使用和性能条件下,开关能保证正常关合的最大短路峰值电流。

(2) 峰值关合电流:关合操作时电流出现后瞬态过程中开关某极第一个大半波的峰值电流。

(3) 关合电容器组涌流:在规定条件下关合电容器组时,开关关合所产生的高频衰减电流(其峰值比电容器组工作电流大很多)。

(4) 额定短路开断电流:在规定条件下,能保证正常开断的最大短路电流。

关合和开断性能是中压交流开关设备非常重要的性能,是中压交流开关设备先进性的重要指标。表 1-8 是目前有关机构对中压交流开关设备中几种使用较多的中压交流真空断路器进行型式检验的关合和开断性能的检验标准。

表 1-8　目前几种常用的中压交流真空断路器的关合和开断性能的型式检验标准

额定电压/kV 额定电流/A 关合与开断特性	12.0			40.5		
	630	1250	4000	630	1250	2000
额定短路关合电流/kA	50	80	100	50	80	80
额定短路开断电流/kA	20	31.5	40	20	31.5	31.5

中压交流开关设备的关合和开断性能受以下因素影响。

(1) 额定电压。

(2) 额定电流。

(3) 开关动、静触头的结构、材料。

(4) 开关动、静触头所在环境中的介质。

(5) 开关动触头的行程。

(6) 开关动触头的超程。

(7) 开关动触头的分合闸速度、加速度。

(8) 开关分合闸三相同期性。

(9) 开关动触头合闸弹跳、分闸反弹。

(10) 开关合闸时点在交流电压波形上的位置、分闸时点在交流电流波形上的位置。

其中,(1)和(2)是设备额定值,决定于使用场合要求;(3)~(7)决定于设备中真空开关管的要求,有上、下限值,不能越限,否则会损坏真空开关管或影响其使用寿命;(8)~(10)是设备的重要性能,最好应三相完全同期、合闸无弹跳、分闸无反弹以及合闸时点与分闸时点精准可控。

(四) 机械运动性能

中压交流开关设备从分闸状态变为合闸状态和从合闸状态变成分闸状态是通过开关中动触头的运动实现的。合闸是动触头从与静触头由分离运动至接触,分闸则是动触头从与静触头由接触运动至分离。

中压交流开关设备中开关的动触头运动由设备的机械零件、组件、部件和整机件完成。中压交流开关设备良好的机械性能体现在以下几个方面。

(1) 可靠性好,重复性好。

(2) 动触头运动速度快、时间短。

(3) 合闸过程冲撞小、弹跳小。

(4) 合闸后动、静触头间的压力大。

(5) 分闸反弹小。

(6) 分闸与合闸的三相同期性好。

(7) 零件少,结构简洁。

(8) 体积小,重量轻。

(五) 在线监控性能

中压交流开关设备目前普遍配备在线监控部件,以保证中压交流开关设备安全、可靠、透明运行,良好的在线监控性能包括电网(开关进线)侧、负载(开关出线)侧电气参数在线监控和设备本身工况参数在线监控,通常称为自动化功能,包括测量、控制、保护、信号、通信、自诊断等功能。

1) 测量功能

(1) 电网侧电压、电压谐波等配电电气参数测量。

(2) 负载侧电流、电流谐波、有功功率、无功功率、功率因数、电量等电气参数测量。

(3) 设备中合闸线圈电流、分闸线圈电流等电气参数测量。

(4) 设备中开关合闸行程、合闸超程、合闸时间、合闸速度、分闸时间、分闸速度以及分合闸同期性等机械参数测量。

(5) 变压器(负载)温度等非电气量测量。

2) 控制功能

(1) 合闸、分闸人工控制。

(2) 合闸、分闸自动控制。

(3) 合闸、分闸远方控制。

(4) 人工控制、自动控制、远方控制相互闭锁控制。

(5) 分闸、合闸的程控、五防控制。

3) 保护功能

(1) 电网过电压、欠电压、三相不平衡电压、电压谐波等电压型保护。

(2) 负载过电流、过负载、三相不平衡电流、电流谐波等电流型保护。

(3) 分合闸线圈、分合闸运动机构等异常情况的设备型保护。

(4) 变压器(负载)过温度等外设型保护。

4) 信号功能

(1) 合闸、分闸状态信号。

(2) 电网、负载、设备异常情况报警提示信号。

（3）保护启动类型信号。

（4）自诊断分析、结论信号。

5）通信功能

（1）通信规约：IEC 61850。

（2）通信接口：RS-485、RS-232、网络、光纤、GPRS。

（3）远动：遥测量、遥控制、遥信号、遥功能调整、遥定值修改、遥软件升级。

6）自诊断功能

（1）机构运动机械工况自诊断。

（2）机构运动电气工况自诊断。

（3）开关动触头运动机械工况自诊断。

（4）开关动触头运动电气（燃弧）工况自诊断。

（5）自动化部件工况自诊断。

性能更好的中压交流开关设备的自动化功能可实现负荷与配电的分析与评估功能。

1）负荷分析与评估功能

（1）负荷安全性分析与评估。

（2）负荷经济性分析与评估。

（3）负荷节能性分析与评估。

2）配电分析与评估功能

（1）配电安全性分析与评估。

（2）配电经济性分析与评估。

（3）配电电能质量分析与评估。

（六）环境耐受性能

中压交流开关设备的可靠工作除与设备本身相关外，还与工作环境有关，优质的中压交流开关设备应具有好的工作环境耐受性能。工作环境包括电气环境和自然环境。

1）电气环境

（1）电网高电压的静态、动态、瞬态的电磁干扰。

（2）负载大电流的静态、动态、瞬态的电磁干扰。

（3）二次自动化装置工作电源的静态、动态、瞬态的直接干扰。

2）自然环境

（1）海拔。

（2）空气温度、湿度。

（3）空气污染程度。

（4）运输、安装及运行过程的振动。

中压交流开关设备的环境耐受性能应满足不同环境和用户的一般使用要求，对于特殊使用环境的中压交流开关设备则要另行研究解决。

三、中压交流开关设备的结构与技术发展

（一）中压交流开关设备的结构

1. 中压交流开关设备的机械结构

中压交流开关设备由一系列机械零件组成各部件，由各部件构成整机。中压交流开关设备的机械结构一般由导电与灭弧部件（交流真空开关管）、操作部件、传动部件、自动化部件以及机体组成，如图 1-1 所示。

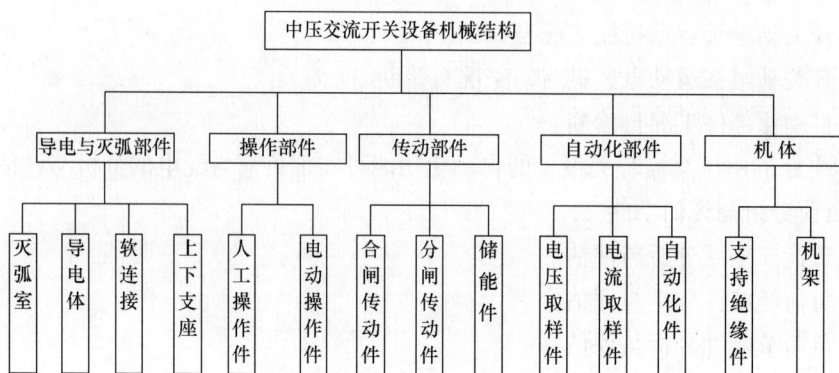

```
                中压交流开关设备机械结构
                          │
    ┌──────────┬──────────┼──────────┬──────────┐
  导电与灭弧部件   操作部件    传动部件    自动化部件    机 体
    │           │          │          │          │
 ┌─┬─┬─┬─┐    ┌─┬─┐     ┌─┬─┬─┐    ┌─┬─┬─┐     ┌─┬─┐
 灭 导 软 上     人 电      合 分 储     电 电 自      支 机
 弧 电 连 下     工 动      闸 闸 能     压 流 动      持 架
 室 体 接 支     操 操      传 传 件     取 取 化      绝
       座     作 作      动 动         样 样 件      缘
             件 件      件 件         件 件         件
```

图 1-1　中压交流开关设备的机械结构

在中压交流开关设备的机械结构中，导电与灭弧部件（交流真空开关管）是核心和关键部件，与电网的高电压、大电流相接，通过其连接或隔断电网。

（1）导电与灭弧部件。导电与灭弧部件包括灭弧室、导电体、软连接和上下支座等。导电体是两个互相分离的深入灭弧室的电极，一个与灭弧室一端固定，称为静触头；另一个与灭弧室另一端软连接，称为动触头。在接通或断开电网过程中会产生电弧，电弧有极大的伤害作用，灭弧室的构造应不利于或减少在接通或断开电网过程中电弧的产生。灭弧室、导电体、软连接有相应的支座支撑，保证其正常工作。

（2）操作部件。操作部件中有人工操作件和电动操作件。人工操作件用于人工触机进行中压交流开关设备的分合闸操作，而电动操作件可用于自动或远动进行中压交流开关设备的分合闸操作。

（3）传动部件。传动部件介于操作部件和导电与灭弧部件之间，有合闸传动件、分闸传动件。有些类型的中压交流开关设备还有储能件，用于增加分闸或合闸的动能，以加快分闸或合闸的响应，缩短分闸或合闸时间。

（4）自动化部件。中压交流开关设备在使用中所需的测量、控制、保护、信号、远动和在线监测、自诊断等自动化功能由自动化部件实现。自动化部件主要包括以微处理器为核心电路的自动化件，以及必不可少的电压取样件和电流取样件等。

（5）机体。机体中有机架和支持绝缘件。中压交流开关设备的各部件通过支持绝缘件直接或者与其互相机械连接后，最终与机架机械连接而形成完整设备。

2. 中压交流开关设备的电气结构

中压交流开关设备属于一种综合性的电气设备,涉及约定俗成的"一次"(高电压、大电流)、"二次"(低电压、小电流)和"三次"(微电压、微电流)部件,三者之间通过过渡部件在电气上互相绝缘但又在信息上相互连接,如图 1-2 所示。

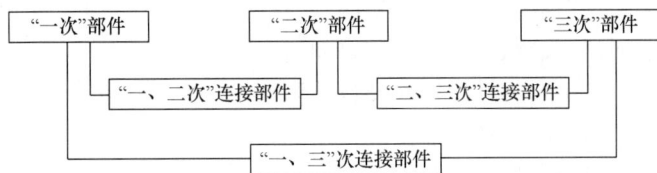

图 1-2　中压交流开关设备的电气结构

(1)"一次"部件。与电网直接电气相连实现接通或断开电网的部分称为"一次"部件,用于承受电网上的高电压和接通电网的大电流以及在接通与断开相互转换过程中的瞬态过电压与燃弧等电气恶况。

(2)"二次"部件。用于操作与控制能量来源的部分称为"二次"部件,其电压一般为∼220V 或∼110V,能量为数十伏安,瞬间有数百伏安或更大。

(3)"三次"部件。以微处理器为核心电路的电子电路部分称为"三次"部件,其工作电源一般为直流 5V,大部分器件的工作电流为 mA 级或更小的 μA 级,能耗很小。

(4)连接部件。"一次"部件为功能部件,"二次"部件为操作、驱动部件,"三次"部件为智能部件。"一次"部件是主体,"二次"部件、"三次"部件为配套性部件,使"一次"部件能安全、可靠、经济地工作。"一次"部件、"二次"部件、"三次"部件之间在电气上采取绝缘隔离,在功能上通过绝缘材料、电磁感应、光电感应等中介相连接。

(二)中压交流开关设备的技术发展

1. 大电流与小型化

随着电力系统配用电容量的增加,要求中压交流开关电器具有大的单元端口容量,同时占用空间小,易于和环境协调,以及组合化、小型化。一直以来,研究人员围绕中压交流开关设备的灭弧方式、灭弧室结构、灭弧介质、开断性能、绝缘材料及操作机构等方面进行了大量研究与实践,在理论、技术、材料和工艺上均有持续进步,现有中压交流开关设备与早期或前期相比,熄弧技术先进、操作功率小、噪声低、整体体积小。

2. 组合与智能化

中压交流开关设备在实际使用中有不少电器进行配合,传统上通过连接导线在这些独立电器的外部连接端子上进行连接后组合,存在成套性差、可靠性差、体积大及制造与运行维护困难等问题。基于组合化技术,现有中压交流开关设备对各元件电器和各部件采取了一体化设计技术与措施,以及整体小型化布置,结构合理紧凑,使原来各分立电器的功能成为一个整体功能中的一部分。

中压交流开关设备是配用电电网中的关键设备,配用电电网的坚强智能要求需要坚强智能中压交流开关设备的支持。中压交流开关设备的智能化发展很快,集成了现代控制理论、电量与非电量传感技术、网络与信息技术等,形成了数字化中压交流开关设备,具有如下特征。

(1) 确保手动、自动、远动安全的"五防"、逻辑操作。

(2) 进线侧电网状态的监测与自动适应。

(3) 出线侧电网(负载)状态的监测与自动适应。

(4) 设备自身电气工况的在线监测与自动调整。

(5) 设备自身机械工况的在线监测与自动调整。

(6) 网络化与外设之间的信息交互。

3. 高可靠性

中压交流开关设备的高可靠性自其产生之时起一直是研究、生产和使用部门努力追求的目标。由于现代电气、机械、材料、电子和控制技术的发展及其在中压交流开关设备上的创新、集成应用,中压交流开关设备的可靠性不断提高,达到较高水平,但提高中压交流开关设备的可靠性仍是今后不断努力的主要工作。

四、中压交流真空开关设备的真空熄弧技术

(一) 电弧的产生与熄灭

1. 电弧的产生及其特性

电弧是气体放电的一种形式。在正常状态下,气体具有电气绝缘性能,但在气体间隙加上足够大的电场时,电流会通过气体,这种现象称为电弧。电弧现象与气体的种类、压力(密度)、温度等有关,同时与所加电场的电极材料、形状、间隙及电极上的电压等因素有关。

图 1-3(a)是一个直流电路,电路中有一个由两个电极组成的气体间隙。电极上的电压从零逐渐增加至一定值就会发生放电现象。图 1-3(b)是气体间隙放电的电流与电压的关系。在间隙两端升高电压的开始阶段,只有微小的电流流过间隙,这是外界电离因素(如 X 射线、宇宙线等)的作用。间隙中存在少量带电粒子,随着电压的升高,电流有所增加,到达 a 点以后,电压再增高,电流将保持不变,直至 b 点。在此阶段,外界电离因素的作用所产生的粒子数是一定的,因此电流是一个恒定值,这时虽有电流,但数值微小,在工程中常把它略去,认为这个阶段的气体是不导电的绝缘介质。

在 b 点以后,电压继续升高,电流又开始有稍快的增加,这是在外界电离因素和较高电场的作用下,气体间隙中的碰撞游离电子和阴极表面发射的电子使自由电子总数增加的结果,到 c 点以前,电流都有增加的趋势。如果在此过程中移去外界电离因素,那么即使电场仍在作用,放电也会随即停止。这种在外界电离因素作用下的放电现象称为非自持放电,c 点以前的放电是非自持放电。

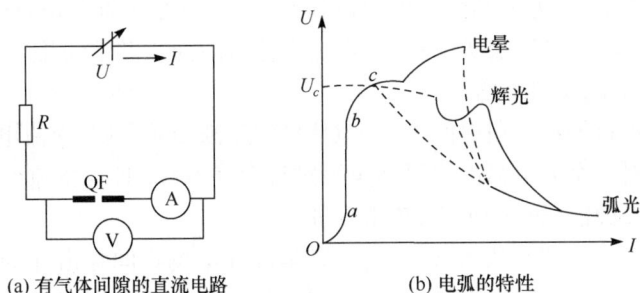

(a) 有气体间隙的直流电路 (b) 电弧的特性

图 1-3 气体间隙中的电流与电压的关系

在 c 点以后,间隙中出现了一种新的放电现象,这时电流迅速增大到较大的数值(受电路电阻 R 和电源功率的限制),气体开始发光并发出声响。这时即使停止外界电离因素的作用,间隙在电场的作用下放电也不会停止,进入自持放电阶段。

自持放电有多种形式,电弧是气体自持放电的一种形式,可以认为是放电的最终形式,可以从不同的放电形式转变而成。从 c 点开始,转变成电弧的途径和条件有三种。

(1) 如果电场比较均匀,则到达 c 点后间隙将被击穿,此时 c 点的电压称为间隙击穿电压,当电源功率足够大时,击穿电压将直接发展为电弧。

(2) 在电场比较均匀而气体压力较低时,气体间隙击穿后,将先出现辉光放电,然后随着电流的增大而逐渐转变为电弧。

(3) 在电极间距离和电极曲率半径之比很大的极不均匀电场中,当气体压力较高且回路电阻较大时,先在电极表面电场集中的区域出现电晕放电,而在电极间电压增大到一定值后才能发展为电弧。

在辉光、电晕、弧光这三种自持放电形式中,弧光放电的主要特点是电流密度大(伴随着高温和强光),而辉光放电和电晕放电则相反。弧光放电的电流密度可达每平方厘米几百安至几万安,而辉光放电的电流密度仅为每平方厘米几十微安。因此,电弧是一种能量集中、温度很高、亮度很大的气体自持放电现象,有一束导电性能极好的游离气体。

2. 交流电弧的特点及其熄灭与重燃

1) 交流电弧的特点

电力系统中普遍采用交流电,其电弧过程中的电流每半周要过零值一次,这也是其与直流电弧的不同之处。电流经过零点时,弧隙的输入能量等于零,电弧的温度下降,构成熄弧的有利条件。同时,在电流自然过零熄弧时,交流电弧的能量比直流电弧的能量要小得多,所以交流电弧的熄灭比直流电弧容易。

在电流自然过零前后的一段时间内,弧隙电阻变得相当大,以致成为限制电流值的主要因素。在电流前半周结束和下半周开始时,电弧中的电流一般并不按照正弦波变化,而是按照另外一个规律变化,即电流等于电弧电压与电弧电阻的比值。在电流自然过零前的一小段时间内,电流被电弧电阻限制得很小,实际上等于零。同样,在下一个半周开始时也是如此。虽然电弧电流在事实上仅在某一瞬间过零点,但在电流自然过零前后的整个一小段时间内,电流近似等于零,而整个这一段时间就称为电流的零休时间。电流零休时间与许多因素有关,一方面与弧隙内部过程有关,另一方面与电路条件即电压、电流及电路常数(电阻、电感、电容)有关。通常,电流零休时间为几微秒到几十微秒。

2) 交流电弧的熄灭与重燃

交流电弧电流过零这一段时间中,弧隙从导体逐渐变成介质,交流电弧的熄灭主要决定于这一过程。对于交流电弧的熄灭和重燃过程存在两种理论:弧隙介质强度恢复理论(电击穿理论)和弧隙能量平衡理论(热击穿理论)。

弧隙介质强度恢复理论认为,电弧的重燃是外加电场将间隙击穿的结果。电弧电流过零后,弧隙已是介质,不存在电导。因此,在弧隙上发生的电压恢复过程和介质强度恢复过程是互不影响和制约的。而电弧过零后的熄灭和重燃取决于这两个过程中哪一个恢复得快。如果介质强度始终大于弧隙上的恢复电压,就不再发生击穿,电弧最终熄灭。因此,交流电弧的熄灭条件是电流过零后,弧隙介质恢复强度在任何时刻始终高于弧隙上的恢复电压。而实际上从电流过零时刻开始,在弧隙上发生两个作用相反而又有联系的过程,即电压恢复过程和介质强度恢复过程。

当交流电弧最后熄灭时,在弧隙上的电压应当等于电源的电势。当电流过零电弧熄灭时,弧隙上的电压从熄弧电压上升变化到相应于电源电动势的瞬时值,这一变化过程称为弧隙上电压恢复过程。

在电压恢复过程中,恢复电压由工频恢复电压和暂态恢复电压两个分量组成。在电弧熄灭时刻,在首先灭弧的一相触头上出现的工频电压有效值称为弧隙上(或称开关触头上)的工频恢复电压。

暂态恢复电压是指电弧熄灭后,开关一相触头上的暂态电压,可以是周期性的(单频或几个频率)或非周期性的,这取决于电路的特性、开关的特性(电导和电容)及电弧熄灭时立即出现在开关触头上的工频恢复电压瞬态值。周期性暂态恢复电压的振荡是以工频恢复电压作为轴心而进行的。

在电流过零电弧熄灭时,弧隙有或大或小的介质强度,并随着去游离程度而继续增大,这就是间隙介质强度恢复过程。介质强度恢复过程能说明电弧熄灭过程和开断电弧熄灭能力的特性。介质强度恢复过程取决于电弧间隙的内部过程,如间隙中能量的变化、灭弧介质的种类和状态、触头的状态和运动等;并且与线路参数有关,电弧电流过零前的状态也对其有影响。电弧的开断过程主要是将弧隙中的能量移去,使去游离加强。开关灭弧装置的主要作用就在于将电弧开断,移去电弧的产物,将热的导电气体变成能承受线路电压的绝缘介质。

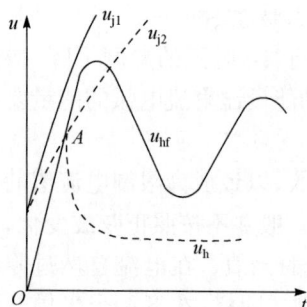

图 1-4 弧隙介质强度 u_j 与恢复电压 u_{hf} 的关系

弧隙介质强度恢复理论认为,电弧的熄灭或重燃取决于这两个过程中哪一个过程恢复得快。如图 1-4 中曲线 u_{j1} 与曲线 u_{hf} 所示,介质强度始终大于弧隙上的恢复电压,不再发生击穿,电弧最终熄灭。反之,若在某一时刻恢复电压大于介质强度,如图 1-4 中曲线 u_{j2} 与曲线 u_{hf} 所示,它们相交于 A 点,则弧隙将因击穿而重燃,加在弧隙上的电压又转变为电弧电压 u_h。这种理论可以用来解释电弧电流超前过零,但对弧隙电导预先消失的重燃现象,并不能

普遍适用。

在弧隙介质强度恢复理论提出时,认为电压恢复过程与介质恢复过程是彼此无关的,但事实上由于弧隙剩余电流的作用,这两个过程是相互联系的。

弧隙能量平衡理论认为,电弧重燃不是电流过零后简单的电压击穿,而是电路及弧隙之间的能量平衡性质。当弧隙中所产生的热能大于散出的热能时,弧隙就会因热击穿而使电弧重燃。该理论认为,在交流电流过零电弧暂时熄灭时,弧隙温度较高,热游离还未停止,弧隙仍是一个具有一定电导的通道,尚未恢复为真正的介质。因此,在恢复电压的作用下,就出现弧后电流,电源继续向弧隙输送能量,因而可能引起电弧重燃。可以认为,所有紧跟电流过零点后的重燃现象均是因有显著的弧后电流而发生的,只有经过一定延时后的重燃才是没有先期的弧后电流,而是由电击穿引起的重燃。

热击穿的观点考虑了电弧的热过程,并且指出弧隙上的电压恢复过程和介质强度恢复过程并不是相互独立的,而是通过弧隙的残余电阻相互联系和影响的。这种观点对交流电弧的熄灭和重燃有了进一步的解释。然而这个理论也有局限性,对于那些弧隙电导预先消失和因电击穿而发生重燃的现象并不能作出确切的解释。

两种理论的基本不同点在于电弧电流过零前后是否有剩余电流。在理想的开关电器中,在电弧燃炽时,弧隙电阻等于零,而在电弧熄灭后,弧隙电阻立刻变得无限大。事实上,在交流电流自然过零前的几百微秒,电流已接近于零,弧隙上已有相当的电阻,而在电流过零电弧熄灭时,弧隙还是个有相当大电阻的导体。正因为熄弧后间隙有剩余电导的存在,在恢复电压的影响下,弧隙中有电流通过,这一电流称为剩余电流或弧后电流。剩余电流等于恢复电压与剩余电导的乘积。通常用两个参数来表示剩余电流的特征,即剩余电流的最大幅值和剩余电流的持续时间。持续时间是从电弧熄灭瞬间到剩余电流最后一次等于其最大值的 10% 瞬间的时间间隔。

由于存在剩余电导,间隙上电压恢复过程和间隙介质强度恢复过程才彼此互有联系。弧隙剩余电导起着弧隙并联电阻的作用,即对电压恢复过程起阻尼作用,而电压决定了弧隙剩余电流,由此而影响间隙介质强度的恢复。弧隙能量平衡理论也是从弧隙电导出发的,认为从电流下降开始电导逐渐减小,而在电流过零时达到某一数值。电流过零后立刻引起电流通过间隙而将能量输入间隙中,输入的能量自然与线路参数及间隙本身的剩余电导有关。

在弧后电流流通时,弧隙是一个特殊的导电通道,虽然还不是绝缘介质,但与燃弧通道不同。其存在这样两种可能的结果:一是随着输入能量的增大,弧隙电导增大而发生热击穿,从而转变成燃弧通道;二是在恢复电压的作用下,能耐受一定的电压而不被热击穿,仍能转变为绝缘介质而使电弧最终熄灭。对于后者,可以认为此时弧隙也具有一定的"介质"强度(等效介质强度),用这个等效的概念来表示弧隙耐受恢复电压的能力。

若电弧电流过零后,弧隙的残余电阻为 R_P,弧隙的散失功率为 N,弧隙上的恢复电压为 u_{hf},则输入弧隙的功率 P 为

$$P = \frac{u_{hf}^2}{R_P} \tag{1-1}$$

根据能量平衡理论,使弧隙不发生重燃的临界条件为

$$P=N \tag{1-2}$$

把此时弧隙上的恢复电压称为弧隙的等效介质强度 u_j，则有

$$u_j = \sqrt{NR_P} \tag{1-3}$$

等效介质强度也可理解为使弧隙残余电阻保持恒定的恢复电压。式(1-3)是一个定性的概念，要精确定量较为困难，因为 N 和 R_P 都不能确切地表示为时间的函数，只能在某些条件下予以简化考虑。

电击穿理论和热击穿理论并不是完全对立的，只是从不同方面说明交流电弧的熄灭或重燃现象。综合各种试验结果，交流电弧的重燃既可以是"电"的作用，也可以是"热"的作用；而且可以由弧隙电击穿后转变成热击穿而引起重燃，或在弧后电流消失后发生电击穿而重燃，转化条件就是弧隙中能量的大小。

能量平衡理论不仅对电弧的熄灭过程，而且对电弧的燃炽过程，都能够比较全面地解释电弧的现象，对电弧理论的发展和应用有重大意义，但并不是所有开断过程都出现剩余电流，所以电流过零后能量平衡理论不是各种情况都适用的。

介质强度恢复理论仅能说明电弧的熄灭过程，严格地说，只是说明了电弧熄灭过程的一个阶段，不能解释出现剩余电流的现象。试验证明，弧隙的击穿并不一定跟着发生电弧的重燃，而重燃并不一定必须由放电(如火花放电)引起，也可以由热击穿引起。但介质强度恢复理论将电弧电流过零时发生的过程明确地区分为两种过程(介质强度恢复过程和电压恢复过程)，使问题简单明确，具有重要意义。

根据这两种理论说明交流电弧的熄灭过程，可将电流自然过零时交流电弧的熄灭过程基本分为两大阶段。

(1)弧隙电阻增加阶段。在电流过零前电弧燃炽时，弧隙的电阻很低，当电流接近自然过零时，弧隙的温度很高，弧隙中还存在热游离和大量离子，但这时输入弧隙的能量减少了，电弧电阻由低向高过渡，当电弧电流过零以后，电弧电阻很快上升，达到相当高的数值，为弧隙从导体状态转变成介质状态创造了条件。

(2)介质强度恢复阶段。这时热游离早已停止，导体变成介质，介质强度增加。

在这两个阶段，电弧熄灭的条件不同。在弧隙电阻增加阶段，弧隙还是个导体，有剩余电流通过，因此弧隙仍得到能量。为了保证电弧熄灭，必须使电弧能量扩散大于能量输入，迅速去游离。在介质强度恢复阶段，介质强度恢复始终高于电压恢复时，电弧熄灭。

由此可见，介质强度恢复理论是有缺点的，将电流过零后的弧隙当作介质，实际上仅是指电弧熄灭的介质强度恢复阶段。同时，弧隙介质强度的概念也仅在介质强度恢复阶段有物理上的意义，对弧隙电阻增加阶段来说，只是一个假定的概念，尚不足以说明外部效应的情况。就外部现象而言，这时从有一定电阻弧隙两端来看，可以认为与介质相似，可以承受一定的电压而不重燃，只要在这个电压下输入弧隙的能量小于弧隙散出的能量。因此，弧隙介质恢复强度就可理解为，弧隙在这个时刻所承受的外加电压下，弧隙的输入能量与散出能量应相等。

（二）真空电弧的特性及其熄灭原理

1. 真空电弧的产生

在电极间隙中如果没有气体而为理想真空时，应不会发生电弧现象。但实际不能达到理想真空状态，图 1-5 是电极材料为钨、间隙距离为 1mm 时的绝缘强度与气压的关系。当间隙气压由大气压状态逐渐降低时，起初绝缘强度随之降低，但进一步降低气压时，绝缘强度又重新升高，当气压降到 1.33×10^{-2} Pa 以下时，得到大致不变的绝缘强度。

在 10^{-2} Pa 以下的高真空中，由于空间中气体分子数量非常少，所以不会因碰撞而造成真空间隙击穿，分子数量与绝缘击穿无关，在绝缘击穿过程中起重要作用的是电极与金属蒸气。关于真空击穿的三种假说如下。

（1）场致发射：高电场强度集中于阴极表面的微小突起和尖端部分，引起电子发射，使该部分金属熔化蒸发而发展成电弧。

（2）团粒的作用：附着在电极表面上的微小金属屑等（统称团粒）受到电场作用从一极加速通过真空间隙到达另一极，团粒和电极碰撞，使团粒熔化和蒸发，金属蒸气被电子游离，导致绝缘击穿。

图 1-5　绝缘强度与气压的关系
电极材料为钨；间隙距离为 1mm

（3）电极的二次发射：间隙中的正离子和光子等撞击阴极而引起二次电子发射，或加强了场致发射而引起绝缘击穿。

这三种引起真空击穿的情况并不是孤立的，而是相互关联同时发生作用的。许多研究者认为，当真空间隙（电极间距离）很小时，击穿主要由场致发射引起；真空间隙较大时，团粒的作用成为击穿的主要原因；而由电极二次发射造成击穿的可能性极小。真空中的绝缘击穿电压，根据电极材料与表面状态的不同而有显著差别。通常电极材料的熔点或机械强度越高，其绝缘击穿电压越高。在电极表面有突起的部分时，其耐压强度显著降低，为了消除这种电极表面的突起，需要进行放电处理（老炼处理）。此外，当电极表面附着气体或有机物时，在较低电压下即发生绝缘击穿，因此必须注意使电极表面非常清洁。

真空间隙击穿所需时间极短，一般为数十纳秒至一百多纳秒。真空击穿初始阶段的电流由间隙上的分布电容储能提供，当电源功率足够大时，击穿才能发展成真空电弧。在电力系统中，电源功率很大，所以真空触头间的击穿通常都能转变成真空电弧。

2. 真空电弧的特性

1）扩散型真空电弧

当触头分开时，电流低于临界值（通常为 10A）就会发生扩散型电弧。扩散型真空电弧是由一些完全独立的分支电弧并联组成的。每个分支电弧是由负电极上一个阴极斑点和一个从斑点向阳极扩散的等离子体弧柱所组成的。每个独立电弧的电流为数十安培到数百安培，其值与电极材料有关。

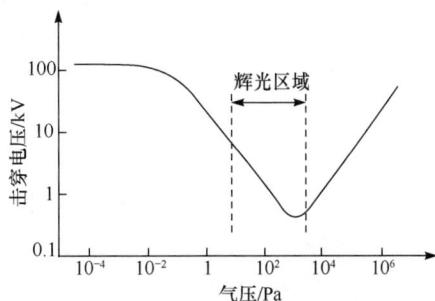

当既无电场又无电磁干扰时,一个单独的阴极斑点将在阴极表面继续不断地做不规则运动,其运动速度随电流的增大和电弧电压的增高而上升。阴极斑点面积很小,电流密度很大,所以温度很高,不仅要提供强大的电子流,同时蒸发出大量的金属蒸气来维持真空电弧的燃烧。真空间隙的气体压力很低,由于阴极斑点蒸发出大量的金属蒸气,从斑点向外就形成很高的轴向和径向压力梯度,金属蒸气和游离质点向外扩散,形成从阴极斑点向阳极逐渐扩散的锥形弧柱。

阴极斑点在阴极表面不停地由电极中心向边缘运动,当分支弧柱到达电极边缘时被弯曲,电弧电压不足以维持这一分支弧柱,这个阴极斑点就被熄灭,电弧电流转移到其他新产生的阴极斑点上。这种真空电弧因阴极斑点不断向四周扩散,而被称为扩散型真空电弧。同时,在金属表面两个相邻阴极斑点会互相排斥,许多分裂的阴极斑点也是互相排斥的,并扩散到阴极的全部有效表面上。阴极斑点运动速度的变化范围自 0 到 10m/s 左右,特殊情况下可能达到 50m/s。在一个斑点运动超过触头的边缘时,这个斑点的电弧就被熄灭,斑点上的电流就转移到还继续存在着的斑点上,使之产生新的分裂斑点,而所有的斑点都向触头边缘的外边移动,并依次熄灭。

扩散型真空电弧等离子区的电压降通常很小,蒸气压力也不是很高,粒子间基本不发生碰撞,所以正离子依靠其初始动能克服电场的阻滞而到达阳极,等离子体中的电子和正离子都由阴极跑向阳极。

扩散型真空电弧中,由于弧柱区域为锥状,阳极接收电子和正离子,没有阳极斑点,阳极表面的电流密度和温度都是较低的,这对交流真空电弧的熄灭很有利。由于阴极斑点的高速扩散,对于阴极斑点在阴极表面上所经过的任一点来说,加热时间很短,阴极不会出现大面积的熔化区域,整个阴极的平均温度也在材料的熔点以下。

扩散型真空电弧内的金属蒸气和游离粒子都要向弧柱外的真空区域扩散,要靠阴极斑点不断地供给金属蒸气才能维持电弧燃烧。在某一小电流值时,由于弧柱扩散速度过快,阴极斑点附近的蒸气压力和温度剧降,使斑点的发射和蒸发不能维持弧柱的扩散,则电弧骤然熄灭。由于真空中的强烈扩散作用,小电流真空电弧是不稳定的,一般只能维持不长时间便自动熄灭。扩散型真空电弧的寿命呈概率分布,平均寿命通常随电流的增加而增加。

2)集聚型电弧

当电流增大超过某一数值时,电弧外形将突然发生变化,阴极斑点不再向四周扩散,而聚集在一个或几个较大面积上,其直径可达 1~2cm,并出现阳极斑点,这种真空电弧称为集聚型真空电弧或大电流真空电弧。

在真空电弧电流增大时,电弧电压升高,正离子受到电场的阻滞作用也增强,正离子在没有到达阳极前,速度降为零并在电场的作用下返回阴极,阳极前的正空间电荷急剧减小,而出现负空间电荷,形成阳极压降。阳极前的电子受阳极压降的加速而轰击阳极,使阳极蒸发并使金属蒸气游离。阳极区产生的金属蒸气使弧柱电压降低,放电沿着这个低放电电压的通道发展,原来的放电被停止。

集聚型电弧形成后,若无外界磁场的作用,则阴极斑点团和阳极斑点以缓慢的速度移动,甚至基本不动,从而使阴极和阳极表面局部区域被强烈加热,导致严重熔化,电弧难以熄灭。

集聚型真空电弧的弧区有较高的蒸气压力,可达数个大气压,电弧电压比扩散型有明显的增加,使电弧能量更大。

由扩散型和集聚型真空电弧的特性可见,后者与高气压电弧相似,全部电流集中在很小的电极表面上,在这个范围内不管是阴极还是阳极表面都发生严重的熔化现象。严格地说,集聚型电弧不是真空电弧。试验证明,当发生集聚型电弧时,真空开关就会失去开断能力。扩散型真空电弧有极高的开断能力,而集聚型电弧的开断能力极低。

3）真空中的电弧电压和伏安特性

扩散型真空电弧的电弧电压低,一般在 40V 以下,波形是在直流电压上叠加一个数千赫兹到数兆赫兹的交变分量,当电弧电流超过 1kA 时,交变分量的幅值可达 5～6V。扩散型电弧电压的平均值取决于阴极材料,材料的沸点与导热系数的乘积越小,电弧电压就越低。这是因为材料沸点越低,在较低的温度下就能产生足够的金属蒸气;导热系数小,热量散失得少,阴极表面的温度就高。两者的乘积小,输入较小的能量就能产生足够多的金属蒸气,因而电弧电压就低。

高气压电弧的伏安特性是负特性,而真空电弧的特性是正特性,即随着电流的增加,电弧电压是上升的。图 1-6 显示了一个直径 2.5cm、开距 0.5cm 的铜电极真空电弧的伏安特性,从图中可见有以下三个区域。

（1）在小电流时,电弧电压几乎不变,主要是阴极压降,此时等离子区压降不随电流变化而变化。

（2）在 1～6.5kA 时,电弧电压从 20V 左右平稳地升到 40V,这是因为等离子锥重叠,使弧区蒸气密度逐渐增大,粒子间碰撞概率增大,等离子区电压降逐渐增大。

（3）当电流超过 6.5kA 时,电压突然升高,电弧电压可达 100V 以上,这是由阳极压降出现而造成的,而且电压的变化变得很不稳定,如果电弧不受外界磁场的作用,则阳极压降形成后不久,电极就会严重熔化,真空电弧电压可能重新降低。

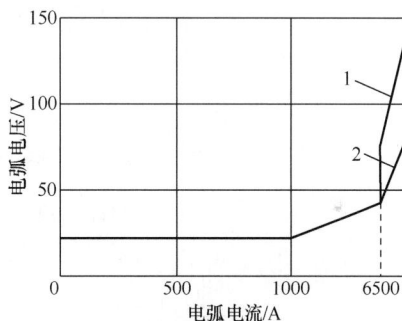

图 1-6　铜电极真空电弧的伏安特性
1-电极熔化前;2-电极熔化后

4）磁场对真空电弧的影响

横向磁场(垂直于弧柱轴线的磁场)能吹拂电弧,使真空电弧沿电极表面运动。高气压电弧在磁场中受力而运动的方向与载流导体的相互关系如图 1-7(a)所示,均符合 $F = I \times B$ 所确定的规律。然而,真空电弧的情况并非完全如此,扩散型真空电弧在横向磁场中所受的力和运动方向与载流导体(电流方向与真空电弧相同)的受力方向相反,如图 1-7(b)所示,出现所谓反向运动现象。而集聚型真空电弧在磁场中所受的力和运动方向又与高气压电弧和载流导体相同。横向磁场的作用还能使真空电弧弯曲,从而使电弧电压增大。

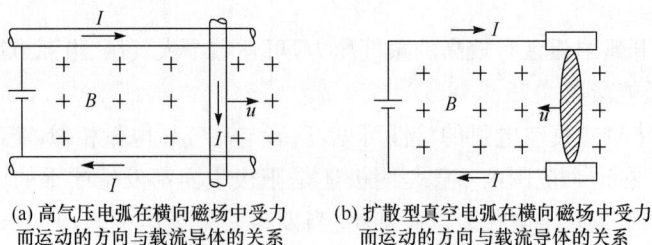

(a) 高气压电弧在横向磁场中受力
而运动的方向与载流导体的关系

(b) 扩散型真空电弧在横向磁场中受力
而运动的方向与载流导体的关系

图 1-7　在横向磁场中电弧受力方向

纵向磁场(与弧柱轴线平行的磁场)能约束电弧,在一定范围内能起到降低真空电弧电压的作用。在某一纵向磁场作用下电弧电压可有最小值,能极大地提高由扩散型电弧转变为集聚型电弧的电流(简称集聚电流)值。例如,在足够大的触头上,纵向磁场可以使电流高达 200kA 的真空电弧仍保持扩散型。

5) 真空电弧熄灭后的介质强度恢复过程

对于工频电流的电弧,在电弧电流接近自然零点时,由于金属蒸气不足和电源电压不够高而会突然熄灭,熄灭后的真空间隙最终可以承受很高的电压。图 1-8 是试验电流为 250A 和电极材料分别为银、铜、铍和铁时的真空电弧熄灭后介质强度的恢复特性。

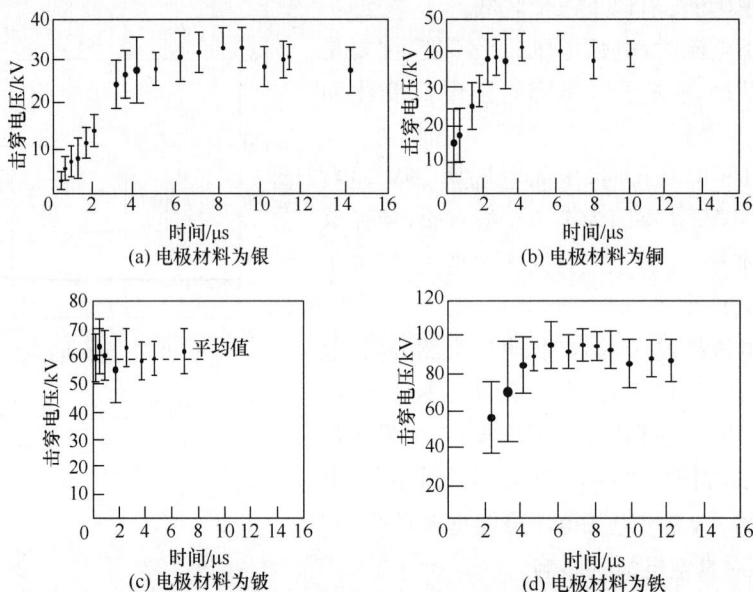

(a) 电极材料为银

(b) 电极材料为铜

(c) 电极材料为铍

(d) 电极材料为铁

图 1-8　真空电弧熄灭后介质强度的恢复特性

3. 交流真空电弧的熄灭

扩散型交流真空电弧在电流过零后,电极不会再产生新的阴极斑点,间隙的介质强度恢复也十分迅速,若此时触头间距已足够大,就不会发生重燃现象,一般在电流过零后就可最终熄灭。

集聚型交流真空电弧虽在电流过零时造成熄灭的有利时机,电弧熄灭,弧柱区游离质点向四周真空区域迅速扩散。但是由于阴极和阳极表面都面积较大且有一定深度的熔区,这些熔区的冷却需要毫秒级的时间。在这段时间内,电极的熔区仍向弧隙提供大量金属蒸气,在恢复电压的上升过程中,充满金属蒸气的弧隙不可避免地会发生击穿而使电弧重燃。集聚型交流真空电弧难以熄灭,不能用它来开断电流,用真空电弧开断较大的交流短路电流时,须采取必要的措施。

1)提高集聚电流值

在被开断的电流范围内,始终保持扩散型电弧以使电弧容易熄灭,通常利用纵向磁场触头来达到提高集聚电流值的目的。

2)加强横向磁吹

加强横向磁吹使集聚型交流真空电弧在工频半周的末尾重新转变为扩散型电弧,使在电流过零后不会再引起重燃而熄灭,因为横向磁吹作用使集聚型真空电弧迅速运动,阴极斑点不断被移向冷的电极表面,不能停留在原来的熔区上,当在后半周电流减小时,集聚型电弧就不能维持,在新的触头表面上转变成扩散型电弧。

4. 开断小电流时的截流现象

在开断较小的交流电流时(尤其在几十安以下),由于真空电弧在电弧电流自然过零点以前突然熄灭,可使电流从熄弧时的某一电流值(称为截流电流)被截断而强迫突降至零。截流现象会引起过电压,成为真空开关所必须考虑的问题。截流现象的产生,正是由小电流时真空电弧的不稳定性造成的。

平均截流电流值受很多因素的影响,其中主要因素如下。

(1)触头材料。材料的饱和蒸气压力越高,平均截流值就越低。

(2)开断电流。随着开断电流的增大,截流电流将增大,但当开断电流增加到某一数值后,截流电流的增加就很缓慢,而当开断电流足够大时,截流将不再发生。

(三)真空灭弧室技术

1. 真空灭弧室结构

根据交流真空电弧产生与熄灭的机理,在工程上研究、制造了用于中压交流开关设备的真空灭弧室(又称真空开关管等)。

真空灭火弧室(真空开关管)的结构原理如图 1-9 所示,由外壳、瓷柱、屏蔽罩、触头、波纹管和导电杆等组成。

(1)外壳由玻璃、陶瓷或微晶玻璃等无机绝缘材料制成,呈圆筒形状,两端用金属盖板封接组成一个密封容器。

(2)外壳内部有一对触头,其中静触头固定在静导电杆的端头,动触头固定在动导电杆的端头。

(3)动导电杆通过波纹管和金属板的中心孔伸出灭弧室外。

(4)动导电杆在中部与波纹管的一个端口焊接在一起,波纹管的另一个端口与金属

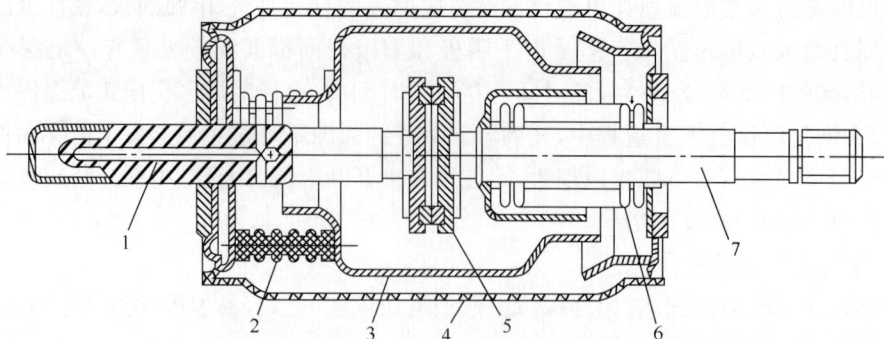

图 1-9 真空灭弧室结构

1-静电导杆;2-支持屏蔽罩的瓷柱;3-主屏蔽罩;4-外壳;5-触头;6-波纹管;7-动导电杆

盖板焊接,波纹管是一种弹性元件,其侧壁呈波纹状,可以纵向伸缩。

(5) 由于在动导电杆和金属盖板之间引入了一个波纹管,真空灭弧室的外壳就被完全密封,动导电杆可以左右移动,但不会破坏外壳的密封性,真空灭弧室内部的气压低于 $1.33\times10^{-2}\,\mathrm{Pa}$,一般为 $1.33\times10^{-3}\,\mathrm{Pa}$ 左右,因而动触头和静触头始终处在高真空状态下。

(6) 在触头和波纹管周围都设有屏蔽罩,触头周围的屏蔽罩称为全屏蔽罩,由瓷柱支撑,波纹管周围的屏蔽罩称为辅助屏蔽罩或波纹管屏蔽罩。

2. 真空灭弧室的工作原理

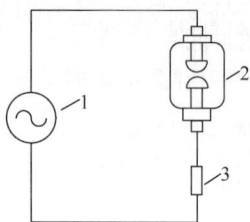

图 1-10 真空灭弧室工作原理示意图

1-交流电源;2-真空灭弧室;3-负载

如果真空灭弧室(真空开关管)接入如图 1-10 所示的电路中,当操动机构使动导电杆向上运动时,动触头和静触头就会闭合,电源与负载接通,电流流过负载。如果这时动导电杆向相反方向动作,即向下运动,动触头和静触头就会分离,在刚分离的瞬间,触头之间将会产生真空电弧。真空电弧是依靠触头上蒸发出来的金属蒸气来维持的,直到工频电流接近零时,真空电弧的等离子体很快向四周扩散,电弧熄灭,触头间隙由导电体变为绝缘体,于是电流被分断。

3. 真空灭弧室的工作特点

真空灭弧室具有如下工作特点。

(1) 熄弧过程在密封的真空容器中完成,电弧和炽热气体不会向外界喷溅,因此不会污染周围环境。

(2) 真空的绝缘强度高,熄弧能力强,所以触头的行程很小,一般均在 10mm 左右,因此操动机构的操作功率小,使整个开关设备小而轻。

(3) 熄弧时间短,电弧电压低,电弧能量小,触头损耗少,因而分断次数多,使用寿命

长,适合频繁操作。

（4）对真空灭弧室进行分合闸操作时,振动轻微,几乎没有噪声,适用于城市区域和要求安静的场所。

（5）灭弧介质为真空,因而与海拔无关,同时没有火灾和爆炸的危险。

（6）在真空灭弧室的使用期限内,触头部分不需要维修、检查,即使机构维修检查,也十分简便,所花费的时间也很短。

（四）基于真空灭弧的中压交流真空开关设备

1. 中压交流开关设备的导电与灭弧部件

中压交流开关设备由导电与灭弧部件、操作部件、传动部件、自动化部件和机体等组成,其中用于电网开断的导电与灭弧部件为核心和关键部件。

中压交流开关设备最初的导电与灭弧部件暴露在大气中,灭弧介质为空气,在大气中拉长电弧、分断电流,因此开断性能极差。经不断发展,灭弧陆续采用多油、少油、产气、压缩空气、六氟化硫气体以及真空等方式。

在 20 世纪 30 年代之前,用油作为介质几乎是提高灭弧能力的唯一方法,根据用油量的多少又分为多油和少油两种。多油结构的特点是将开关部分的所有元件都置于接地的金属油箱中,油一方面用来熄灭电弧,另一方面用来作为导电体之间及导电体与非导电体之间的绝缘介质。少油结构的特点是仅将导电与灭弧部件置于绝缘油筒或不接地的金属油箱中,油只用来熄灭电弧和作为触头间的绝缘介质。多油结构使开关设备十分庞大,少油结构有效地减小了体积,但仍存在结构复杂、油泄漏和维护困难等问题,目前已极少使用。

在少油结构的基础上,后来使用物理、化学性质均稳定的 SF_6 气体代替油作为导电与灭弧部件中的介质。各国的研究、生产和使用单位对 SF_6 型开关设备的熄弧原理、产品设计、加工工艺等方面进行了大量研究,使其在电压等级、开断容量、可靠性和体积紧凑等方面与少油型结构相比具有显著进步,因而在一段时间内被广泛应用,目前仍有少量生产、应用。

2. 中压交流真空开关设备

使用 SF_6 作为导电与灭弧部件中介质的开关设备,相对于使用油作为导电与灭弧部件中介质的多油型或少油型开关设备,当时被称为无油化开关设备。而目前无油、无气、无其他介质的导电与灭弧部件构成的开关设备称为真空(虽然不是理想真空)开关设备,同时由于其中压等级和应用于交流电网,所以称为中压交流真空开关设备。

中压交流真空开关设备与多油或少油型中压开关设备,同时与 SF_6 型中压交流开关设备相比具有很大的性价比优势,较长时间以来已成为中压交流开关设备的主流设备,据2013 年度《高压开关行业年鉴》数据,2013 年中压交流开关设备的真空型产品占总产量的98.8%,如表 1-9 所示。

表 1-9　2013 年各种类型中压交流开关设备的产量及其占比

内容	中压/kV	40.5	27.5/55	24	12	合计
产量/万台	SF_6 型	6936	846	0	1172	8954
	真空型	62956	3129	12413	662859	741357
	总产量	69892	3975	12413	664031	750311
占比/%	SF_6 型	9.92	21.28	0	0.17	1.2
	真空型	90.08	78.72	100	99.83	98.8

第二节　中压交流真空开关设备柔性分合闸技术相关概念

一、目前中压交流真空开关设备使用中存在的问题

(一)目前中压交流真空开关设备的研究与生产状况

中压交流真空开关设备具有开断能力强、可靠性高、无爆炸危害、无环境污染、体积小、重量轻、寿命长、使用方便、维护简易等一系列优点,因而得到了广泛应用,作为主流产品对电力系统的满发多供、安全可靠、稳定运行起到了很重要的作用。

长时间以来,中压交流开关设备在国内外科研、制造和使用单位促使其不断发展、提高的共同努力下,目前无论在零件、元件、部件还是在整机设计的科学性、材料选用的合理性、制造工艺的先进性方面均达到了较高水准,形成了包括中压各个电压等级的断路器、接触器等各种用途的系列产品。

中压交流真空开关设备技术仍在继续发展,主要表现在以下几方面。

(1)提高熄弧能力。从理论上和真空灭弧室结构、触头形状与材料、制造工艺等方面提高开关的熄弧能力。

(2)提高单元断口容量。由于电力系统配用电容量的不断增加,从技术经济性和可靠性角度来看,需要发展单元断口容量大、电压高的开关。

(3)小型化。小型化是指同电压等级和同容量情况下的开关设备的体积更小,小体积的开关设备减少了占用空间,容易与外设和外部环境配合、协调。

(4)组合化。中压交流真空开关设备除中压交流真空开关之外,还有一些具有独立功能的电器,如负载电流互感器、综合保护测控装置等,将这些电器与中压交流真空开关组合在一起,构成一体化整体,具有成套性而体积小、可靠性高、少维护、易安装、抗严酷环境等特点。

(5)智能化。集成现代自动控制技术及微电子软硬件技术、传感技术、网络技术、信息技术等,使中压交流真空开关设备成为坚强智能配用电电网的物质基础,同时具有设备本身工况在线监测与诊断能力,进行自适应调节和使设备由定时检修向状态检修过渡。

(6)高可靠性。中压交流真空开关设备首先要满足所要求的功能,其次是可靠性问题,包括电气可靠性和机械可靠性,可靠性是中压交流真空开关设备的首要质量问题。

目前国内外中压交流开关设备采用基本相同的原理、结构技术。总体处于相同的技术阶段，如使用结构基本相同的真空开关管和开关触头驱动机构（弹簧储能式和永磁式，绝大部分为弹簧储能式）。国外知名企业的中压交流开关设备除基础材料优质外，制造工艺相对精湛，因而质量较好。

目前国内中压交流真空开关设备的行业模式是中压交流真空开关管生产、中压交流真空开关电器的装配制造和中压交流真空开关设备（成套设备）的装配制造之间分开。国内有几个专业厂家生产中压交流真空开关管，基本达到国外产品质量。开关触头驱动机构等主要由金属、工程绝缘材料和一些标准件组成，国内有相应的零件、元件、组件以及机架的生产企业。

国内有很多厂家采用外购中压交流真空开关管和其他零件、元件、组件以及机架等后组装生产，生产、测试设备简陋，产品质量主要决定于外购材料。而中压交流真空开关设备（成套设备）则由更多企业（时称开关厂或开关成套厂）参与组装生产。

国家电网公司对在坚强智能配用电电网中使用的中压交流开关设备提出测量数字化、控制网络化、状态可视化、功能一体化、信息互动化，以及选相分合闸、故障选相分闸、重合闸等坚强智能化要求。对于选相分合闸、故障选相分闸、重合闸，目前电力行业认为采用电力电子开关技术是唯一手段，但因此形成的设备存在容量小、结构复杂、功耗大、成本高以及制造、使用、维护困难等问题，因此难以推广与普及应用。

目前国内外中压交流真空开关设备行业产品存在的主要问题是，其开关触头驱动机构属于纯机电性质，没有与先进传感器、智能装置和自动控制技术相融合，无法实现如分合闸时间短、时点可控和无弹跳等"柔性"性能，因而在实际使用中存在以下问题。

（1）成为快速切除故障的制约因素。

（2）投运电容器等负载产生很大的冲击性电流，影响负载的使用寿命。

（3）分合闸操作对电网产生冲击性电压扰动，影响电网的电能质量。

（二）目前中压交流真空开关设备在使用中存在的问题

1. 分合闸时间过长

中压交流真空开关设备中开关电器为断路器的在所有中压交流真空开关电器中使用数量最多，据2013年度《高压开关行业年鉴》统计占85%以上。中压交流真空断路器能够关合、承载、开断运行回路正常电流，也能够关合、承载及开断规定的过载电流（包括短路电流），中压交流真空断路器因此用来开断局部故障电网或设备的关口设备，使故障电网与上级大电网分离，避免电网故障范围的扩大或者故障设备的进一步损害。

在电网或设备发生故障（特别是短路故障）时，故障电网或设备从电网中分离的时间越短越好，这段时间短不仅减小了故障对电网、负载和中压交流真空开关设备本身的损害，而且可以避免危及上级电网而造成大面积的停电。

中压交流真空断路器开断故障电网或设备，目前一般要配置与其相结合的综合保护测控装置。综合保护测控装置测得电网或负载设备的故障后发出分闸信号而开断故障电网或故障负载。

电网或用电负载发生故障至该故障电网或故障负载被开断而与上级电网分离的这段

时间越短,故障电网或故障负载、上级电网以及中压交流真空开关设备本身的损害越小。这段时间目前主要由两部分组成:①综合保护测控装置的检测故障至准确判断故障时间;②中压交流真空开关设备的分闸时间,即中压交流真空开关从接到分闸命令至开关动、静触头分开的时间。

目前使用于中压的综合保护测控装置对于故障电网或故障负载的检测到作出准确判断的时间小于 20ms,有的更小,仅数毫秒。而目前中压交流真空开关设备(包括国外知名品牌的产品)的一般分闸时间大于 40ms,合闸时间大于 60ms。可见目前的中压交流真空开关设备(其中的开关)成为制约故障电网或故障负载快速切除(速切保护)的因素。此外,中压电网的某些故障保护分闸之后需要重合闸以试验故障是否消除,也需要中压交流真空开关设备(其中的开关)的合闸时间以短为好。

2. 合闸电流性冲击过大

目前中压交流真空开关设备在使用中合闸时电流性冲击过大,特别是投运中压并联电容器组或者空载线路等容性负载时,产生很大的冲击性电流(又称为涌流),这种冲击性电流对于电网、负载和开关设备本身具有很大的危害,也影响电网的电能质量,造成广域性损害。

中压并联电容器组是目前中压电网无功补偿的主要形式,由于投退中压并联电容器使用中压交流真空开关合闸产生很大的冲击性电流,而不能频繁投退中压并联电容器,使中压无功补偿的补偿精度差且速度慢,进而影响了中压无功补偿的效果。

投运中压并联电容器组的冲击性电流为脉冲型,其宽度较小,一般小于 0.5ms,幅度较大,一般为中压并联电容器组额定电流的数十至数百倍。

投运中压并联电容器组的冲击性电流的大小与中压并联电容器组的容量大小、中压电源容量以及回路阻抗有关,也与中压交流真空开关设备的开关合闸时点在中压电流-电压波形上的相位有关。

图 1-11 是中压并联电容器容量为 2000kvar,中压交流真空开关设备的开关合闸时点在中压电源电压波形上的相位为 30°,中压电源变压器容量分别为 10000kVA、20000kVA 和 50000kVA 时的波形。

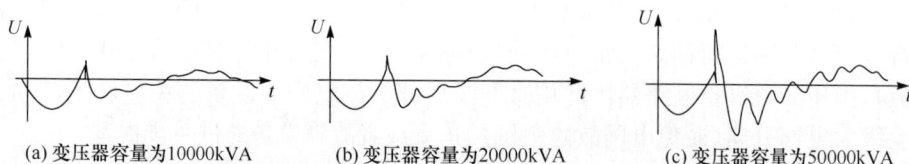

(a) 变压器容量为10000kVA   (b) 变压器容量为20000kVA   (c) 变压器容量为50000kVA

图 1-11   不同中压电源变压器容量时投运中压并联电容器的涌流波形

图 1-12 是中压并联电容器容量为 2000kvar,中压电源变压器容量为 10000kVA,中压交流真空开关设备的开关合闸时点在中压电源电压波形上的相位分别为 0°(近零)、45° 和 90°时的波形。

为了减小投运中压并联电容器组的合闸冲击性电流,常在中压并联电容器组回路中串联一个为中压并联电容器组阻抗 1%的电抗器。此外,有时为了在一定程度上抑制负

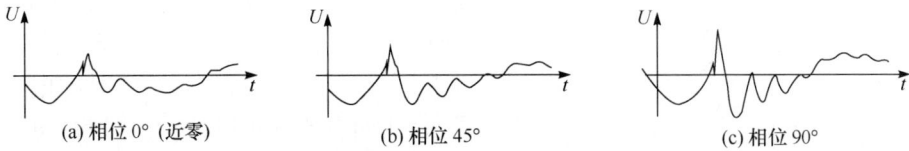

(a) 相位 0°（近零）　　　(b) 相位 45°　　　(c) 相位 90°

图 1-12　合闸时点在不同相位上投运中压并联电容器组的涌流波形

载端产生的 5 次或 3 次谐波,在并联电容组回路中串联一个为中压并联电容器组阻抗 7% 或 13% 的电抗器,在抑制 5 次或 3 次谐波的同时抑制投运中压并联电容器组的合闸冲击性电流。

图 1-13 是中压并联电容器组容量为 2000kvar,中压电源变压容量为 10000kVA,中压交流真空开关设备的开关合闸时点在中压电源电压波形上的相位为 60°,在中压并联电容器组回路中分别串接阻抗为中压并联电容器阻抗的 1%、7%、13% 的涌流波形。

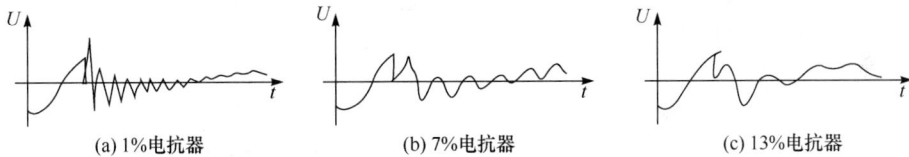

(a) 1%电抗器　　　(b) 7%电抗器　　　(c) 13%电抗器

图 1-13　串接不同阻抗电抗器时投运中压并联电容器组的涌流波形

3. 分闸电压性冲击过大

1）截流过电压

用中压交流真空开关设备在开断交流电流时,当电流从峰值下降尚未到达自然零点时,电弧熄灭,电流被突然中断,称为"截流"。由于电流被突然中断,电感负载上剩余的电磁能量就会产生过电压,称为截流过电压。截流过电压并非中压交流真空开关所特有,但中压交流真空开关比较容易发生,尤其是在开断小电感电流(主要是电力变压器和小型高压电动机)时,截流值及过电压倍数可能比较高。

在被开断的交流电流接近零点时,中压交流真空开关管内的触头间电弧的等效电阻急剧增加,同时电弧和回路产生共振现象引起高频电流,高频电流与工频电流叠加,在弧隙中进行了高频电流开断。这时的截流现象是弧柱特性和弧柱与回路的相互作用共同引起的。电弧的时间常数越大,电弧的等效电阻越小,即开关小电流时灭弧能力越弱,电弧就越容易稳定,越不容易产生截流。反之,电弧则越不稳定,越容易产生截流。真空电弧实质上是由电极材料蒸发的金属蒸气维持的,电弧的稳定性直接取决于电流的大小。工频正弦电流接近零点时的燃弧必然受随时间变化的电流支配。当电流变小时,从阴极斑点放出的金属蒸气减少,当减少到低于维持电弧所需要的粒子密度时,电弧便开始不稳定,电流波形发生振荡,最后导致电流截流,如图 1-14 所示。

小电流时真空电弧为扩散型,扩散型真空电弧有一定的寿命,只能维护一定的时间就自动熄灭。假设把交流电流在电流幅值后的 1/4 周波的每一瞬时电流都看作直流电流,

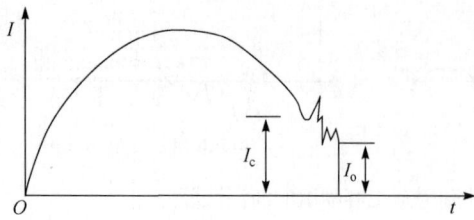

图 1-14 小电流真空电弧的电流波形

那么对应每一个电流值就有相应的电弧寿命，电流越小，电弧的寿命越短。把相当于直流电弧在该值时的寿命看作每一瞬时的电弧稳定条件，则当电流减小时，瞬态稳定性也就相应地减弱。图 1-15 以图示的方法作一簇水平线来表示每一点的瞬态稳定性随电流减小的变化，随着正弦电流逐渐趋向零点，水平线的长度也逐渐变短。最后一定会有这样一点，此时的电弧电流值所确定的瞬时寿命时间 t_{dc} 恰好等于到达自然零点时半波所剩余的时间 t_c。从这一点开始，当交流电流进一步减小时，电弧寿命就远远小于所剩余的时间，因而电弧只能在电流自然零点前自动熄灭，使工频电流突然下降至零。

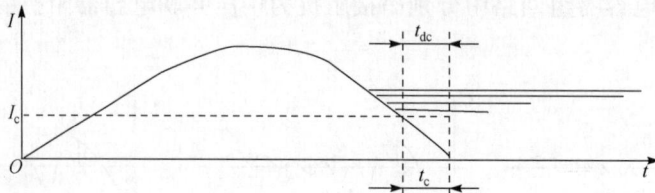

图 1-15 用与直流电弧寿命的相似图解表示交流半周末端的稳定性

可见，中压交流真空开关设备产生截流现象的主要原因是电弧电流较小时，电极斑点提供的金属蒸气不够充分且不够稳定。至于回路条件的影响较小，对于给定的电极材料，大气压下的冷阴极电弧比同样电流的真空电弧稳定，因此可以预料高气压电弧的截流值较小。真空中和高气压中截流的区别还在于电弧熄灭时电极间隙的介质状态不同。在高气压时，间隙的残余离子扩散很慢，很容易在截流产生的过渡电压下击穿。相反，在真空中，介质强度恢复速度很快，一般不发生击穿。

2）多次重燃过电压

中压交流真空开关设备在投切并联电容器组或开断较大的感性电流（如电动机起动电流等）时，即使截流过电压不成问题，也常常会发生过电压危害，击穿并联电容器组或电机匝间绝缘。研究证明，这是由于中压交流真空开关设备多次重燃产生过电压引起的，这种现象称为多次重燃过电压。

中压交流真空开关设备在开断三相感性负载时，一方面各极触头的分离不会完全相同，总是有先有后；另一方面各相电弧电流的过零时刻也有先有后（各相差 120°）。因此，总是存在其中某一相首先熄弧，而开断该相电路，然后才是其余两相的开断。如果其中某一极触头正好在某相电流过零前分离，电流即过零，电弧首先在这一相熄灭。在首先开断的那极触头上就会发生电压恢复过程。此时由于触头间隙很小，介质强度不高，在较高的恢复电压作用下，间隙就可能被击穿。受电网参数的影响，触头击穿重燃时流过高频电流。当高频电流的幅值大于工频电流瞬时值时，就会出现高频电流零点。中压交流真空开关设备具有较强的分断高频电流的能力，在高频电流零点又使电弧熄灭而开断电流，使负载侧的电容和电感发生电磁振荡，产生较高电压。这一电压又可使触头间隙再次击穿，

流过高频电流,并再次在高频电流零点开断电流,电压又上升。随着触头的不断分开,其介质恢复强度又不断增大。当介质恢复强度超过电压恢复速度时,恢复电压小于触头间隙的介质强度,重燃不复产生,电压上升过程终止。多次重燃的结果也就使负载上的电压不断升高,从而产生较高的过电压。

图 1-16 为首开相多次重燃过程的波形之一。中压交流真空开关设备在开断过程中,触头在电流零点前分离,不久电流即过零,电弧熄灭。在工频电流过零时,假定电源电压为最大值 $-U_m$,并在整个讨论过程的极短时间内近似看作一个不变值。此时负载侧电容 C 的对地电压也为 $-U_m$。电弧熄灭后,负载 L、C 电路将发生高频振荡。

负载上的电压为

$$U_C = U_L = -U_m\cos(\omega_o t) \tag{1-4}$$

电感 L 中的电流为

$$i_L = -\frac{U_m}{Z}\sin(\omega_o t) \tag{1-5}$$

振荡角频率为

图 1-16　多次重燃过电压波形(一)

$$\omega_o = \frac{1}{\sqrt{LC}} \tag{1-6}$$

波阻抗为

$$Z = \sqrt{\frac{L}{C}} \tag{1-7}$$

此时开关触头上的恢复电压 U_{hf} 为电源电压与负载电压之差,即

$$U_{hf} = U_C - U = -U_m\cos(\omega_o t) + U_m = U_m[1-\cos(\omega_o t)] \tag{1-8}$$

假定开断过程中触头间隙介质恢复强度直线上升,其恢复速度为 v,即介质恢复强度 U_j 为

$$U_j = vt \tag{1-9}$$

当电流过零后,若触头间距很小,则不能承受恢复电压作用而被击穿,电弧重燃,令击穿瞬间为 t_1,此时断路器上的恢复电压 U_{hf1} 与介质恢复强度 U_{ji} 相等,而负载电压为

$$U_{L1} = -U_m + U_{ji} \tag{1-10}$$

间隙重燃后,流过间隙的重燃电流 i_{cr} 中除工频分量外,由于原经线路电感 L_o 向电容 C 充电而出现高频分量,其高频振荡频率 f_h 为

$$f_h = \frac{1}{2\pi\sqrt{L_oC}} \tag{1-11}$$

显然,由于 L_o 比 L 小得多,使 f_h 比 $f_0\left(f_0=\frac{\omega_o}{2\pi}\right)$ 要大得多,一般可达 $10^5 \sim 10^6$ Hz。

在重燃后不久,工频电流值仍很小,可以认为弧隙中只有高频电流。可以在高频电流的某个零点熄弧而开断电流。在间隙流过高频电流期间,电感 L 中的电流几乎不发生变化,

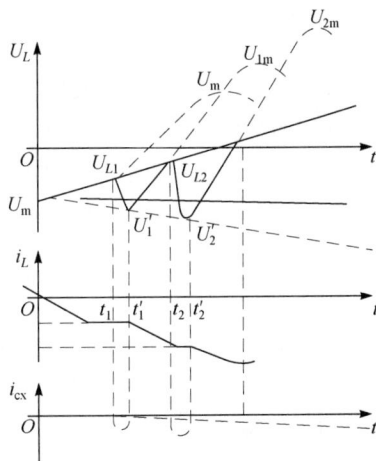

保持在 I_{L1} 值且

$$I_{L1} = \frac{U_\mathrm{m}}{2}\sin(\omega_\mathrm{o}t_1) \tag{1-12}$$

如果间隙电流 i_cr 在第一次过零时 (t_1') 被开断,忽略衰减,此时负载上的电压恰为高频振荡的幅值 U_1',且

$$U_1' = -U_\mathrm{m} + U_\mathrm{ji} \tag{1-13}$$

从这时开始,负载回路又以 f_o 的频率振荡。但是起始条件和前一次不同了。在 t_1' 时刻,电容上的电压为 U_1',电感中的电流为 $-I_{L1}$,在 t_1' 时刻以后(并以此作为计时起点),负载电压 U_{L1} 与电流 i_{L1} 将按下式变化:

$$U_{L1} = -U_1'\cos(\omega_\mathrm{o}t) + I_{L1}Z\sin(\omega_\mathrm{o}t) \tag{1-14}$$

$$i_{L1} = -\frac{U_1'}{Z}\sin(\omega_\mathrm{o}t) - I_{L1}\cos(\omega_\mathrm{o}t) \tag{1-15}$$

若不再发生间隙击穿,则 U_{L1} 的振幅 U_{1m} 即为负载上可能达到的最大过电压值,即

$$U_{1m} = \sqrt{(U_\mathrm{m}+U_{j1})^2 + (I_{L1}Z)^2} \tag{1-16}$$

而过电压倍数为

$$K = \frac{U_{1m}}{U_\mathrm{m}} = \sqrt{\left(1+\frac{U_{j1}}{U_\mathrm{m}}\right)^2 + \left(\frac{I_{L1}Z}{U_\mathrm{m}}\right)^2} \tag{1-17}$$

在工频电流开断时,若不发生截流又不重燃,则负载上的最大电压为 U_m,$K=1$,即不出现过电压。发生重燃后,由式(1-16)可见,负载上过电压增大了,其取决于重燃时的介质恢复强度、电感中的电流以及线路和负载参数。而且式中 I_{L1} 起的作用与工频电流过零前截流值的作用相似,所以可以把 I_{L1} 看成因重燃而引起的等效截流值。

随着 U_{L1} 的增大,间隙上恢复电压也会增大,如果在 t_2 时刻间隙上的恢复电压 U_{hf2} 与介质恢复强度 U_{j2} 相等(显然,$U_{j2}>U_{j1}$),将发生第二次重燃,因而得

$$U_{L2} = U_\mathrm{m} + U_{j2} > U_{L1} \tag{1-18}$$

这时电感中的电流为 $-i_{L2}$,且 $i_{L2}>i_{L1}$,重燃后在高频电流过零时又可以熄灭而开断电流,负载回路又在新的起始条件下发生振荡,使负载上的电压升高。

上述熄弧-重燃-熄弧的过程可以多次重复进行,且每一次重燃时,负载上得到的电压都比上一次重燃时高,电感中的电流也可能比上一次大。也就是说,随着重燃次数的增加,负载中储存的能量越来越多。如果在第 n 次重燃后电弧最终熄灭,且随重燃次数增多电感中的电流单调递升,则 I_{Ln} 增大,使产生的过电压增高。

多次重燃过程并不会无限重复,所产生的过电压也必然有一定的限制。这是由于触头间距在多次重燃过程中是不断增加的,介质恢复强度也不断升高,当介质恢复强度超过 U_m 时,负载侧电压就会穿过零线,如图1-17所示。这时电感 L 中的电流不再单调上升,而当电容上的电压为零时,I_L 有一个峰值,此后电容被反向充电,电感电流减小。当触头间的介质恢复强度达到某一数值后,重燃瞬间的电感电流就可能小于前一次重燃时的电流。一旦发生这种情况,则负载中储存的能量随重燃的再重复而减小,使得 $U_{(n+1)m} < U_{nm}$,触头间可能出现的恢复电压小于触头间隙的介质强度,于是重燃不再发生,电压上升过程也就终止。

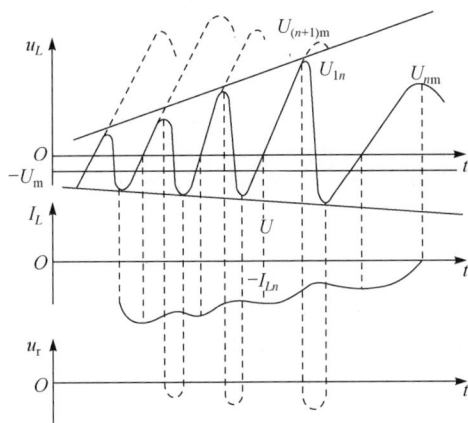

图 1-17　多次重燃过电压波形(二)

上述分析中包含许多假设,这些假设因素要求同时存在是很难的。在实际电路中,发生重燃产生高频振荡。高频振荡衰减是不可避免的,高频振荡衰减的大小、高频电弧存在时间的长短(高频电流可以在第一次过零时被开断,也可以在第二次或者任一次过零时或一直衰减至零才被开断)等都会影响多次重燃过电压。通常,重燃时高频振幅因素 β 越小,高频燃弧时间越长,则所产生的过电压就越低,高频振幅因素 β 与高频振荡电路的频率 f_h 和衰减系数 δ 有关

$$\beta = \exp\left(\frac{\delta}{-2f_h}\right) \tag{1-19}$$

根据以上分析,可以把多次重燃时所产生的过电压看成两部分过电压的叠加。一部分就是等效截流所引起的过电压,其频率为 f_o(通常为几千赫兹),取决于负载的参数,电压的上升速率随重燃次数增加逐渐变陡,电压值也升高。过电压值可以达到较高,但由于重燃,过电压特性取决于间隙的介质恢复特性。另一部分是重燃引起的过电压,称为重燃过电压,如图 1-16 中的 U_2' 等,变化频率 f_h 取决于重燃高频电路的参数(通常可达数兆赫兹)。这一重燃过电压因上升陡度很高,对电机或变压器绕组间的绝缘危害极大,过电压能使匝间绝缘损坏。这正是多次重燃过电压对电网和其他电器危害的主要原因。

3) 开断感性负载过电压

中压交流真空开关设备开断感性负载是常见的操作。在这类负载中,操作过电压的情况又随所开断的感性电流大小有所区别。空载变压器、小容量电抗器、小容量电动机以及感应式电压互感器等设备的励磁电流小,通常在几安到几十安的范围。这种小电流电弧由于其固有的特性之一——截流效应,所以在自然过零前被强制截断。波形中的 i_f 是一个高频分量,其产生是在小电流电弧过零前的瞬间,开始出现由于阴极斑点的电子不能满足电弧导通所需的导电粒子,电路中反复发生导通-截断的不稳定现象,由此在集中的和分布的储能元件中出现了由于能量瞬间转换产生的高频振荡电流。

被截断电流 i_o 具有很高的 di/dt 值,与设备电感之积 Ldi/dt 很大,L 上出现一个很高的压降。电流被截断后,电感储能元件通过其所连接的分布电容放电,能量往复交换。式(1-20)给出了在这一电磁能量转换过程中出现最大过电压的估算方法:

$$U_{m}=Ki_{o}\sqrt{\frac{L}{C}} \qquad (1\text{-}20)$$

式中, i_{o}——截流值;

　　L——负载线圈的电感;

　　C——与 L 相关的并联电容,如线圈对地的分布电容、电缆的电容等,当仅考虑前者时, $\sqrt{\frac{L}{C}}$ 为设备的波阻抗;

　　K——因电阻、涡流损耗等阻尼作用使过电压幅值减小的衰减系数。

电动机的波阻抗比变压器的大,因此开断电动机时产生的过电压也比变压器的大。式(1-20)中对应负载为电动机时的 K 值取 $0.6\sim0.8$,而对应变压器时为 0.25。当经过电缆给负载送电时,电缆的电容增大了式(1-20)中的 C 值,过电压幅值有所削减。

试验发现,对于较小的感性电流,截流还可能发生在工频电流波形的上升部分。图 1-18 为截流发生在工频电流波形上升部分和下降部分的操作过电压波形。

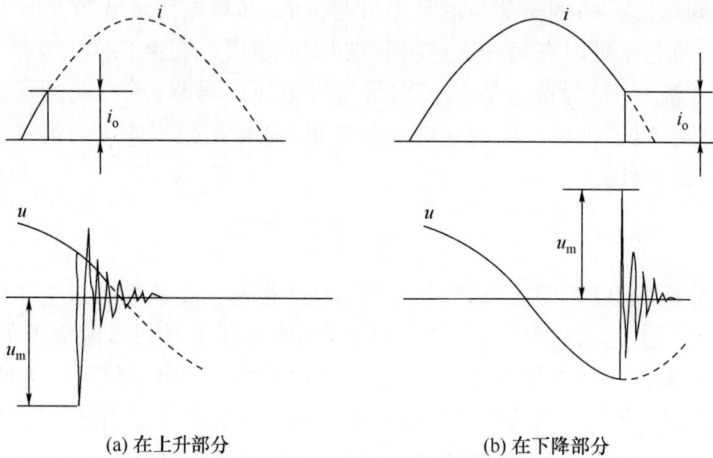

(a) 在上升部分　　　　　　　(b) 在下降部分

图 1-18　发生在工频电流波形上升部分和下降部分的截流及其过电压

应当指出,这种由于截流效应引起的过电压并不仅存在于真空开关设备中。例如,在 SF_6 断路器甚至少油断路器中同样会出现截流过电压。与这两种断路器相比,真空断路器由于其强烈的截流效应和良好的熄灭高频电弧的能力,出现截流过电压的概率较大,而且幅值较高,所以尤其受到重视。

由式(1-20)可知,截流 i_{o} 对过电压的幅值有着决定性的作用, i_{o} 的大小虽然有一定的随机性,但触头材料对它有着直接的影响。选择低截流水平的触头材料是降低截流过电压的关键措施。

4)开断容性负载过电压

使用中压交流真空开关设备投切电容器组、空载电缆、空载架空线等一类负载的共同特点为开关断口受到的威胁不是恢复电压的陡度而是其绝对值。电容电流在过零时被开断,此后电网电压 u 自其峰值起继续按正弦波规律变化,1/2 周波后到达反向峰值,这时由于负载电容的充电作用,断口受到的恢复电压为 $2U_\mathrm{m}$。如果开关断口的绝缘强度在开断过程中低于恢复电压,于是发生重燃,引起电容器组再次充电,在此过程中高频电流的熄灭与再次导通又引起了电容器组的多次重复充、放电,致使电容器极板上出现幅值极高的过电压,如图 1-19 中自坐标原点 O 计算的第 5/4 周波之后的虚线所示。因此,从理论上讲不重燃就不会产生过电压。

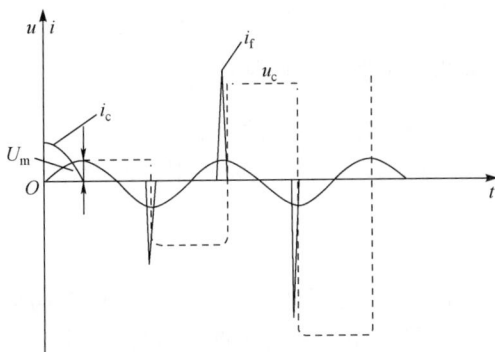

图 1-19　开断并联电容器组及发生重燃的过程

投切这些负载的差异在于开断电流不同。空载电缆和空载架空线的电流小,分别不超过 100A 和 10A;电容器组的电流则随其电容量而定,一般从几十安至几百安为常见,在合闸时,还会出现幅值高达额定电流几十倍的暂态电流——涌流,所产生的强大电动力对断路器合闸操作有不利影响。

中压交流真空开关设备在切除电容器组时出现重燃的根本原因是其灭弧室的绝缘强度明显降低,以至于无法承受电源电压和电容器上残存电荷对电位形成的恢复电压。

二、柔性分合闸技术

(一) 中压交流真空开关设备分合闸特性

1. 现有中压交流真空开关设备分合闸特性

中压交流真空开关设备是以中压交流真空开关管为核心和基础的机电型开关设备。真空开关管内有静触头和动触头,动、静触头与中压电网在电气上连接,通过动触头与静触头之间的接触与分离实现电网的连接与隔断。中压交流真空开关的其他零件、元件、部件,乃至整个机件的性能都以保证真空开关管内动触头安全、可靠和按相应要求运动为目的。

除了真空开关管之外,现有的中压交流真空开关设备中的零件、元件、部件和整机件使用支撑性、导电性金属材料和绝缘性非金属材料,根据机械力学、运动学和电磁学原理与真空开关管组成整体,具有如下特性。

(1) 中压交流真空开关设备在分合闸时真空开关管内的动触头运动参数(如速度、加速度、时间等)完全由运动机构特性决定,运动过程的控制是开环型,这些参数在运动过程中不能根据工况进行调整。

（2）中压交流真空开关设备合闸时真空开关管内动、静触头的闭合时点和分闸时真空开关管内动、静触头断开时点分别在动、静触头上的交流电压波形相位点和在通过动、静触头的电流波形相位点是随机的，不能根据负载情况进行控制。

现有中压交流真空开关设备分合闸的以上特点也是其分合闸的非微行程精确导控功能。

2. 中压交流真空开关设备柔性分合闸特性

1）中压交流真空开关设备柔性分合闸的机械特性

（1）满足现有中压交流真空开关管的动触头刚合速度、刚合压力、合闸压力、刚分速度以及行程、超程等特定要求。

（2）合闸时间短。

（3）开关动触头在合闸过程中与静触头闭合之前应单方向运动，在与静触头闭合时无非接触性弹跳，以及在与静触头闭合后的超程运动曲线平滑。

（4）满足现有中压交流真空开关管的动触头刚分速度等特定要求。

（5）分闸时间短。

（6）开关动触头在分闸过程中返回原点之前应单方向运动，而在返回原点时无反弹运动。

（7）三极式开关的三极合闸、分闸同期性好。

（8）合闸、分闸运动速度、时间可控性好。

（9）合闸、分闸运动速度、时间在同样工况下一致性好。

2）中压交流真空开关设备柔性分合闸的电气特性

（1）中压交流真空开关的开关管中动触头在合闸过程中与静触头的闭合时点在动、静触头的交流电压波形相位上的位置可控制和调整。

（2）中压交流真空开关的开关管中动、静触头在分闸过程中与静触头的断开时点在通过动、静触头交流电流波形相位上的位置可控制和调整。

3）中压交流真空开关设备柔性分合闸的机电特性

中压交流真空开关的开关管中动触头在分合闸过程中根据电网工况和负载工况自适应调节其运动参数，并使动触头与静触头断开或闭合的时点在电流或电压波形相位上的设定位置，动触头与静触头在该交流相位上闭合或断开对电网、负载和设备本身产生的冲击性电流、电压损害应最小。

（二）中压交流真空开关设备机械柔性分合闸技术

中压交流真空开关设备的柔性分合闸属于机电一体化技术，而实现机械柔性分合闸是其基础。要实现中压交流真空开关设备的柔性分合闸，首先要使其中的中压交流真空开关的中压交流真空开关管中的动触头运动受到精确控制，包括分合闸过程中各时段的速度、加速度等运动参数在满足中压交流真空开关管特定要求的基础上具有微行程精确导控特点。

图 1-20 是分合闸过程中动触头运动的理想微行程精确导控行程曲线和现有常规产品的微行程精确导控行程曲线。

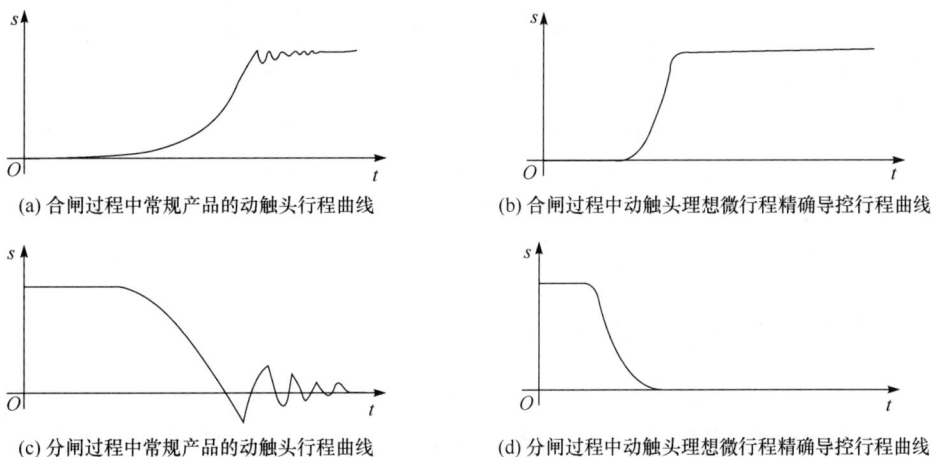

(a) 合闸过程中常规产品的动触头行程曲线 　　(b) 合闸过程中动触头理想微行程精确导控行程曲线

(c) 分闸过程中常规产品的动触头行程曲线 　　(d) 分闸过程中动触头理想微行程精确导控行程曲线

图 1-20　分合闸过程中动触头运动行程曲线

图 1-21 是常规产品与柔性分合闸产品在合闸过程中动、静触头间的压力曲线。

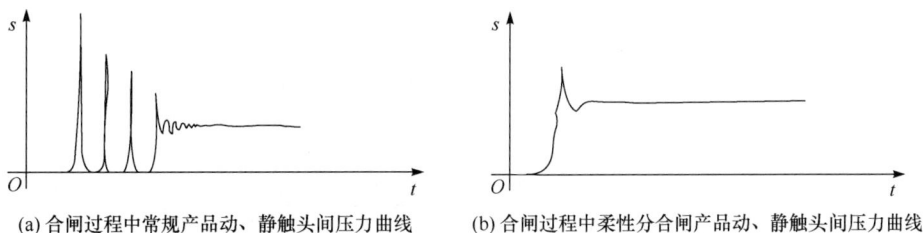

(a) 合闸过程中常规产品动、静触头间压力曲线 　　(b) 合闸过程中柔性分合闸产品动、静触头间压力曲线

图 1-21　合闸过程中动、静触头间压力曲线

实现中压交流真空开关设备的柔性分合闸，除了涉及常规产品所需的机械、电磁、绝缘等方面的技术外，同时需要微电子软硬件、微型机械运动传感器和微行程精确自动控制等技术的支撑和配合。

与现有常规中压交流真空开关设备的中压交流真空开关管中动触头运动过程不受控制（开环控制）不同，柔性分合闸的中压交流真空开关设备的中压交流真空开关管中动触头的运动过程是受控的，动触头的运动起始点和过程中的速度、加速度，以及与静触头闭合时点等都受到智能控制，在优化范围内。这是一个难度较大的微行程精确闭环自动控制，图 1-22 是该控制的结构示意图。

在柔性分合闸的动触头运动自动控制结构中，智能件是核心，包括微电子元器件和相应的控制软件。智能件通过机械运动传感器感知动触头的实际位置和运动状况，与设定方案进行分析比较，然后通过电子功率件控制电磁操动件来调节操动力，通过传动件、电气绝缘件等改变动触头的运动工况，达到微行程精确导控要求。动触头、电气绝缘件、电磁操动件等在工作过程中因本身机构、材料变化或外界因素变化均会影响动触头运动参

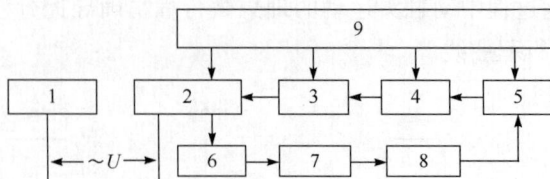

图 1-22　柔性分合闸动触头机械运动自动控制结构示意图

1-静触头；2-动触头；3-电气绝缘件；4-传动件；5-电磁操动件；

6-机械运动传感器；7-智能件；8-电子功率件；9-干扰源

数，由于这些干扰在柔性分合闸动触头运动自动控制的闭环之内，所以其影响受到抑制。

（三）中压交流真空开关设备机电柔性分合闸技术

中压交流真空开关设备在实现其中压交流真空开关管的动触头机械柔性分合闸的基础上，引进了电网电压和负载电流作为控制目标参数之后可以实现完整的柔性分合闸，即机电一体化的柔性分合闸。这是一种目标参数依次为动触头运动参数、电网电压参数和负载电流参数的三闭环或者双闭环自动控制系统（虽然使用同一个智能件），系统结构如图 1-23 所示。

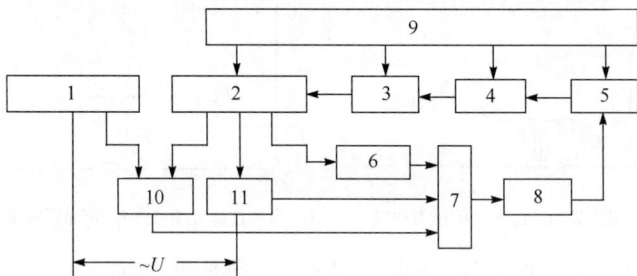

图 1-23　中压交流真空开关设备柔性分合闸自动控制结构示意图

1-静触头；2-动触头；3-电气绝缘件；4-传动件；5-电磁操动件；6-机械运动传感器；

7-智能件；8-电子功率件；9-干扰源；10-电网电压传感器；11-负载电流传感器

智能件通过电网电压传感器不仅能检测正常的工频电压，而且应能检测分合闸过程中发生的脉冲电压等瞬态电压，以及通过负载电流传感器不仅能检测正常的工频电流，而且应能检测分合闸过程中发生的涌流等瞬态电流，高度智能化的智能件通过改变动触头的运动参数使分合闸过程减小产生的冲击性电压、电流。

三、柔性分合闸的意义

（一）提高中压交流真空开关设备的性能

1. 提高中压交流真空开关设备的机械性能

中压交流真空开关设备在采用柔性分合闸技术之后能提高其开关的主要机械性能，

如表 1-10 所示。

表 1-10　柔性分合闸技术对中压交流真空开关设备的开关主要机械性能的影响

序号	项目	单位	参数变化	性能变化
1	触头开距	mm	无影响	—
2	接触行程	mm	无影响	—
3	合闸时间	ms	减小	提高
4	刚合压力	N	增大	提高
5	合闸压力	N	增大	提高
6	合闸弹跳	ms	消除	提高
7	合闸同期性	ms	减小	提高
8	分闸时间	ms	减小	提高
9	分闸反弹	ms	消除	提高
10	分闸同期性	ms	减小	提高
11	操作顺序	—	无影响	—
12	热稳定时间	s	延长	提高
13	机械寿命	次	提高	提高
14	机械故障率	%	降低	提高
15	分合闸振动与噪声	—	降低	提高

2. 提高中压交流真空开关设备的电气性能

中压交流真空开关设备在采用柔性分合闸技术后能提高其开关的主要电气性能，如表 1-11 所示。

表 1-11　柔性分合闸技术对中压交流真空开关设备的开关主要电气性能的影响

序号	项目		单位	参数变化	性能变化
1	额定电压		kV	无影响	—
2	额定频率		Hz	—	—
3	额定绝缘水平	额定雷击冲击耐受电压峰值	kV	无影响	—
4		1min 工频耐压	kV	—	—
5	短路开断电流		kA	增大	提高
6	额定电流		A	无影响	—
7	热稳定电流(有效值)		kA	增大	提高
8	动稳定电流(峰值)		kA	增大	提高
9	短路关合电流(峰值)		kA	增大	提高
10	短路开断电流开断次数		次	增加	提高
11	二次回路工频耐受电压(1min)		V	无影响	—
12	单个/背对背电容器开断电流		A	增大	提高

序号	项目	单位	参数变化	性能变化
13	接触电阻	$\mu\Omega$	减小	提高
14	合闸冲击性电流	kA	减小	提高
15	分闸冲击性电压	kV	减小	提高

（二）降低分合闸对电能质量的影响

1. 影响电能质量的因素

电能质量直接关系到电力系统的供电安全和供电质量，从技术上讲，影响电能质量的因素主要包括三方面。

（1）自然现象因素，如雷击、风暴、雨雪等对电能质量的影响，使电网发生事故，造成供电可靠性降低。

（2）电力设备及装置的分合闸投退运及正常运行的因素，如大型电力设备的起动和停运、自动开关的跳闸及重合等对电能质量的影响，使额定电压暂时降低，产生波动与闪变等。

（3）电力用户的非线性负荷、冲击性负荷等大量投运的因素，如炼钢电弧炉、电气化机车运行等对电能质量的影响，使公用电网产生大量的谐波干扰、电压扰动、电压波动与闪变等。

2. 分合闸对电网产生暂态（瞬态）电压扰动

1）分合闸对电网产生暂态扰动的原因
分合闸对电网产生暂态扰动主要有三种情况。

（1）电力系统中电源性设备分合闸切换形成操作波，造成电压波动和闪变，正常的分合闸往往伴随着瞬间的电压跌落与上升，但幅度一般不大，如果操作较大负荷的合闸或分闸，就会产生较大的电压跌落与上升。

（2）储能性设备的分合闸操作，如并联电力电容器或电抗器投入或退出运行时，根据负荷的水平情况会产生相应的无功波动，从而产生电压上升与跌落。

（3）电动机的合闸起动产生电压波动和闪变，电动机的起动需要较大的起动电流，从而产生短暂的电压跌落，特别是有些高压大容量电动机的频繁启停会产生很大的电压波动与闪变，电动机的起动电流一般为额定电流的 6～8 倍，可根据其接入点的短路容量计算电压跌落的强度。

2）分合闸对电网扰动的性质
（1）内过电压。分合闸操作（包括正常分合闸操作和故障保护分闸与重合闸）引起电力系统的状态突然从一种稳态转变为另一种稳态的过渡过程中出现过电压，这是电力系统内部原因造成的，并且能量来自电网本身，频率为工频或工频的谐波频率，在其持续时间范围内无衰减或衰减缓慢的暂时过电压和衰减很快、持续时间很短的振荡或非振荡的瞬态过电压等,典型过电压波形如表 1-12 所示。

表 1-12　暂时过电压和瞬态过电压的典型波形

分类	暂时过电压	瞬态过电压		
		缓波前	快波前	陡波前
电压波形				
范围	$10Hz<f<500Hz$ $0.03s<T_d<3600s$	$20\mu s<T_1<5000\mu s$ $T_2<20ms$	$0.1\mu s<T_1<20\mu s$ $T_2<300\mu s$	$3ns<T_1<100ns$ $0.3MHz<f_1<10MHz$ $30kHz<f_2<300kHz$ $T_d\leqslant3ms$

(2)电压骤降。电压骤降是指电网电压幅值(有效值)短暂降低,随后恢复正常值,在对某些负载进行合闸投运操作可能突然加荷或造成电压瞬时下降。

3)分合闸扰动对电网的影响

(1)对电网系统的影响。分合闸产生的扰动对电网的安全性、稳定性、可靠性均有不利影响,严重时可引起电网发生谐波,使正常供电中断、事故扩大、电网解裂等。

(2)对电网设备的影响。分合闸产生的扰动对电网的发电机、变电器、输电线路、电力电缆、电力避雷器、电力电容器、电力电抗器、电力绝缘等均产生不利影响,使这些电网设备易出现故障,缩短其使用寿命。

(3)对电网继电保护及自动装置的影响。分合闸产生的扰动不仅影响电网的继电保护及自动化装置的使用寿命,而且影响其正常工作,可能使继电保护拒动或者误动发生,导致严重后果。

(4)对电力用户的影响。分合闸产生的扰动会直接对中压用户的中压用电设备或者通过配电变压器对低压用电设备产生危害,这些设备包括电动机、变频器、无功补偿设备和各种自动化系统及装置等,会影响这些电器设备、装置的使用寿命和工作质量。

(5)对居民生活用电的影响。分合闸产生的扰动也会对居民生活用电产生不良影响,如引起照明灯光和电视画面的闪烁,引起冰箱、空调的振动,引起电能计量的误差等,也会影响居民生活用电设备的使用寿命。

3. 柔性分合闸降低对电能质量的影响

中压交流真空开关设备的柔性分合闸技术能够缩短分合闸时间,抑制合闸弹跳和分闸反弹,提高分合闸三相同期性以及可以实现相控分合闸,根据负载特性使分合闸时点在交流波形上选择合适的位置,能够有效地降低分合闸对电能质量的影响。

使用具有柔性分合闸性能的中压交流真空开关设备对并联电容器负载进行分合闸操

作,选择合适的动、静触头断开或闭合的时点所产生的电压、电流扰动有很大的不同。图 1-24～图 1-26 分别是在交流波形上 0°、45°、90°投切并联电力电容器的波形。

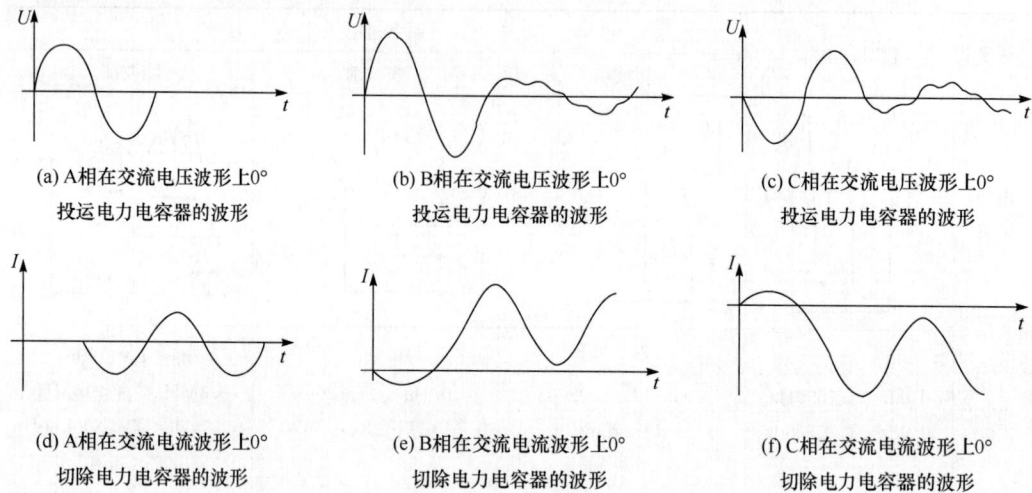

(a) A相在交流电压波形上0° 投运电力电容器的波形

(b) B相在交流电压波形上0° 投运电力电容器的波形

(c) C相在交流电压波形上0° 投运电力电容器的波形

(d) A相在交流电流波形上0° 切除电力电容器的波形

(e) B相在交流电流波形上0° 切除电力电容器的波形

(f) C相在交流电流波形上0° 切除电力电容器的波形

图 1-24　在交流波形上 0°投切电力电容器的波形

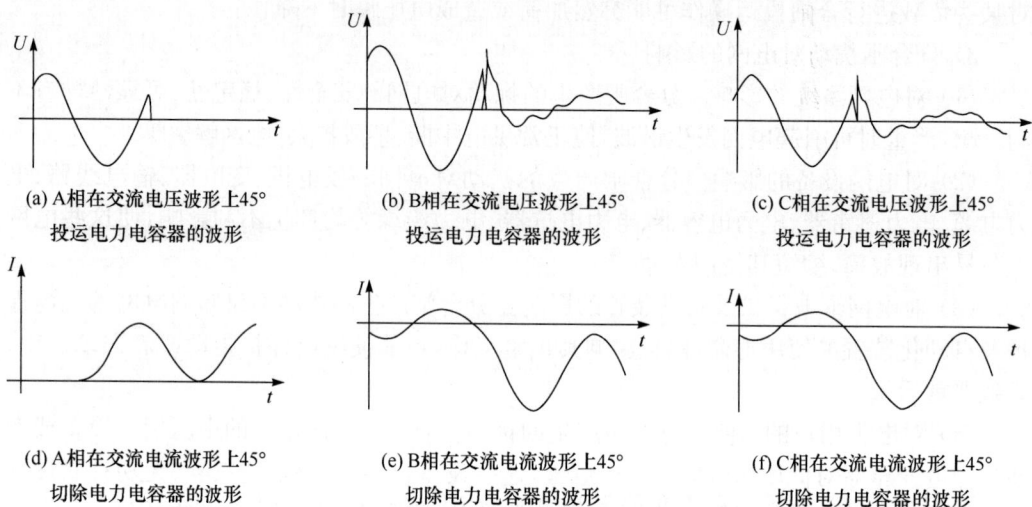

(a) A相在交流电压波形上45° 投运电力电容器的波形

(b) B相在交流电压波形上45° 投运电力电容器的波形

(c) C相在交流电压波形上45° 投运电力电容器的波形

(d) A相在交流电流波形上45° 切除电力电容器的波形

(e) B相在交流电流波形上45° 切除电力电容器的波形

(f) C相在交流电流波形上45° 切除电力电容器的波形

图 1-25　在交流波形上 45°投切电力电容器的波形

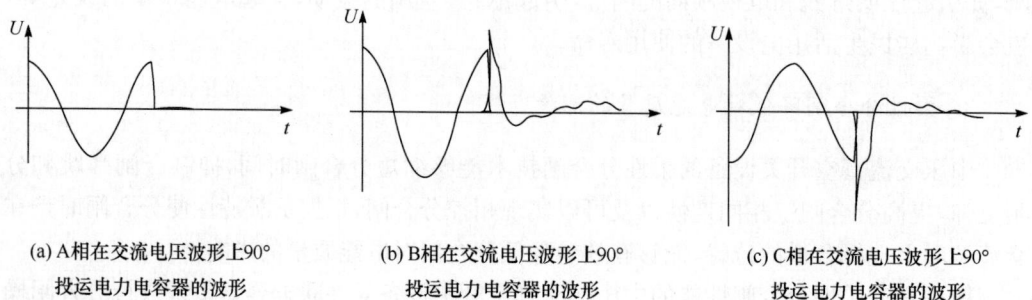

(a) A相在交流电压波形上90° 投运电力电容器的波形

(b) B相在交流电压波形上90° 投运电力电容器的波形

(c) C相在交流电压波形上90° 投运电力电容器的波形

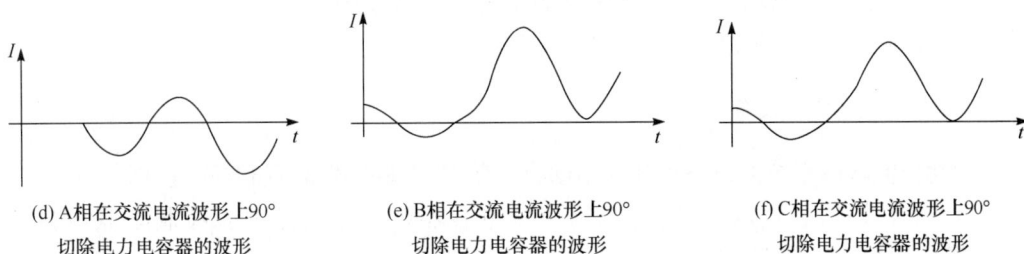

(d) A相在交流电流波形上90°
　　切除电力电容器的波形　　　　　(e) B相在交流电流波形上90°
　　　　　　　　　　　　　　　　　切除电力电容器的波形　　　　　(f) C相在交流电流波形上90°
　　　　　　　　　　　　　　　　　　　　　　　　　　　　　　切除电力电容器的波形

图 1-26　在交流波形上 90°投切电力电容器的波形

投运电力电容器采用分相操作,顺序是 A 相—B 相—C 相,使每相的动、静触头闭合时点在交流电压波形上位置相同;切除电力电容器也采用分相操作,顺序是 A 相—B 相—C 相,使每相的动、静触头断开时点在交流电流波形上的位置相同。

由图 1-24～图 1-26 可见,投切电力电容器负载时,动、静触头闭合或断开时点在交流波形上 0°位置时对电网的扰动最小,45°位置时次之,90°位置时最大。因此,中压交流真空开关设备柔性分合闸根据负载特性选相投切能有效降低分合闸对电能质量的影响。

四、柔性分合闸与柔性交流输电技术

(一) 柔性交流输电技术

1. 柔性交流输电内容

柔性交流输电技术(flexible alternating current transmission system,FACTS)又称为灵活交流输电技术,由美国电力专家 Hingorani 于 1986 年提出,并定义为"除了直流输电之外所有将电力电子技术用于输电的实际应用技术"。

柔性交流输电技术是综合电力电子技术、微电子软硬件技术、通信技术和控制技术而形成的用于灵活快速控制交流输电的新技术,能够增强交流电网的稳定性,降低电力传输的成本,柔性交流输电技术通过为电网提供感性或容性无功功率来提高输电质量和效率。

柔性交流输电是在输电系统的主要部位,采用具有单独或综合功能的电力电子装置,对输电系统的主要参数(如电压、相位差、电抗等)进行灵活快速的适时控制,以期实现输送功率合理分配,降低功率损耗和发电成本,大幅度提高系统稳定性和可靠性。

2. 柔性交流输电主要功能

柔性交流输电主要功能如下。
(1) 较大范围地控制潮流。
(2) 保证输电线输电容量接近热稳定极限。
(3) 在控制区域可以传输更多的功率,减少发电机的热备用。

（4）依靠限制短路和设备故障的影响防止线路串级跳闸。

（5）阻尼电力系统振荡。

3. 柔性交流输电设备

柔性交流输电系统的设备可分为串联补偿装置、并联补偿装置和综合控制装置。

（1）串联补偿装置，如晶闸管控制串联电容器（TCSC）、晶闸管控制串联电抗器（TCSR）、静止同步串联补偿器（SSSC）等，主要用于改变系统的有功潮流分布，进行电压调整和提高系统电压稳定性等。

（2）并联补偿装置，如静止无功补偿器（SVC）、晶闸管控制制动电阻器（TCBR）、静止同步补偿器（STATCOM）等，主要用于改善系统的无功分布，进行电压调整和提高系统电压稳定性等。

（3）综合控制装置，如统一潮流控制器（UPFC）等，综合了串、并联补偿的功能和特点，具备实现电力网络控制潮流、阻尼振荡、提高系统稳定性等多种功能。

4. 柔性交流输电技术特点

柔性交流输电技术能有效提高交流系统的安全稳定性，可以满足电力系统长距离、大功率、安全稳定输送电力的要求。柔性交流输电技术从根本上改变了交流电网过去基本上只依靠缓慢、间断以及不精确的机电设备进行控制的局面，为交流输电网提供了快速、连续和精确的电力电子控制手段以及输送优化潮流功率的能力，保证了系统的稳定性，有助于在事故发生时防止连续反应造成的大面积停电。

柔性交流输电技术能有效提高交流系统的经济性。

（1）完全能与原输电方式协调，无机械磨损，控制信号功率小，控制灵活性高，能快速、平滑地调节，可灵活、方便、迅速地改变系统潮流分布，提高系统的稳定性。

（2）采用柔性交流输电技术的线路，输送能力可增大到接近导线的热极限，提高了输电线路的利用率。

（3）柔性交流输电技术能够提高联络线的输电能力，减小发电机备用容量。

（4）采用柔性交流输电技术，电网和设备故障的影响可以得到有效控制，防止事故扩大，减轻系统事故的影响。

（二）柔性交流输电技术的柔性分合闸功能

柔性交流输电设备具有连接和隔断电网的能力，即具有分合闸的开关功能，分合闸是柔性交流输电设备的基本功能。与中压交流真空开关设备使用中压交流真空开关管作为分合闸元件不同，柔性交流输电设备中使用高电压、大功率电力电子器件（如 IGBT 管、晶闸管等）作为分合闸元件。

柔性交流输电设备的分合闸是完全意义上的柔性分合闸，其指标高于中压交流真空开关设备的柔性分合闸指标。

使用高电压、大功率的电力电子器件代替中压交流开关设备中的分合闸开关元件，

虽然能达到理想的柔性分合闸性能,但存在结构复杂、体积庞大、性价比较低等问题而不能得到广泛应用,因此可能在相当长一段时间内只能局限于一些有特定要求的场合使用。

使用电力电子器件作为开关元件的柔性中压交流开关设备与基于柔性分合闸技术的中压交流真空开关设备相比,在推广应用中存在以下问题。

(1) 结构极为复杂,体积也十分庞大,安装投运环境条件要求高,在普通中压变电所内应用十分困难。

(2) 由于结构十分复杂,影响了其可靠性,同时要求其运行、维护人员具有很高的专业水准,一般的供电公司和电力用户是不具备的。

(3) 电力电子器件在导通时有压降,因此有功率损耗,功率损耗产生热量,使设备温度升高,需要在设备内部和运行空间安装散热与降温装置,增加设备与安装运行的复杂性。

(4) 设备费用昂贵,设备中关键元件是脆弱且可靠性较差的高电压、大功率电力电子器件,一旦故障,后果严重并且维护费用高。

五、柔性分合闸的实用化要求

(一) 可靠性要求

可靠性是中压交流真空开关设备所有性能中最重要的性能,对于具有柔性分合闸性能的中压交流真空开关设备也是如此,不能以增加了柔性分合闸性能而牺牲了中压交流真空开关设备的整体可靠性。

基于柔性分合闸技术的中压交流真空开关设备最基本的功能是分合闸功能,用于连接和隔断电网,应在现有中压交流真空开关设备的分合闸可靠性基础上增加柔性分合闸性能后进一步提高分合闸可靠性,而不是降低分合闸可靠性。

现有中压交流真空开关设备的可靠性包括机械可靠性、电气可靠性两方面,基于柔性分合闸技术的中压交流真空开关设备除了机械、电气两方面可靠性外,还有软件运行可靠性方面的问题。

中压交流真空开关设备的柔性分合闸性能需要微电子软硬件技术支撑,并和一系列受到高电压、大电流影响的机械运动传感器、电气传感器相连,微电子电路因此在强电磁场干扰的情况下工作,特别是在发生短路性故障时,应仍能可靠地工作。

(二) 传承性与通用性要求

中压交流真空开关设备增加柔性分合闸性能之后,为了有利于普及性推广应用,在性能、结构、安装等方面与现有中压交流真空开关设备应具有传承性和通用性。

1. 性能的传承性和通用性

基于柔性分合闸技术的中压交流真空开关设备的柔性分合闸性能是在现有中压交流

真空开关设备的性能基础上增加或提高的,因此要求其至少保留而不是降低现有中压交流真空开关设备的性能,在特殊情况下可以取消柔性分合闸性能,而仍具有现有中压交流中真空开关设备的性能及其可靠性。

现有中压交流真空开关按基本性能分为断路器、接触器、重合器、分段器等类型,基于柔性分合闸技术的中压交流真空开关没有改变其基本性能,因此仍有基于柔性分合闸技术的中压交流真空断路器、接触器、重合器、分段器等之分。

2. 结构与安装的传承性和通用性

现有中压交流真空开关设备是指中压交流真空开关装置与相关控制、测量、保护、信号和调节设备的组合,以及与相关的辅件、外壳和支持件及其内部连接所构成的设备的总称,对于使用量占绝大多数的能够关合、承载、开断运行回路正常电流,也能在规定时间内关合、承载及开断规定的过载电流(包括短路电流)的断路器类中压交流真空开关设备,普遍采用除外部连接外,全部装配完成并封闭在接地金属外壳内,结构的主要组成如下。

(1) 金属外壳:提供规定的防护等级,以保护内部设备不受外界影响,防止人员接近或触及带电部分和运动部分。

(2) 隔室:用金属隔板将外壳内部分隔成若干隔室,除内部连接、控制或通风所必要的开孔外,其余封闭,有基于联锁控制、程序、工具的三种可触及隔室和内部装有中压元件的不可触及隔室。

(3) 元件:具有特定功能的基本部件,如隔离开关、熔断器、互感器、套管、母线等。

(4) 智能电子装置(IED):进行控制、测量、保护、信号和调节的一个或多个微处理器协同工作的装置。

中压交流中真空开关设备的柔性分合闸性能的实现需要对其开关采取如下措施。

(1) 增加相应机械量传感器和电气量传感器。

(2) 提高操动机构和传动机构的性能。

(3) 增加智能电子装置的开关动触头行程闭环控制功能,并提高其智能化水平。

机械量传感器可安装于机械运动部件、电气量传感器并接或串接在电气回路中,均不会占用大的空间,因此基于柔性分合闸技术的中压交流真空开关设备应能保持现有中压交流真空开关设备的结构与安装方式,这使基于柔性分合闸技术的中压交流真空开关设备易被用户接受,为逐步推广应用带来很大好处。

(三) 可维护性要求

基于柔性分合闸技术的中压交流真空开关设备应属普及性、通用性设备,与现有中压交流真空开关设备的用户相同,因此其运行、维护人员的技术水准与现有中压交流真空开关设备的运行、维护人员在同一级别,这就要求基于柔性分合闸技术的中压交流真空开关设备的运行、维护难度与现有中压交流真空开关设备的运行、维护难度相近,才能被用户所接受。

基于柔性分合闸技术的中压交流真空开关设备的设计思想及其生产制造形成的产品

设备的可维性要求如下。

（1）免维护。故障率很低，主要元件的使用寿命相近，个别主要元件的故障可使整机失去维修而继续使用的价值。

（2）状态检修。设备状态有比较准确和全面的在线监测与自诊断能力，改变现有中压交流真空开关设备采用定期或周期性检修方式，实现由设备的健康状态决定是否检修。

（3）模块化结构。设备的硬件和软件均应采用以单元功能为对象的模块化结构，由设备自诊断确定故障的模块，如果是硬件模块故障可迅速调换，如果是单元功能不正常可通过功能删除而取消，能够保持其他基本或必要功能。

（四）性价比要求

基于柔性分合闸技术的中压交流真空开关设备与现有中压交流真空开关设备相比，在性能上有很大提高，但生产成本和销售价格不能提高很多，才能具有市场竞争优势和得到普及性推广应用，成为现有中压交流真空开关设备的升级换代产品和坚强智能配用电电电网建设中的主流产品。可以采用如下技术手段提高基于柔性分合闸技术的中压交流真空开关设备的性价比。

（1）尽量使用通用件和标准件。

（2）在现有中压交流真空开关设备的结构基础上进行改进和提高。

（3）与软件结合实现"一器多用"，如行程传感器不仅可以测得开距、超程等运动距离参数，而且可以通过计算获得速度、加速度等运动变化参数。

（4）智能化电子装置的多功能化，不仅用于柔性分合闸技术的实现，而且具备综合保护测控功能、智能电度表功能、智能模拟屏功能，以及与在线监测与诊断等功能结合，不仅使整体材料费用下降，而且使设备结构简洁、生产制造方便、运行维护容易，也能提高可靠性。

（5）一次开关、电流互感器和二次智能化电子装置等一体化集成，突破了现有中压交流真空开关设备由功能电器简单堆积模式，所用电器及其相互连接导线因此大为减少，不仅能减少电器费用，而且能降低装配生产费用。

第三节 中压交流真空开关设备柔性分合闸技术参数

一、中压交流真空开关装置的结构与工作原理

（一）中压交流真空开关装置的结构

中压交流真空开关设备中的主要件是中压交流真空开关装置，中压交流真空开关装置中的核心件是中压交流真空开关管，三者之间的关系如图1-27所示。

中压交流真空开关设备的柔性分合闸性能实际上是中压交流真空开关装置的柔性分合闸性能。中压交流真空开关装置中有关合和开断电网的中压交流真空开关管、操动机

构、合闸传动机构、分闸传动机构、智能电子装置、绝缘支撑、基座等。图 1-28 是使用最多的中压交流真空断路器的机电结构。

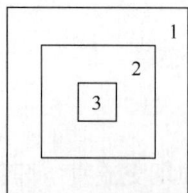

图 1-27 中压交流真空开关
设备组成示意图

1-中压交流真空开关设备；2-中压交流真空开关装置；
3-中压交流真空开关管

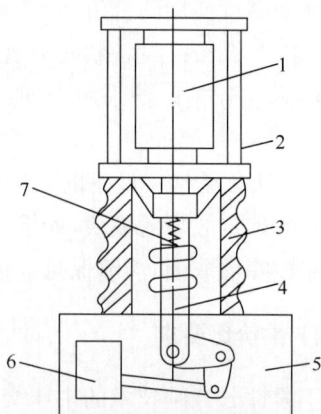

图 1-28 中压交流真空断路器
结构示意图

1-中压交流真空开关管；2-上绝缘支撑；3-下绝缘支撑；
4-传动杆；5-基座；6-操动机构；7-触头弹簧

中压交流真空开关装置（断路器）根据机体的支撑方式主要有以下几种。

（1）落地式。将中压交流真空开关管等中压带电部分装在上方，操动机构等设置在下方并与大地相连，上下两部分通过绝缘操作连杆连接。

（2）悬挂式。将中压交流真空开关管等中压带电部分在前方，操动机构等设置在后方，前后两部分由绝缘操动连杆连接。

（3）综合式。以悬挂式为基础，结合落地式的优点而派生出的一种方式。

中压交流真空开关装置的操动机构目前采用弹簧操动型和电磁操动型两种。

（二）弹簧操动型中压交流真空开关装置的典型结构与工作原理

弹簧操动型中压交流真空开关装置的弹簧操动机构的关键部件为分闸弹簧和合闸弹簧。电动合闸时或手动合闸时将电动或手动机械能储存于合闸弹簧中，然后将合闸弹簧能量在短时间内释放进行合闸，同时在合闸过程中分闸弹簧储能，作为分闸动力。图 1-29 和图 1-30 分别是大量使用的中压交流真空开关装置（断路器）的典型整体结构及其弹簧操动机构示意图。

弹簧操动机构采用手动或小功率电动机储能，其合闸力不受电源电压影响，比较稳定，既能获得较高的合闸速度，又能实现快速自动重合闸操作，其缺点是机构复杂，零件数量多。

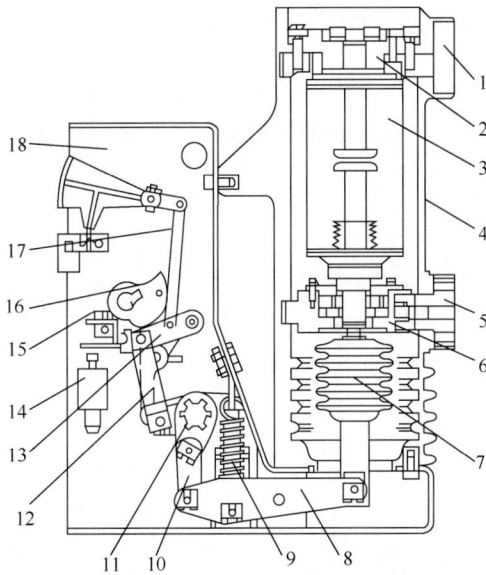

图 1-29　弹簧操动型中压交流真空开关装置(断路器)的典型整体结构示意图

1-上出线端;2-上支架;3-中压交流真空开关管;4-绝缘筒;5-下出线端;6-下支架;7-绝缘拉杆(内加触头簧);
8-传动拐臂;9-分闸弹簧;10-传动连扳;11-主轴传动拐臂;12-分闸保持掣子;13-分闸操作连扳;
14-分闸脱扣器;15-手动分闸顶杆;16-凸轮;17-分合指示牌连扳;18-基座

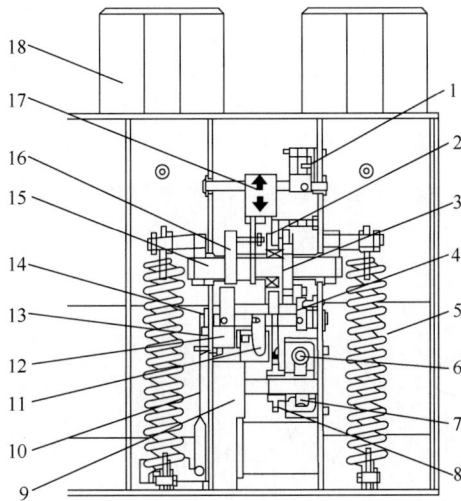

图 1-30　弹簧操动型中压交流真空开关装置(断路器)的典型操动机构示意图

1-储能到位切换用微动开关;2-储能传动链轮;3-储能传动轮;4-储能保持掣子;5-储能拉簧;6-手动储能蜗杆;
7-手动储能传动蜗杆;8-电动机传动链轮;9-储能电动机;10-联锁传动弯板;11-传动链条;12-闭锁电磁铁;
13-闭锁电磁铁闭锁铁心;14-储能保持轴;15-传动凸轮轴;16-凸轮;17-储能指示牌;18-极柱

（三）电磁操动型中压交流真空开关装置的典型结构与工作原理

电磁操动型中压交流真空开关装置的弹簧操动机构有不同的结构方式,新型电磁操动机构使用永久磁铁,图 1-31 是永磁电磁操动型中压交流真空开关装置(断路器)的典型整体结构示意图。

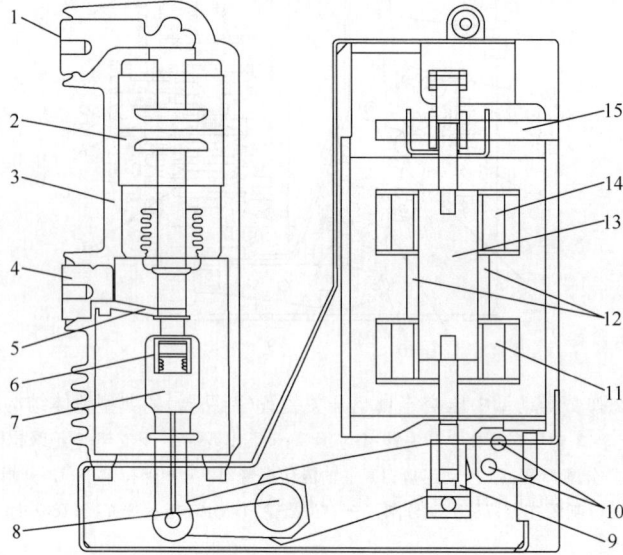

图 1-31　永磁电磁操动型中压交流真空开关装置(断路器)的典型整体结构示意图
1-上出线端;2-中压交流真空开关管;3-环氧树脂外壳;4-下出线端;5-软连接;
6-触头弹簧;7-绝缘拉杆;8-轴;9-行程调节;10-开关位置传感器;11-合闸线圈;
12-永久磁铁;13-动铁心;14-分闸线圈;15-紧急分闸装置

永磁电磁操动型中压交流真空开关装置的关键部件为永磁操动机构,图 1-32 是典型双稳态永磁操动机构的工作原理示意图。

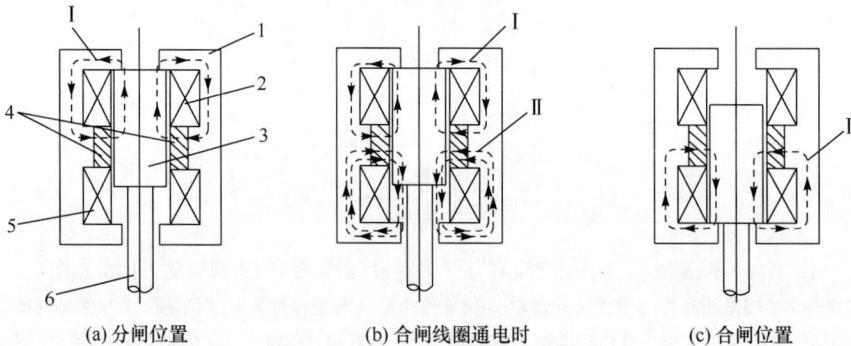

(a) 分闸位置　　　(b) 合闸线圈通电时　　　(c) 合闸位置

图 1-32　典型双稳态永磁操动机构的工作原理示意图
1-静铁心;2-分闸线圈;3-动铁心;4-永久磁铁;5-合闸线圈;6-连杆
Ⅰ-永久磁铁磁力线;Ⅱ-合闸线圈磁力线

图 1-32(a)为分闸状态,动铁心与静铁心之间的气隙很小,因而磁阻很小,永久磁铁的磁力线Ⅰ主要集中在该磁路中,磁力将动铁心固定在此位置。

图 1-32(b)按照设计选定的虚线方向,合闸线圈通过一个强大的冲击电流时,其磁力线Ⅱ的一部分抵消了永久磁铁在上部磁路的吸力,另一部分克服了下部磁路中大的气隙形成的高磁阻而产生足够的磁力,拉动动铁心向下运动。随着动铁心的下移,下部气隙减小,磁路的磁阻变小,磁力作用随之加强,动铁心做加速运动,到达开关合闸终止位置时,合闸线圈断电。在此位置时由于下部磁路具有很小的磁阻,永久磁铁的磁力线Ⅰ发生了转移,主要集中在下部磁路,所以动铁心得以维持在合闸时的稳态位置,如图 1-32(c)所示。

永磁操动机构在分闸操作时的动作过程与上述相反。

(四)中压交流真空开关设备柔性分合闸技术的主要技术内容与参数

实现中压交流真空开关设备的柔性分合闸,主要技术内容是对中压交流真空开关管中动触头在分合闸过程中运动的可控,属于机械直线微行程精确自动控制(闭环控制),主要涉及以下技术。

(1)高精度、快速响应的机械、电气量传感器技术。

(2)大运动力和大惯量的操动机构和传动机构技术。

(3)减小冲撞产生弹跳的能量损耗机构技术。

(4)与时序控制、预测控制等相结合的复合闭环自动控制技术。

柔性分合闸技术的性能可用如下技术参数表述。

(1)静态技术参数。

(2)动态技术参数。

(3)瞬态技术参数。

(4)相控技术参数。

二、柔性分合闸的静态技术参数

中压交流真空开关设备柔性分合闸的静态技术参数是指其在分闸状态或合闸状态下的中压交流真空开关管中动、静触头间的静止参数,其影响中压交流真空开关设备的工频耐压、额定动稳定电流、额定极限通过电流、热稳定电流等电气性能。基于柔性分合闸技术的中压交流真空开关设备的静态参数与现有中压交流真空开关设备的静态参数要求相同,要求基于柔性分合闸技术的中压交流真空开关设备在柔性分合闸后必须达到。柔性分合闸的静态技术参数值是由中压交流真空开关管生产厂家为确保其可靠工作而确定的。

(一)触头开距

触头开距是指分闸位置时,开关一极的动、静触头之间或其连接的任何导电部分之间的总间隙。触头开距决定于中压交流真空开关管的额定电压,也影响使用条件下的分断性能和耐压要求。不同额定电压下不同种类的中压交流真空开关管触头开距的范围如表 1-13 所示。

表 1-13 触头开距与额定电压之间的关系

序号	交流真空开关管种类	额定电压/kV	触头开距/mm
1	接触器	3～6	3～5
		12	6～8
2	断路器	3～6	6～8
3		12	8～12
4		24	15～20
5		42.5	20～35
6	负荷开关	6～10	8～12

中压交流真空开关管的触头开距选小一些,可以适应频繁操作的需要,以提高真空开关管的电寿命和机械寿命,但会牺牲一定的耐压强度;相反,触头开距就相对高一些。触头开距与耐压强度并非呈线性关系,因此额定电压超过一定值后,往往采用两个断口或多个真空开关管串联的方法来解决耐压问题。

每种中压交流真空开关管的触头开距在厂家的技术条件中都有规定。开距太小会引起开断能力和耐压水平的下降;开距太大同样会引起开断能力的下降,还会导致其机械寿命缩短。

(二) 触头超行程

触头超行程或接触行程是指合闸操作中,交流真空开关管中动、静触头接触后动触头继续运动的距离。

触头超行程的作用如下。

(1) 保证触头在一定程度电磨损后仍能保持一定的接触压力,保证可靠的接触。

(2) 给触头闭合时提供缓冲,减少弹跳。

(3) 在分闸时,使动触头获得一定的初始加速度,拉断熔焊点,缩短燃弧时间,提高介质恢复速度。

(三) 触头行程

触头行程是指分合闸操作中,中压交流真空开关管中动触头起始位置到任一位置的距离,以曲线形式表示,可以反映动触头的运动工况质量。

(四) 触头接触压力

触头接触压力是指合闸操作中,中压交流真空开关管中动、静触头接触时的压力。中压交流真空开关管的动、静触头在无任何外力作用时,由于受大气压力对波纹管的作用,总是处于闭合状态,这一闭合力称为触头自闭力。触头自闭力的大小基本取决于波纹管的端口直径。采用同一种口径的波纹管,其自闭力基本一致,若有差别一般与内部真空度

有关。中压交流真空开关设备在工作状态时,这个力是不能满足触头间接触电阻等要求的,操动机构还必须给予一个外加压力,这一外加压力的下限便是最小触头工作压力。最小触头工作压力与自闭力的合力称为触头接触压力,触头接触压力应满足下列要求。

(1) 使触头接触电阻保持在规定的数值之内。中压交流真空开关设备的电极触头是对接式触头,触头间的接触电阻是触头间压力的函数,在一定的范围内,这一压力越大,接触电阻越小。

(2) 满足动稳定试验的要求。当中压交流真空开关设备电极间通以数千安培的动稳定电流时,开关管内动、静触头间会产生一种斥力,在工作状态两个触头间的压力均必须大于动稳定电流所产生的斥力,否则会导致中压交流真空开关管损坏。

(3) 抑制合闸弹跳。中压交流真空开关设备在合闸操作时,动电极(包括动触头、动导电杆、导电夹、部分软连接线、操动机构及与动电极连接的其他零件)具有较大的动能。

动能与动电极的质量成正比,与触头闭合时的即时速度平方成正比。这一能量在动、静触头碰撞后主要被分成三部分,即动静触头碰撞损耗、操动机构上触头压缩弹簧时的储存和动触头弹跳时的动能。

(4) 减少分闸反弹。中压交流真空开关设备分闸时,动触头的运动并不是达到额定开距便结束,而是绕额定开距做衰减振幅的机械振荡,称为分闸反弹。这一反弹不仅会对中压交流真空开关设备的机械寿命产生不良影响,而且增加了中压交流真空开关设备工作时的重燃和重击穿概率。通过对中压交流真空开关设备操动机构的分析,合适的触头接触压力可以减小中压交流真空开关设备的动触头分闸反弹。

限于中压交流真空开关设备的交流真空开关管的机械强度,触头接触压力不宜过大,同时考虑分断电流的大小应在一定范围内,12kV 交流真空开关管(断路器)的触头接触压力与分段电流间关系的典型数据如表 1-14 所示。

表 1-14　12kV 交流真空开关管(断路器)的触头接触压力与分断电流间关系的典型数据

分断电流/kA	6.3	12.5	20	25	31.5	40	50
压力/N	110	550	1500~2000	2000~3000	3100~3900	4000~5000	7500

(五) 动、静触头的同轴度

动、静触头的同轴度对中压交流真空开关管是有具体要求的,是通过制造工艺来保证的。中压交流真空开关管装在操动机构和传动机构上能否保证同轴度要求,与操动机构和传动机构的形式和装配工艺有很大关系。同轴度主要取决于操动机构和传动机构,需要避免在装配交流真空开关管时受到剪力和切力的作用。同轴度误差一般要求不大于 2mm。

三、柔性分合闸的动态技术参数

基于柔性分合闸技术的中压交流真空开关设备的动态过程是指其合闸启动至动、静触头接触之间的过程和分闸启动至动触头返回起始位置的过程,反映这两个运动过程的有合闸速度、触头刚合速度、分闸速度、触头刚分速度、合闸时间、分闸时间、合闸三相同期性、分闸三相同期性、合闸时间、分闸时间的控制精度等参数。

中压交流真空开关设备分合闸时,触头运动速度对开断性能和机械性能影响极大。从触头磨损与灭弧的要求考虑,触头的运动速度必须高于某一最低数值;从保证开断能力、机械寿命和限制截流值方面考虑,就需要有一个最低运动速度。因此,中压交流真空开关设备的触头运动速度既不能太高也不能太低,如果太高,操作过程中的振动(包括弹跳和反弹)以及截流都会变成突出问题;如果太低,不仅对灭弧不利,加速触头的电磨损,还会引起开断的失败和重击穿的发生,产生严重的过电压。

中压交流真空开关设备的中压交流真空开关管中触头的运动是一个很复杂的过程,受各种力的作用,在整个运动过程中的运动速度是不均匀的,随行程的变化而变化。

(一) 分合闸运动速度参数

1) 合闸运动速度参数

(1) 合闸速度:开关合闸过程中动触头的运动速度,这是合闸过程中动触头运动速度的泛指。

(2) 合闸平均速度:开关合闸过程中动触头在整个运动时段速度的平均值。

(3) 刚合速度:一般指开关合闸过程中动、静触头闭合前 0.01s 内速度的平均值。

2) 分闸运动速度参数

(1) 分闸速度:开关分闸过程中动触头的运动速度,这是分闸过程中动触头运动速度的泛指。

(2) 分闸平均速度:开关分闸过程中动触头在整个运动时段速度的平均值。

(3) 刚分速度:一般指开关分闸过程中动、静触头断开后 0.01s 内速度的平均值。

中压交流真空开关管中动触头的分合闸运动速度因各个生产厂家及型号规格不同而不尽相同,各个厂家会在产品说明书相应栏目标注,表 1-15 是中压交流真空开关管(断路器)的分合闸速度参数典型数值。

表 1-15　中压交流真空开关管(断路器)中动触头分合闸运动速度参数典型数值

中压交流真空开关管规格	合闸		分闸	
额定电压/kV	平均速度/(m/s)	刚合速度/(m/s)	平均速度/(m/s)	刚分速度/(m/s)
12	0.3±0.1	0.6±0.2	0.7±0.1	1.1±0.2
24	0.3±0.1	0.75±0.2	0.3±0.1	1.3±0.2
40.5	0.3±0.1	0.75±0.2	0.8±0.1	1.7±0.2

基于柔性分合闸技术的中压交流真空开关设备的中压交流真空开关管中动触头在分合闸运动中的速度应符合中压交流真空开关管产品使用说明书约定的相关参数值,这是一个基于柔性分合闸技术的中压交流真空开关设备研发、生产中的限制性条件,否则会损害中压交流真空开关管或影响其使用寿命。

(二) 分合闸时间参数

1. 分合闸时间参数

中压交流真空开关设备的合闸时间一般是指其接到合闸信号至其中开关管动、静触头由断开状态变为闭合状态的时间,包括中压交流真空开关设备接到合闸信号的信号处理时间、合闸操动机构滞后与运动时间、合闸传动机构滞后与运动时间,以及动触头滞后与合闸运动时间等,如果动、静触头在闭合时产生弹跳,则应包括弹跳时间。

中压交流真空开关设备的分闸时间一般是指其接到分闸信号至其中开关管动、静触头由闭合状态变为断开状态的时间,包括中压交流真空开关设备接到分闸信号的信号处理时间、分闸操动机构滞后与运动时间、分闸传动机构滞后与运动时间,以及动触头滞后与分闸运动时间等,如果动触头在与静触头断开后回到其起始位置时产生反弹,则应包括反弹时间。

中压交流真空开关设备的分合闸时间参数是实现其柔性分合闸的重要参数,应越短越好。现有中压交流真空开关(断路器)设备的分合闸时间参数典型数值如表 1-16 所示。

表 1-16　现有中压交流真空开关(断路器)设备分合闸时间参数典型数值

项目	12kV			40.5kV	
	630A	1250A	4000A	630A	1250A
合闸时间/ms	60	60	60	80	80
分闸时间/ms	30	30	30	40	40

通过对中压交流真空开关设备中分合闸驱动机构、传动机构改进或进行新型设计、制造,以及信号处理性能的提高,可以实现表 1-17 所示的分合闸时间指标,满足基于柔性分合闸的中压交流真空开关(断路器)设备的实用化柔性分合闸要求。

表 1-17　能达到实用化柔性分合闸要求的中压交流真空开关(断路器)分合闸时间参数数值

项目	12kV			40.5kV	
	630A	1250A	4000A	630A	1250A
合闸时间/ms	35	35	35	40	40
分闸时间/ms	15	15	15	20	20

2. 分合闸时间控制精度参数

实现中压交流真空开关设备的柔性分合闸,不仅需要其分合闸时间短,而且要求其分合闸时间在一定范围内可控,即其分合闸时间长短在实际分合闸过程中根据情况可控,因此存在分合闸时间控制精度参数。

1) 分合闸时间重复性误差参数

为了达到基于柔性分合闸技术的中压交流真空开关设备的较高的分合闸时间控制精度,除了要求分合闸时间控制系统性能较好之外,还要求中压交流真空开关设备的分合闸机构除了具有快速特性之外同时要有精准性,能在相同的电气条件下分合闸参数值接近,以保证分合闸时间自动控制精度。

根据分合闸操动、传动机构的现有结构和制造工艺水平,以及柔性分合闸技术的实用化需要,分合闸时间重复性误差取不大于 0.2ms 为宜。

2)分合闸时间控制精度参数

基于柔性分合闸技术的中压交流真空开关设备在进行合闸相控和分闸相控时对分合闸时间控制有较高的精度要求。

为了减小中压交流真空开关设备分合闸对电网、负载和设备本身的损害性冲击,基于柔性分合闸技术的中压交流真空开关设备根据电网状况和负载性质进行相控合闸和相控分闸,即合闸时控制动、静触头闭合时点在动、静触头交流电压波形上的理想位置点和分闸时控制动、静触头断开时点在通过动、静触头交流电流波形上的理想位置点。

根据中压交流真空开关设备分合闸操动、传动机构的现有结构形式和制造工艺水平,以及自动控制的电气、电子软硬件技术及体积、成本,分合闸时间控制精度宜取优于 0.5ms(或优于 9°),已能较好地满足基于柔性分合闸技术的中压交流真空开关设备的实用化要求。

(三)分合闸不同期性参数

基于柔性分合闸技术的中压交流真空开关设备均用于三相电网,因此为三极开关,其中大多数为三极联动分合闸,在分合闸过程中有合闸不同期性和分闸不同期性。合闸不同期性是指合闸时各极间(或同一极断口间)的动、静触头闭合瞬间的最大时间差,分闸不同期性是指分闸时各极间(或同一极断口间)的动、静触头断开瞬间的最大时间差。

中压交流真空开关设备的合闸不同期性和分闸不同期性应越小越好,小的不同期性有助于提高其开断电流等重要电气性能。

现有中压交流真空开关设备的合闸不同期性和分闸不同期性一般小于 2ms,而基于柔性分合闸技术的中压交流真空开关设备通过对分合闸机构改进或新型设计、制造以及分合闸时间的自动控制,合闸不同期性和分闸不同期性可以提高一个数量级,达到小于 0.2ms 的水平。

合闸不同期性和分闸不同期性是基于柔性分合闸技术的中压交流真空开关设备的一个重要柔性分合闸要求。

(四)合闸超行程参数

合闸超行程又称接触行程,是指合闸过程中,中压交流真空开关管动、静触头接触后动触头继续运动的距离,合闸超行程有很好的作用。

一般来说,合闸超行程越大越好,但受中压交流真空开关管的结构等因素限制,不能做得很大。在中压交流真空开关管的制造厂家提供的使用说明书上标有合闸超行程范围,通常为其触头开距的 15%～30%,在进行基于柔性分合闸的中压交流真空开关设备设计、制造时不得越限,否则中压交流真空开关管会受损。

四、柔性分合闸的瞬态技术参数

基于柔性分合闸技术的中压交流真空开关设备的瞬态过程是指合闸过程中动、静触头的接触瞬间,如有合闸弹跳则应包括弹跳过程,以及分闸过程中动触头返回合闸起始位置的瞬间,如有分闸反弹则应包括反弹过程。

基于柔性分合闸技术的中压交流真空开关设备的分合闸瞬态过程是最能体现其柔性分合闸特性的过程。在合闸瞬态过程中,动触头与静触头闭合接触前既要达到足够的速度,接触时又要达到足够的接触压力,接触后要保持相当的压力,特别是不发生弹跳。不发生弹跳是与刚合速度和接触压力要求较大是互相制约的因素。在分闸瞬态过程中,既要求动触头与静触头刚断开时有足够的速度,又要求其在分离过程中速度不断提高,更要求其在回到合闸起始位置时不发生反弹,不发生反弹是与刚分速度和后续分离速度要求较大是互相制约的因素。

(一) 合闸弹跳参数

基于柔性分合闸技术的中压交流真空开关设备的合闸弹跳参数是指其中压交流真空开关管中动触头在合闸过程中与静触头闭合接触后不发生弹跳的基础上超行程的最小值,以使基于柔性分合闸技术的中压交流真空开关设备有合闸不弹跳余量,如图 1-33 所示。

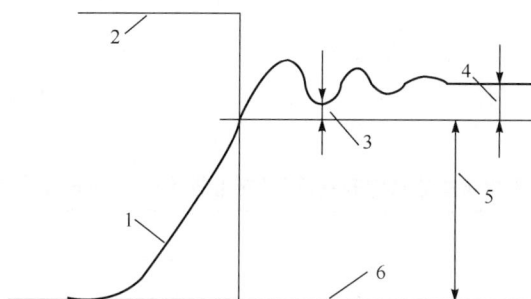

图 1-33　中压交流真空开关设备动触头合闸行程时间曲线示意图
1-动触头合闸行程曲线;2-合闸电气曲线;3-动触头合闸超行程最小值;
4-动触头合闸超程;5-开距;6-动触头合闸起始位置

现有中压交流真空开关设备对合闸弹跳程度以触头合闸弹跳时间参数标示。其弹跳是指动触头在合闸过程中与静触头第一次闭合接触后反复分离、接触。触头合闸弹跳是极其有害的特性,触头合闸弹跳时间应越短越好。表 1-18 是现有中压交流真空开关设备(断路器)触头合闸弹跳典型数值。

基于柔性分合闸技术的中压交流真空开关设备的动触头合闸超行程最小值越大,发生弹跳的可能性越小,因此越大越好,该值可拟定义为合闸弹跳裕度,单位为 mm,作为基于柔性分合闸技术的中压交流真空开关设备合闸弹跳参数。

表 1-18　现有中压交流真空开关设备(断路器)触头合闸弹跳时间典型数值

额定电压/kV	7.2	12	24	40.5
触头合闸弹跳时间/ms	≤2	≤2	≤2	≤3

(二) 分闸反弹参数

现有中压交流真空开关设备对分闸反弹程度以触头分闸反弹幅值参数表示。其反弹是指动触头在分闸过程中第一次返回合闸起始位置后,反复离开又回到合闸起始位置,如图 1-34 所示。

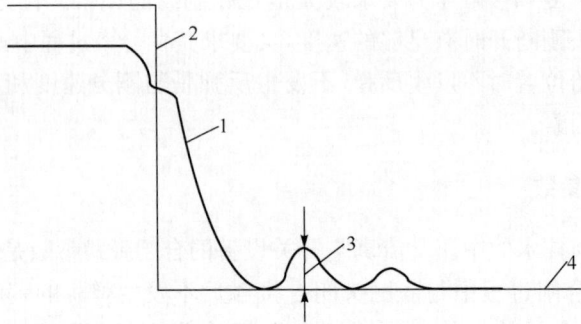

图 1-34　中压交流真空开关设备动触头分闸行程时间曲线示意图

1-动触头分闸行程曲线;2-分闸电气曲线;3-触头分闸反弹幅值;4-动触头合闸起始位置

动触头分闸反弹也是中压交流真空开关设备的极为有害的特性,触头分闸反弹幅值应越小越好,现有中压交流真空开关设备(断路器)触头分闸反弹幅值典型数值如表 1-19 所示。

表 1-19　现有中压交流真空开关设备(断路器)触头分闸反弹幅值典型数值

额定电压/kV	7.2	12	24	40.5
触头分闸反弹幅值/mm	≤1.5	≤2	≤2	≤3

基于柔性分合闸技术的中压交流真空开关设备的柔性分合闸技术应能极大地减小分闸反弹程度,绝对没有反弹不好确定也没有实际意义,如其分闸反弹幅值小于 0.2mm,则可认为其没有反弹(0.5mm 的分闸反弹幅值在一般性测试仪上已较难测准了)。

五、柔性分合闸的相控技术参数

(一) 相控的意义

基于柔性分合闸技术的中压交流开关设备的柔性分合闸性能的一个重要方面是能够实现相控分合闸,即能够控制中压交流真空开关管中动触头合闸过程中与静触头闭合接触时点在动、静触头两端交流电压波形上的位置,以及分闸过程中与静触头接触断开时点

在通过动、静触头交流电流波形上的位置。

动触头合闸过程中与静触头闭合接触时点在动、静触头两端交流电压波形上的具体位置，以及分闸过程中与静触头接触断开时点在通过动、静触头交流电流波形上的具体位置应根据负载性质确定，如负载为无功补偿用的并联电容器组，则合闸动、静触头闭合接触时点应在电压波形上的零点（理想），而分闸动、静触头接触断开时点应在交流电流波形上的零点（理想情况下，如果不能达到准确零点，则应在零点之前的近零，不能在零点之后的近零），对并联电容器进行过零（实际近零）投切，将极大地减小投切并联电容器过程对于电网、负载（并联电容器）和开关本身的损害。

基于柔性分合闸技术的中压交流真空开关设备进行相控分合闸的技术基础是对其中动触头分合闸机械运动的准确控制，涉及前述的动态参数和瞬态参数。

基于柔性分合闸技术的中压交流真空开关设备均为三极开关设备，用于交流三相电网。其三极开关的分合闸驱动、传动机构有一套和三套之分，目前普遍采用一套驱动、传动机构。一套驱动、传动机构使三极开关同时分合闸，为三相式开关；三套驱动、传动机构可以使三极开关不同时分合闸，为分相式开关。分相式开关可以实现完全意义上的相控分合闸，即能对每极开关的动触头运动按电压或电流相位进行与静触头闭合接触或接触断开时点控制，使其在所要求的电压或电流波形位置上。三相式开关由于三极开关同时分合闸动作，所以只能实现对其一极（或二极）开关的相控分合闸。

分相式基于柔性分合闸技术的中压交流真空开关设备能够在各相电压或电流波形的任意相位点上合闸或分闸，但其结构较为复杂，通常在控制需要频繁投退负载（如高压并联电容器组、高压电动机等）的开关设备（如中压交流真空接触器等）上采用。而不需要频繁投退负载的开关设备（如中压交流真空断路器等）多采用三相式，其相控功能主要用于发生电流性故障时的分闸与重合闸，而电流性故障绝大多数为单相接地型或二相短路型，因此有较高的性价比及实用性。

（二）相控分合闸的响应时间

基于柔性分合闸技术的中压交流开关设备的相控分合闸响应时间，是指接到分合闸指令至分合闸过程中动触头与静触头断开（分闸）或闭合（合闸）时点之间的时间，该时间包括：

(1) 微处理器处理时间；

(2) 搜寻相位基准点；

(3) 分闸或合闸的机电机构动作时间。

其中，等待微处理器处理的时间应很短（可忽略不计）。搜寻相位基准点作为相位控制时间计算的起始点，因方法不同而所需时间不同，如果采用简单的搜取过零点方法，则最长需要 10ms，将二者结合起来，不会超过分闸或合闸的机电时间。分闸或合闸的机电时间是指分闸或合闸的操动机构和传动机构进行分闸或合闸所需的时间。

基于柔性分合闸技术的中压交流真空开关设备的相控分合闸的响应时间应越短越好，在理想情况下可以与分合闸机电机构的分合闸时间相同。

（三）相控分合闸的精度

基于柔性分合闸技术的中压交流真空开关设备的相控分合闸精度（或误差）是柔性分合闸性能的一个重要技术参数。相控合闸精度是指控制中压交流真空开关管中动触头在合闸过程中与静触头闭合接触时点在动、静触头两端交流电压波形上的位置与设定位置之间的误差程度，而相控分闸精度指中压交流真空开关管中动触头在分闸过程中与静触头接触断开时点在通过动、静触头电流波形上的位置与设定位置之间的误差程度。

相控分合闸精度可用工频交流波形弧度误差的绝对值表示，由于工频交流的周期为相当精准的20ms，所以相控分合闸精度也可用控制误差时间的绝对值表示。相控分合闸的精度主要受下列因素影响：

(1) 确定相位基准点（如过零点）误差；

(2) 分闸或合闸机电机构稳定性；

(3) 微行程精确自动控制技术。

相控分合闸精度越高越好，误差越小越好，根据基于柔性分合闸技术的中压交流开关设备的实用化要求，相控分合闸的精度可取时间误差不大于0.5ms（或者弧度误差不大于9°）。

（四）相控分合闸的可靠性（或成功率）

基于柔性分合闸技术的中压交流真空开关设备的相控分合闸的可靠性（或成功率）也是其柔性分合闸的一个重要技术参数。相控分合闸的可靠性是指进行相控分合闸其中达到相控精度指标要求的占比，以百分比表示。

柔性分合闸的可靠性主要受电网的电能质量的影响，特别是电压、电流谐波的影响。电网的电压谐波过大使电压波形严重畸形，因此相控合闸时不能准确地找到电压波形的相控基准点，同样电网的电流谐波过大使电流波形严重畸形，进行相控分闸时不能准确地找到电流波形相控基准点，前者使相控合闸失败，后者使相控分闸失败。

相控分合闸的可靠性应越高越好，在电网电压、电流谐波不大于5％的情况，应能达到100％。随着电网谐波成分的增大，相控分合闸可靠性会随之降低，但在电网谐波10％时应能达到80％以上。

第四节　中压交流真空开关设备柔性分合闸实施技术

一、柔性分合闸的中压交流真空开关设备的整机结构技术

（一）柔性分合闸的中压交流真空开关装置的组成

基于柔性分合闸技术的中压交流真空开关设备的主体部件是中压交流真空开关装置，使用最多和在电网中作用最大的中压交流真空开关装置是中压交流真空断路器，中压交流真空接触器在中压电网无功补偿等特定场合也得到了广泛使用。

中压交流真空开关设备具有柔性分合闸性能是因为其中使用了具有柔性分合闸的中

压交流真空开关装置。具有柔性分合闸的中压交流真空开关装置是在现有中压交流真空开关装置的基础上发展起来的,其结构中包括现有中压交流真空开关装置内的元部件:

(1) 中压交流真空开关管;

(2) 分合闸操动机构;

(3) 分合闸传动机构;

(4) 电气绝缘支撑件;

(5) 一次线引出件;

(6) 二次线引出件;

(7) 机体。

具有柔性分合闸的中压交流真空开关装置还具有如下元部件:

(1) 机构运动传感器;

(2) 电气量传感器;

(3) 缓冲阻尼部件;

(4) 自动化电子部件。

机构运动传感器用于柔性分合闸控制中中压交流真空开关管的动触头行程、超程、速度、加速度等机械参数的测量与控制。

电气量传感器用于柔性分合闸控制中对操动机构、传动机构运动的控制。

缓冲阻尼部件为机械冲击缓冲和机械动能吸收装置,用于改善柔性分合闸的瞬态参数。

自动化电子部件是以微处理器电路为核心电路的高智能化的综合自动化装置,具备实现柔性分合闸功能以及常规的中压交流真空开关装置必须配备的综合保护测控等功能。

具有柔性分合闸的中压交流真空开关装置在进行相控分合闸时需对电网电压和负载电流进行相位测量,需要相应的电压传感器和电流传感器。该电压传感器、电流传感器可以采用现有通用电压互感器和电流互感器,但考虑到成本、体积等因素,采用可与中压交流真空开关装置集成一体化的新型小型电压传感器和电流传感器较好。

(二) 柔性分合闸的中压交流真空开关装置结构双体化

现有中压交流真空开关装置(如中压交流真空断路器、中压交流真空接触器)在实际使用中配有综合保护测控装置、智能化电度表、智能化模拟屏等自动化装置,这些自动化装置是与中压交流真空开关装置相互独立的、作为中压交流真空开关装置的配套件,它们之间用导线连接。

与现有中压交流真空开关装置不同,具有柔性分合闸的中压交流真空开关装置中增加了很多机械、电气的模拟量、开关量测量传感器,以及对机械、电气的控制执行器,这些测量传感器和控制执行器均要与自动化电子部件接线连接,这些连接线很多,如果采用现有中压交流真空开关装置与自动化电子装置相互独立分离的方式,则存在如下问题。

(1) 接线数量极多,工作量大,成本高。

(2) 接线长,易受电磁干扰,电磁兼容性能差。

（3）接点多，接点接触不良发生的可能性大。

（4）由其组成的中压交流真空开关装置结构不简洁，可靠性、可维护性差。

具有柔性分合闸的中压交流真空开关装置如果将自动化电子部件置入开关装置中而一体化，可以避免二者分离产生的问题，但是自动化电子部件要有人机交互功能，在调试、运行、维护过程中需要人工触摸，将其与串接在中压电网中的开关装置一体化，就不能触摸了，因此不可行。

具有柔性分合闸的中压交流真空开关装置根据其功能的特殊性，打破了现有中压交流真空开关装置与自动化电子装置二者功能分割方式，采用功能一体化结构又双体化的新方式，即具有柔性分合闸的中压交流真空开关装置由本体和前置器组成。本体使用时与一次中压电网相接，前置器则可以安装在便于人机联系的地方。经过合理的设计，本体与前置器之间可以仅以串行通信线缆相连，而且可以使本体与前置器在电气上互相隔离。如果采用 RS-485 串行通信，则通信线缆中仅有两根导线；如果采用光纤串行通信，则有两根光纤。

（三）本体功能与结构

1. 本体的功能

具有柔性分合闸的中压交流真空开关装置双体化为本体和前置器，则本体为其功能主体，具体功能如下。

（1）柔性分合闸功能。

（2）程序、安全分合闸功能。

（3）综合保护测控功能。

（4）电度计量功能。

（5）机械、电气状态在线监测与诊断功能。

2. 本体的结构

本体结构与现有中压交流真空开关装置的最大不同是具有本体控制器，本体控制器也是自动化电子部件，本体的结构如图 1-35 所示。

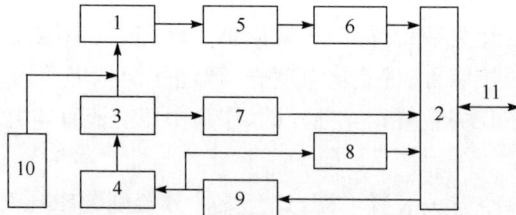

图 1-35　具有柔性分合闸的中压交流真空开关装置的本体结构

1-中压交流真空开关管；2-本体控制器；3-传动机构；4-操动机构；5-一次连接件；
6-电气量测量传感器；7-机械运动测量传感器；8-机电量测量传感器；
9-电子驱动件；10-缓冲阻尼机构；11-与前置器的通信

(四) 前置器功能与结构

1. 前置器的功能

具有柔性分合闸的中压交流真空开关装置的结构双体化的前置器是其人机联系部件,主要功能如下。

(1) 以图形、曲线、表格、文字、数字等形式显示设备运行工况信息。

(2) 一次主接线动态模拟。

(3) 进行功能、参数设置,使产品由通用性变为适合使用场合的专用性。

(4) 通过操作干预装置的运行工况。

2. 前置器的结构

前置器的结构特点是以微处理器电路为核心电路,配有功能部件及其接口电路,如图 1-36所示。

人体感应模块用于感应人体,可实现人体接近时液晶屏等显示部件发光显示,在人体离开后延时熄灭,延长液晶显示屏等元部件的使用寿命,降低前置器的功率损耗,同时有利于前置器整机使用寿命的延长。

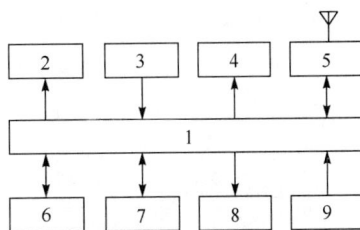

图 1-36　具有柔性分合闸的中压交流
真空开关装置的前置器结构示意图
1-微处理器电路;2-液晶显示屏;3-键盘;4-功能压板;5-GPRS通信模块;6-与外设的通信模块;7-与本体的通信模块;8-警示指示灯;9-人体感应模块

二、柔性分合闸的中压交流真空开关设备的运动机构技术

具有柔性分合闸的中压交流真空开关设备中开关装置的运动机构包括分合闸操动机构和传动机构。

(一) 分合闸操动机构

柔性分合闸的中压交流真空开关装置的分合闸操动机构可以沿用现有中压交流真空开关装置普遍采用的弹簧型或电磁型分合闸操动机构,在此基础上进行改进。

1. 弹簧型操动机构

弹簧型操动机构能够获得较高的合闸速度,但弹簧型操动机构的输出力在合闸过程中通常是下降的,要使之与很快上升的负载特性相匹配,必须合理地设计传动机构部分,改变输出特性。此外,弹簧型操动机构动作快,能快速自动重合闸,能源功率小,但冲击力大,结构比较复杂。

1) 弹簧型操动机构的整机结构

图 1-37 为用于中压交流真空断路器的 CTB 型弹簧操动的基本结构,有储能机构、传动调节机构和分合闸锁扣、脱扣、联锁机构等部分。

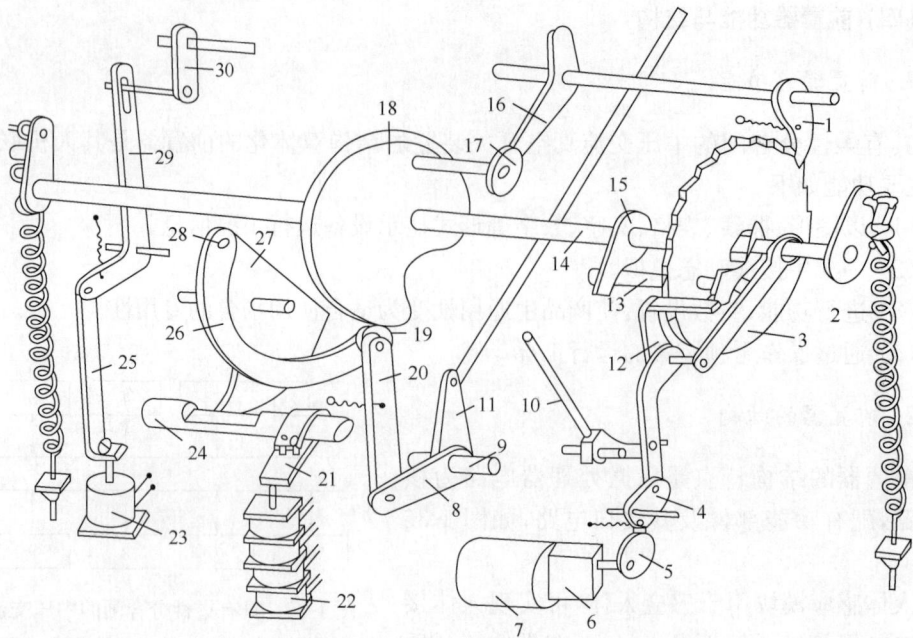

图 1-37　CTB 型弹簧操动机构的基本结构示意图

（机构处于合闸状态，合闸弹簧已储能）

1-保持棘爪；2-合闸弹簧；3-棘轮；4-操动块；5-偏心轮；6-减速器；7-储能电机；8、30-拐臂；
9-输出轴；10-手车储能手柄；11-输出轴拐臂；12-驱动棘爪；13、28-转销；14-储能轴；
15-驱动板；16-定位件；17、19-滚轮；18-凸轮；20、26-连扳；21-脱扣板；22-脱扣器；
23-合闸电磁铁；24-半轴；25-导板；27-扇形板；29-杠杆

2）弹簧储能原理

电动储能时，储能电机 7 经减速器 6 带动偏心轮 5 转动，推动操动块 4 上下摆动，带动驱动棘爪 12 推动棘轮 3 沿顺时针方向转动。棘轮 3 与储能轴 14 是空套的，当棘轮上的转销 13 与储能轴上的两块驱动板 15 顶住后，棘轮就带动储能轴同方向转动，将合闸弹簧 2 拉长。当储能轴转到合闸弹簧最长位置时，就在合闸弹簧力的带动下自行"过中"（指合闸弹簧在储能轴上产生的力矩改变方向），同时凸轮 18 上的滚轮 17 就靠在定位件 16 上，于是维持电机电源被行程开关切断，驱动棘爪在驱动板 15 的作用下也与棘轮可靠脱离。若采用手力储能，就直接操作手车储能手柄 10。

3）合闸操作原理

机构接到合闸信号后，合闸电磁铁 23 的动铁心向下吸合，依次拉动导板 25、杠杆 29 和拐臂 30，使定位件 16 向上翘起，使储能维持解脱。储能维持解脱后，凸轮就推动滚轮 19，并先后带动连扳 26 和扇形板 27 转动，直到扇形板 27 上的转销 28 变成由连扳 26、20 和拐臂 8 组成的合闸四连杆的一个临时固定支点，于是滚轮 19 在凸轮的继续推动下，使合闸四杆向合闸方向运动。

图 1-37 的 CTB 型弹簧操动机构的输出转角为 68°～71°，电动储能时间小于 5s，可实现一次自动重合闸。

4）分闸操作原理

分闸可以手动，也可以用瞬时过流脱扣器、失压脱扣器、分励脱扣器实现电动分闸。采用电动分闸时，当脱扣器 22 接到一个分闸信号后，动铁心就向上吸合，推动脱扣板动作再带动半轴 24 向顺时针方向转动，使扇形板与半轴的闭锁解除，合闸四杆就失去平衡（四连杆变成五连杆），在分闸弹簧力作用下带动开关分闸。

5）弹簧储能机构

弹簧型操动机构储能机构的储能元件均为弹簧，细分为拉伸弹簧、压缩弹簧、扭簧、蝶簧和盘簧等。

6）力输出传动机构

图 1-38 是一种力输出传动机构。弹簧型操动机构力输出传动机构多为凸轮机构加四连杆传动方式，其他弹簧型操动机构输出传动方式与此类似。

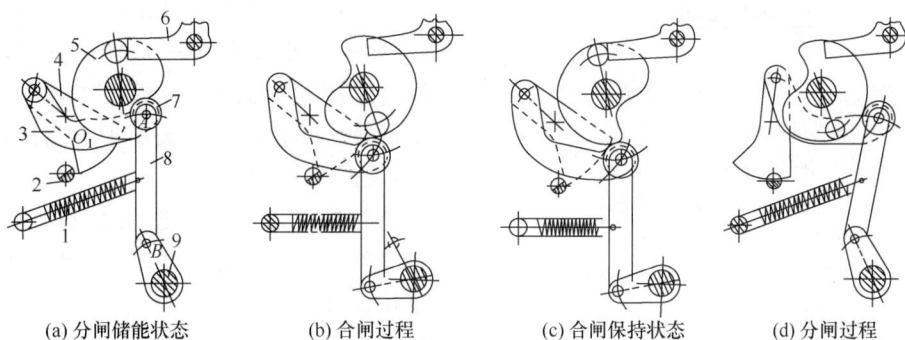

图 1-38 CTB 型传动机构示意图

1-复位弹簧；2-半轴；3、8-连扳；4-扇形板；5-凸轮；6-定位件；7-滚子；9-输出轴

无论是否使用凸轮机构，其实质是为实现储能时不带动合闸状态下触头连动杆运动以实现一次重合闸，即在真空开关处在分闸状态时，能量释放不能推动与触头相连的连杆机构。

图 1-38 中有用于合闸的弹簧、用于脱扣的弹簧、合闸板和脱扣板等。当电机带动凸轮转动时，使合闸弹簧处于储能状态，合闸板挂上。使合闸板脱扣后，脱扣弹簧储能，脱扣板挂上，真空开关合闸。此时若使脱扣板解脱，则真空开关分闸，当重合闸时，在合闸之后立即使弹簧处于储能状态，合分闸时由调节机构滚子 7 进行合分闸运动调节。该机构的另一特点是储能弹簧与脱扣弹簧相连。

2. 电磁型瞬间励磁式操作机构

电磁操动机构按合闸电磁铁励磁时间分为瞬间励磁式和常励磁式两种，瞬间励磁式以机械方式保持合闸，常励磁式以电磁吸力保持合闸。

对于使用电磁型操动的机构，主要从其输出力特性、合闸保持结构及分闸脱扣结构方面进行研究。

1）输出力特性

直流电磁铁随其传动输出环节的结构形式不同，输出力也不同，主要有以下几种

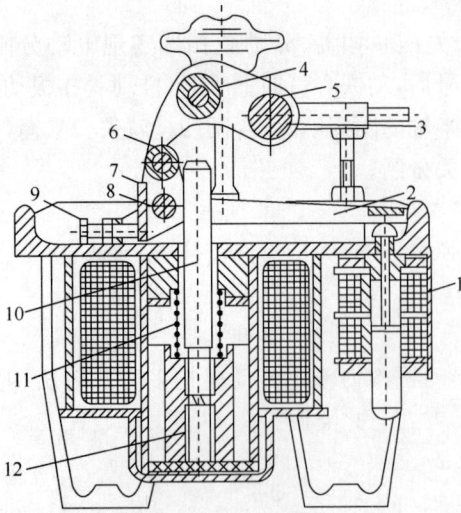

图 1-39 无自由脱扣的瞬间励磁式
直流操动机构(合闸状态)示意图

1-分闸电磁铁;2-分闸跳板;
3-输出轴;4-扇形板;5-滚轮;
6-滚轴;7-合闸支架;8-转销;
9-支架调节螺钉;10-合闸铁心推杆;
11-复位弹簧;12-合闸动铁心

形式。

(1) 采用直接拐臂输出,如图 1-39 所示,电磁铁铁心直接推动拐臂来带动提升杆使触头合闸,图为合闸状态,所示结构为无自由脱扣结构。

(2) 采用四杆机构对输出力进行调节以改善输出力特性,图 1-40 为一种电磁操动机构,图中示出合分闸整个动作过程。

2) 合闸保持结构

合闸保持结构有直接对被推拐臂进行锁扣保持的,见图 1-40(c)。合闸铁心推程到终点时轴 2 与掣子 3 出现(2±0.5)mm 间隙,这时因主轴的转动,带动辅助开关,使合闸回路常闭触头断开,切断合闸电源,绕组断电后铁心落在轴 2 并被掣子 3 支撑,合闸完成,见图 1-40(d)。

该结构是通过合闸过程中带动连杆机构转动到一定位置被锁住,使反向不能动作的结构设计。

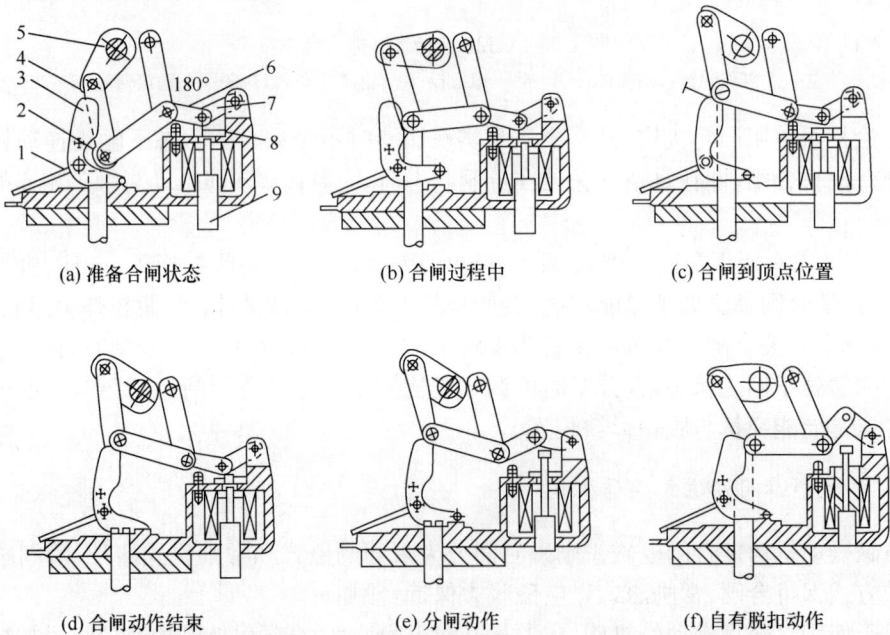

(a) 准备合闸状态   (b) 合闸过程中   (c) 合闸到顶点位置

(d) 合闸动作结束   (e) 分闸动作   (f) 自有脱扣动作

图 1-40 带自有脱扣的瞬间励磁式直流电磁操动机构示意图
1-合闸铁心顶杆;2-轴;3-掣子;4-连杆;5-主轴;6、7-连杆;8-螺钉;9-分闸铁心

3）分闸脱扣机构

（1）过死点脱扣方式如图 1-40（f）所示，分闸绕组通电，或手力推动分闸铁心 9 时，使其向上冲击，连杆 6、7 被冲向上，角度过 180°，这时连杆死点被解开，形成四杆机构自由运动状态而脱扣。

（2）半轴脱扣方式如图 1-41 所示，电磁操动机构为平面五连杆机构，半轴脱扣，自由脱扣功率小，机构左侧装有辅助开关，辅助开关下端装有接线端子，机构右侧装有分闸电磁铁，机构下部为合闸电磁铁。

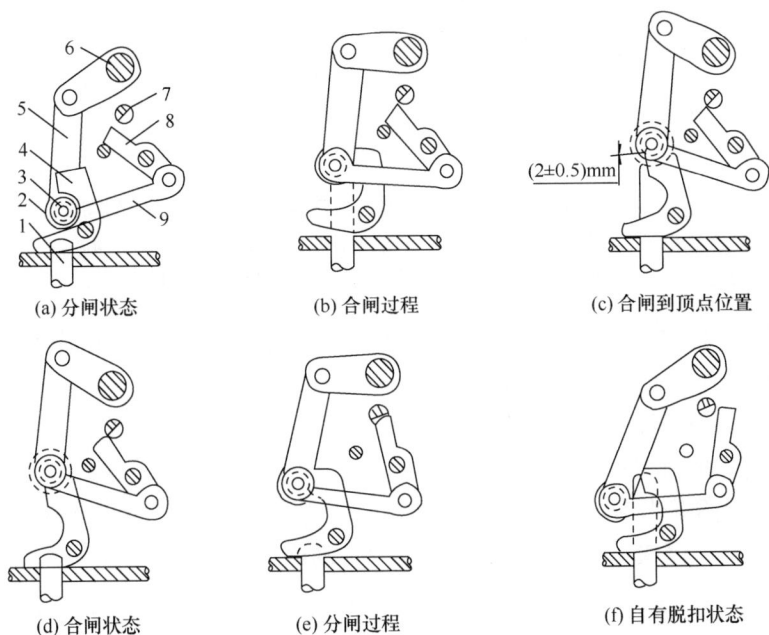

图 1-41　一种半轴脱扣机构动作示意图

1-顶杆；2-顶轮；3-环；4-掣子；5-连杆；6-输出轴；7-半轴；8-扣板；9-连扳

为了防止铁心吸合时黏附，合闸铁心加一黄铜垫和压缩弹簧，以保证铁心合闸终了时迅速落下。绕组和铁心间装有铜套，起导向作用并防止铁心运动时磨损绕组。合闸电磁铁下部由铸铁座和调整缓冲垫组成，座上装有合闸手柄供检修时手动合闸用，橡胶调节缓冲垫不仅可起到铁心缓冲作用，而且可用于调整铁心顶杆与轮的间隙，以调整合闸速度。合闸脱扣时是靠半轴 7 解开扣结的。

3. 电磁型常励磁式操动机构

图 1-42 是一种电磁型常励磁式操动机构结构图，该结构为常励磁式电磁机构典型结构方式。

电磁铁采用直流螺管形式，为了加大起动吸力和降低绕组的温度，采用了降流电阻（未画出）。起动时，降流电阻被辅助开关触点短接，合闸后，与降流电阻并联的辅助触点打开，将降流电阻串入绕组回路。

操作电源使用单相交流电源，通过四个硅二极管组成的单相桥式整流器 10 整流后供

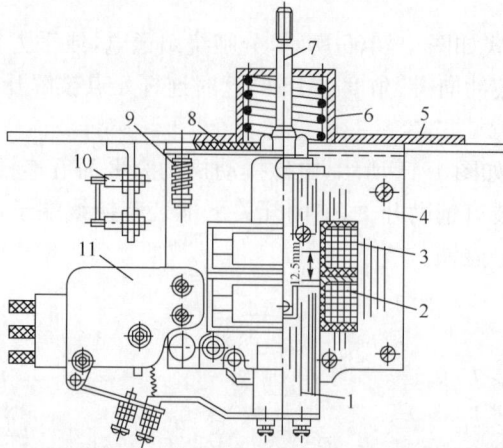

图 1-42　一种典型中压交流真空断路器操动机构结构(分闸状态)示意图

1-动铁心；2-非磁性垫片；3-操作绕组；4-静铁心；5-安装板；6-分闸弹簧；

7-推杆；8-橡胶皮垫；9-迎击弹簧；10-硅整流器；11-辅助开关

给绕组电流。在整流器中,由于所选硅二极管的额定电流和额定电压都较实际使用参数大得多,所以无须增加过流和过压保护措施,整流器直接利用绕组电感滤波。

电磁铁的磁路系统是用硅钢片叠加成的,并在铁心极面之间放置了非磁性垫片 2,目的是缩短真空开关的固有分闸时间。

在静铁心 4 和安装板 5 之间装有橡胶皮垫 8,另外,在静铁心的四个角上对称地装着四个迎击弹簧起合闸缓冲作用。推杆 7 直接与传动绝缘子连接。

4. 永磁型操作机构

1)工作原理

永磁型操动机构的外形和结构如图 1-43 所示。永磁型操动机构由以下主要零件组成。

(a) 方形永磁型操动机构外形　　(b) 圆形永磁型操动机构外形　　(c) 永磁型操动机构纵向剖面

图 1-43　永磁型操动机构结构示意图

1-静铁心；2-动铁心；3、4-永磁体；5-分闸线圈；6-合闸线圈；7-驱动杆

（1）静铁心：为机构提供磁路通道，对于方形结构一般采用硅钢片叠形结构，圆形结构则采用电工纯铁或低碳钢。

（2）动铁心：是整个机构中最主要的运动部件，一般采用电工纯铁或低碳钢结构。

（3）永磁体：为机构提供保持时所需要的动力。

（4）分闸线圈和合闸线圈。

（5）驱动杆：是操动机构与真空开关管传动机构的连接纽带。

当真空开关管处于合闸或分闸位置时，线圈中无电流通过，永久磁铁利用动、静铁心提供的低磁阻抗通道将动铁心保持在上、下极限位置，而不需要任何机械联锁。当有动作信号时，合闸或分闸线圈中的电流产生磁动势，动、静铁心中的磁场由线圈产生的磁场与永磁体产生的磁场叠加合成，动铁心连同固定在上面的驱动杆，在合成磁场力的作用下，驱动真空开关管完成分合闸任务。该机构被称为两位式双稳态结构，是由于动铁心在行程终止的两个位置，不需要消耗任何能量即可保持。对于传统的电磁机构，动铁心通过弹簧的作用被保持在行程的一端，而在行程的另一端，靠机械锁扣或电磁能量进行保持。永磁机构是通过将电磁铁与永久磁铁特殊结合，实现传统操动机构的保持功能。由分合闸线圈提供操作时所需要的能量，整个机构的零部件总数大幅减少，因此机构的整体可靠性可能得到大幅提高。

方形结构和圆形结构的工作原理相同，但静铁心材料和加工工艺不同。方形结构中静铁心采用硅钢片，导磁性能好，制造中需开模具；圆形结构中静铁心材料应用电工纯铁，以保证良好的导磁性，加工工艺简单。

2）双稳态永磁型操动机构原理

双稳态永磁型操动机构工作原理如图 1-44 所示。其静铁心 1 的中部镶着永磁体 4 和 5，两个永磁体的同名磁极向着中心。永磁体的上方和下方分别安装着分闸线圈 6 和合闸线圈 3。动铁心 2 位于永磁体和静铁心上下磁极之间，动铁心上的驱动杆 9 穿过静铁心，该驱动杆可直接用来驱动真空开关管做合分闸运动。

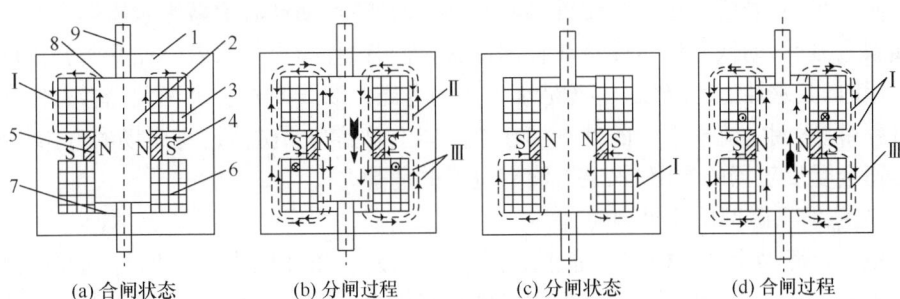

图 1-44　双稳态永磁型操动机构工作原理示意图

1-静铁心；2-动铁心；3-合闸线圈；4、5-永磁体；6-分闸线圈；7-下磁极；8-上磁极；9-驱动杆

Ⅰ-永磁体磁场；Ⅱ-分闸励磁磁场；Ⅲ-合闸励磁磁场

动铁心在静铁心中理论上有三个平衡状态。

（1）动铁心位于静铁心的最上方，动铁心的上端与静铁心的上磁极接触，图 1-44（a）的位置为合闸状态，在合闸状态，永磁体通过上部磁路的磁阻很小，而通过下部磁路的磁

阻因空气隙很大而很大,永磁体的磁通绝大部分通过上部磁路,将动铁心牢固地吸在静铁心的上磁极 8 上。

（2）动铁心位于静铁心的最下方,动铁心的下端与静铁心的下磁极 7 接触,图 1-44(c) 的位置为分闸状态,在分闸状态时,与合闸状态相反,永磁体通过下部磁路的磁阻很小,磁通集中在下部磁路,动铁心被吸在下磁极 7 上。

（3）对于上下结构对称的机构,动铁心位于静铁心的中部,永磁体通过上部和下部空气隙的磁阻完全相等,静铁心的上端和下端受静铁心的吸力完全相等,动铁心处于平衡状态。

上述平衡状态是一种不稳定平衡,只要上下气隙有微小变化,就会破坏这种平衡,过渡到第一种或第二种平衡。所以,动铁心实际上只存在两种平衡状态,即分闸状态和合闸状态。因此,图 1-44 所示的这种双线圈永磁机构又称为双稳态永磁机构。

当双线圈永磁机构处于合闸位置时,永磁体产生的磁力线的分布如图 1-44(a)中曲线 I 所示。要使其分闸,只要在分闸线圈中通以直流电流,该电流产生的磁力线方向与永磁体在静铁心上端的磁力线方向相反,见图 1-44(b)中的回线 II。分闸线圈中的电流所产生的磁场使动铁心所受的吸力减小,当此电流增大到一定值时,动铁心所受的吸力之和小于动铁心上的机械负载(如作用在动铁心上的触头压力,其方向与永磁体的吸力相反),这时动铁心将向下运动。一旦动铁心向下运动,动铁心上端与静铁心上磁极之间就出现了空气隙,上端的磁阻增大,下端的磁阻减小。静铁心上磁极对动铁心的吸力减小,下磁极对动铁心的吸力增大。动铁心上向下的合力增大,使动铁心加速向下运动。这一过程一直持续到动铁心下端与静铁心的下磁极接触,如图 1-44(c)所示,直到完成分闸动作为止。这时,动铁心重新被永磁体吸合,处于稳定状态,即使切断分闸线圈的电流,动铁心也不会恢复到合闸状态了。

合闸过程和分闸过程正好相反。在合闸线圈中通电,如图 1-44(d)所示,线圈电流在下部间隙中产生反磁场,动铁心上受到的总吸力减小,当吸力小于动铁心上的机械负载时动铁心向上运动,最后到达合闸位置,如图 1-44(a)所示,动铁心重新为永磁体吸合。切断合闸线圈电流后,动铁心仍然保持在合闸位置,合闸过程结束。永磁体在受到强烈的反向磁场作用时,其磁性能会降低,这就是永磁体的退磁。双线圈永磁机构无论在合闸还是在分闸过程中,线圈电流所产生的外磁场在永磁体上总是与永磁体自身磁场的方向相同,即永磁体不会受反磁场的作用,永磁体没有退磁的危险。

3）单稳态永磁型操动机构原理

单稳态永磁型操动机构工作原理如图 1-45 所示。单线圈永磁机构与双线圈永磁机构的结构和磁路非常相似,单线圈永磁机构和双线圈永磁机构的动作也很相近,但是在分闸操作时需要用弹簧操动。

当永磁机构处于合闸状态时,如图 1-45(a)所示,线圈中无电流通过,由于永久磁铁的作用,动铁心保持在上端。分闸时,在操作线圈中通以特定方向的电流,该电流在动铁心上端产生与永磁体磁场相反方向的磁场,使动铁心受到的磁吸力减小,当动铁心受到的向上的合力小于弹簧的拉力时,动铁心向下运动,实现永磁机构的分闸。当处于分闸状态时,如图 1-45(c)所示,在操作线圈中通以与分闸操作时方向相反的电流,这一电流在静铁

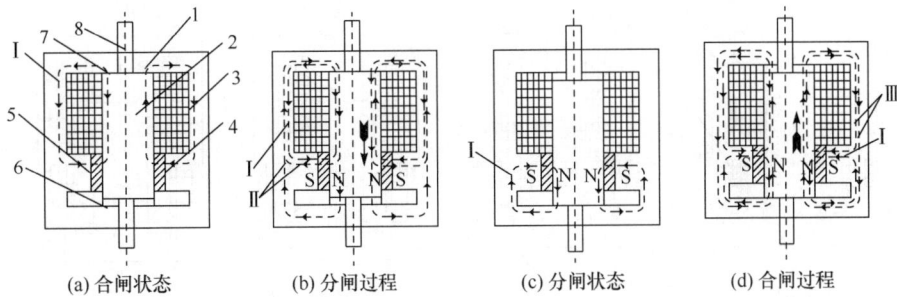

图 1-45 单稳态永磁型操动机构工作原理示意图

1-静铁心；2-动铁心；3-操动线圈；4、5-永磁体；6-下磁极；7-上磁极；8-驱动杆

Ⅰ-永磁体磁场；Ⅱ-分闸励磁电流磁场；Ⅲ-合闸励磁电流磁场

心上部产生与永磁体磁场方向相同的磁场,在动铁心下部产生与永磁体磁场方向相反的磁场,使动铁心下端所受的磁吸力减小,当操作电流增大到一定值时,向上的电磁合力大于下端的吸力与弹簧的反力,动铁心便向上运动,实现合闸,并给分闸弹簧储能。

双线圈双稳态和单线圈单稳态永磁机构的共同之处是合闸操作和保持是相同的,而不同之处是分闸时,对于双线圈双稳态机构是电磁操动永磁保持,对于单稳态单线圈机构则是电磁去磁弹簧操动,保持可以是永磁也可以是弹簧。

对于单线圈永磁机构,分闸操作时,可以通过增加线圈中的电流来增强与永磁体磁场相反方向的磁场,当这个磁场与永磁体产生的磁场大小相同、合力为零时,再增加电流所产生的磁场则在合闸位置吸合端面上又会形成吸力。因此,单线圈永磁机构必须采用弹簧形成拉力才能完成分闸操作。分闸弹簧的设计一是要克服上述合力向下运动,二是要给真空开关管动触头提供开断时所必需的运动速度。

由于分闸弹簧可以提供分闸位置时的保持力,在单线圈永磁机构的设计中,在分闸位置可以不用永磁保持,这就成为永磁机构在真正意义上的单稳态。圆形结构由于有上下端盖,即上述图中的上下磁极,将图 1-45 中的下磁极材料改为铝或其他非导磁材料,永磁体产生的磁通将无法通过下磁极,就不可能在下磁极形成吸力。另外,也可在原电工纯铁的下磁极中加非导磁材料垫片,以增加下端位置的气隙,减小永磁体在下端的吸力。这样做的好处是可以减少合闸时的操作功。方形结构的静铁心为硅钢片,由于结构的原因一般无法更换端盖,但可以加垫片。

真空开关管分闸和合闸过程中的负载特性是不同的,要求的速度特性也是不同的,单独一个线圈由于匝数一定,不太容易很好地满足分闸和合闸操作。由于电流方向变化,控制回路的设计也比较复杂。图 1-46 给出了一种操动原理与图 1-45 相同,但分合闸线圈独立的双线圈单稳态永磁机构原理结构,有文献称其为分离磁路永磁机构。

双线圈双稳态永磁机构的线圈磁场在永磁体上与永磁体自身磁场总是同方向的,所以不存在退磁的危险。而在单线圈永磁机构中情况却不一样。在图 1-45 的永磁机构中,在分闸过程中线圈磁场在永磁体上与永磁体自身磁场的方向是相反的,只有在合闸过程中两者的方向才是一致的,因此单线圈永磁机构存在退磁的可能。

单线圈永磁机构在实际工作时的退磁危险是不存在的,这是因为在合闸状态,动铁心

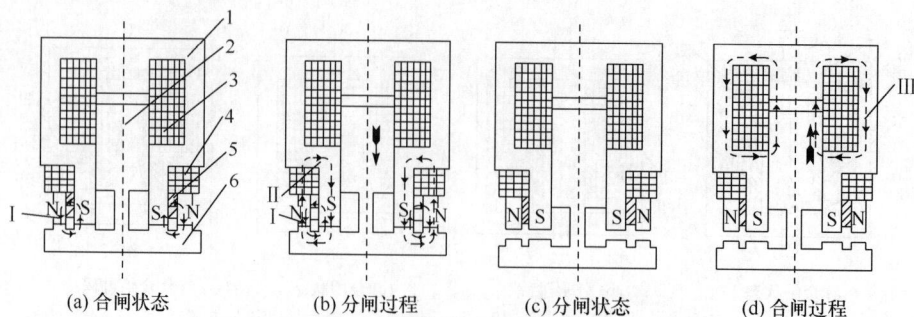

(a) 合闸状态　　　(b) 分闸过程　　　(c) 分闸状态　　　(d) 合闸过程

图1-46　分离磁路永磁型操动机构工作原理示意图

1-静铁心；2-动铁心；3-合闸线圈；4-分闸线圈；5-永磁体；6-衔铁

Ⅰ-永磁体磁场；Ⅱ-分闸励磁电流磁场；Ⅲ-合闸励磁电流磁场

上除了受永磁体的吸力外,还受很大的反向机械力的作用。这些机械力的合力仅仅比磁力略小一些,这些反力在合闸状态时主要是触头弹簧的压力和分闸弹簧的拉力。只要加上不大的反向磁场就能实现分闸或合闸。此反向磁场将远远小于永磁体充磁过程中的充磁场强,这样的反向磁场不会导致永磁体发生退磁。

因为永磁机构没有机械锁扣,所以不能像传统操动机构那样用手力解扣进行紧急分闸。双线圈双稳态永磁机构上通常附加一套机械装置用来以机械方式强行将动铁心拉离静铁心,实现紧急分闸。单稳态永磁机构除了可以附加机械装置实现紧急分闸,还可以采用短路环实现该功能。

（二）传动机构

具有柔性分合闸的中压交流真空开关装置的传动机构与现有中压交流开关装置的传动机构相似,传动机构位于操动机构和中压交流真空开关管之间,图1-47是现有中压交流真空开关装置(断路器)采用的传动机构的类型。

各类型传动机构的特点如下。

(1) 图1-47(a)为直动型,传动效率最高,适于单相常励磁式操动机构。

(2) 图1-47(b)为一种摇臂(或曲柄)滑块型,以长圆孔代替连杆,传动效率高,但触头行程小,导向在下端,动导电杆不受径向弯曲力,但触头对心不易保证,适于主轴转角约在30°以下的中压12kV及以下产品。

(3) 图1-47(c)为一种摇臂(或曲柄)滑块型,导向装置在动导电杆下端,触头对心良好,适于主轴转角约在30°以下的中压12kV及以下产品。

(4) 图1-47(d)为一种摇臂(或曲柄)滑块型,动触头有较大行程,可利用合闸时连杆的死点位置减小合闸功率和提高刚分速度,传动效率高,适于中压40.5kV产品。

(5) 图1-47(e)为一种平面四连杆加摇臂(或曲柄)滑块型,四连杆的一个拐臂与摇臂公用,以四连杆传动,摇臂滑块变直,能放大触头弹簧压力,主轴转角要大,曲柄短时,导向要好,传动效率居中,适于中压12kV产品。

(6) 图1-47(f)为一种平面四连杆加摇臂(或曲柄)滑块型,触头压力弹簧在主轴侧,

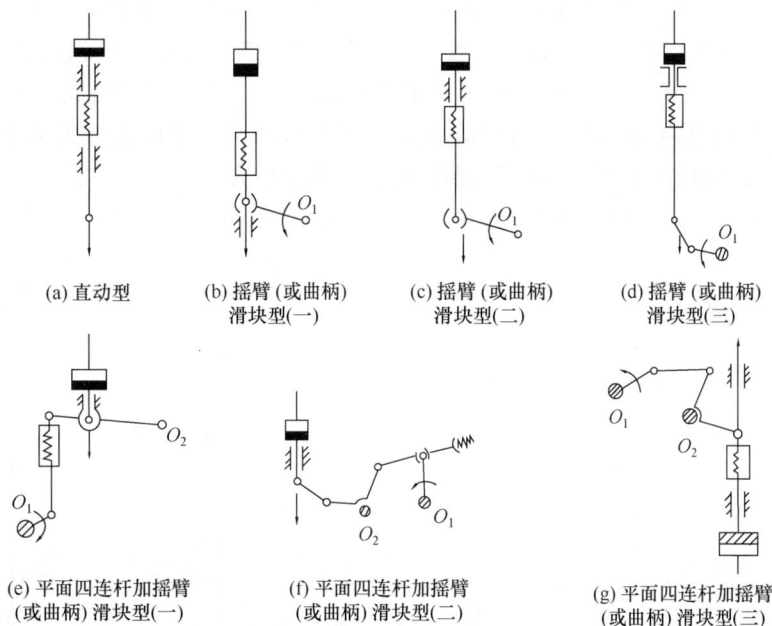

(a) 直动型　(b) 摇臂(或曲柄)　(c) 摇臂(或曲柄)　(d) 摇臂(或曲柄)
　　　　　　　滑块型(一)　　　 滑块型(二)　　　　滑块型(三)

(e) 平面四连杆加摇臂　　(f) 平面四连杆加摇臂　　(g) 平面四连杆加摇臂
　(或曲柄)滑块型(一)　　　(或曲柄)滑块型(二)　　　(或曲柄)滑块型(三)

图 1-47　传动机构的类型示意图

—▯—静触头；▮—动触头；非—导向装置；]—弹性导向；▯—大间隙连接；—(◯)—长圆孔活动轴销；

◯—活动轴销；◉—固定轴销；⊙—固定套轴；→—分闸运动方向；≡—触头弹簧

观察超行程方便,但有失真,传动环节较多,几何误差较大,传动效率较低,但根据需要改变负载特性和速度特性灵活方便,导向要足够长,合闸振动较大,适于中压 40.5kV 及以下悬挂式总体布置产品。

(7) 图 1-47(g)为一种平面四连杆加摇臂(或曲柄)滑块型,触头弹簧在动导电杆上方,观察超行程方便且不失真,操作振动较图 1-47(f)小,适于中压 40.5kV 以下综合式总体布置产品。

设置在真空开关管动导电杆或真空开关管支架上的导向装置称为滑块。当摇臂转动角较大或连杆尺寸较短时,连杆与传动杆之间在机构运动过程中有较大的夹角,导向装置将承受较大作用力,增加了运行摩擦阻力,可能使传动杆弯曲,还往往顶偏真空开关管的动导电杆,甚至造成整个真空开关管损坏。在这种情况下,一方面应使导向装置具有足够的强度和高度;另一方面应使导向装置上受尽量小的力,如在结构设计时,尽量使连杆与传动杆之间有较小的夹角。

图 1-47 只描述出了传动机构的单相示意图,而常用的真空开关装置大都为三相,三相间都以机械方式连接,当电压为中压 12kV 时,宽度尺寸不大,通常采用一根贯穿三相的转轴使三相连动,转轴两端由两个滚珠轴承支撑着。但对于中压 40.5kV 的开关装置,在不装设相间绝缘隔板时,宽度尺寸常达到 1m 以上,并且触头弹簧压力、机构操作力、分合闸速度都大大增加,若仍然采用一根转轴,则轴的弯曲变形问题变得相当严重,将直接影响到分合闸速度和传动精度。在这种情况下,为使主轴获得足够的抗弯强度,必须选用

较大的截面积和用抗弯强度较高的材料制造,这样就会使轴的转动惯量增大,若采用三轴承支撑会较大地降低开关的分合闸速度,假如用三根较细和较短的单相横轴代替这根粗长的三相纵轴,则上述大部分缺点均能克服,各相之间由拉杆和拐臂组成的平面四杆机构作为相间传动,主轴至动触头间的传动机构如图 1-48 所示。采用这种传动方式,相间拉杆只承受拉力,截面不必很大,各相同期性的调整也比较方便。

真空开关装置主轴至动触头间的传动,也可采用如图 1-49 所示的凸轮滑块机构。

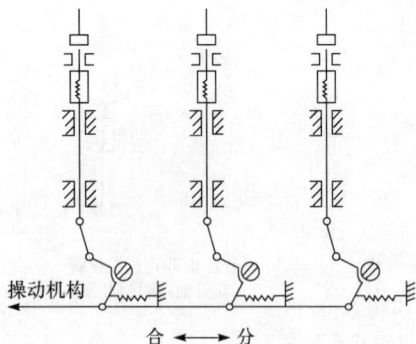

图 1-48 采用短轴的中压 40.5kV 开关装置
(断路器)主轴至动触头间的传动机构示意图

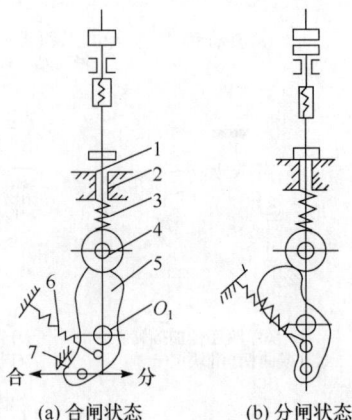

图 1-49 采用凸轮滑块机构的原理示意图
1-传动杆;2-导向;3-分闸弹簧;4-滚轮;5-凸轮;
6-拉伸弹簧;7-合闸定位

图 1-49 中传动机构实际上是曲柄滑块机构的一个特例,即用凸轮和滚轮代替连杆,并且运动过程中,凸轮的转动中心到凸轮与滚轮接触点间的长度是变化的。

凸轮滑块机构有很多优点,不仅结构十分简单紧凑,有传动变直作用,而且可兼作为合闸保持和脱扣装置,适当地改变凸轮轮廓形状时,能改变开关装置(断路器)负载特性和速度特性。这种机构对提高分闸速度十分有利,因为当凸轮与滚轮从保持合闸状态解开后,凸轮系统的质量也随之与滚轮脱离,这是其他传动机构无法做到的。

凸轮滑块机构处于图 1-49(a) 所示合闸位置时,应使作用到凸轮上的分闸力的作用线处在凸轮轴转 O_1 的摩擦圆之内,并且略微偏向轴 O_1 几何中心的右边一些,以使定位可靠和减小脱扣功。

凸轮滑块机构处于合闸位置时,导向要承受较大的偏向力,因此导向要有足够的高度和抗弯强度。为减小磨损,凸轮轮廓表面需要有一定的硬度。另外,还要求凸轮滑块机构中的滚轮有防止转动的措施。

凸轮滑块机构适用于某些操作频率不高但要求结构简单的开关装置。

三、柔性分合闸的运动机构优化设计技术

基于柔性分合闸技术的中压交流真空开关设备中的分合闸运动机构的特性对于柔性分合闸的实现至关重要,需要根据柔性分合闸的性能要求对其进行优化设计。

（一）弹簧操动机构的优化设计技术

弹簧操动机构是目前在中压交流真空开关设备中使用最广泛的一种操动机构,对此进行改进性设计可在基于柔性分合闸技术的中压交流真空开关设备中应用。

以一种弹簧型操动机构为研究对象,对分闸过程进行深入分析,将分闸过程分为超行程前后两个阶段。由于超行程所用时间较短,而对整个分闸过程影响较大,所以使用能量法对其进行计算,并对超行程时间进行分析。超行程完成后对分闸过程进行分析,建立分析方程。为了能够更好地控制分闸过程,以分闸特性曲线为优化目标,以分闸弹簧、拉杆和连杆为优化设计对象,对机构进行优化。该计算方法能够准确分析整个分闸过程,并对分闸时间进行计算,优化设计可以改进分闸性能,从而更好地掌握分闸过程,为基于柔性分合闸技术的中压交流真空开关的弹簧操动机构的设计改进提供理论参考。

1. 弹簧型操动机构分闸运动原理

一种弹簧型操动机构处于合闸状态,见图 1-50,定位凸轮顶住连杆上的滚子,使操动机构保持合闸状态,而定位凸轮的滚子是由分合轴控制的。

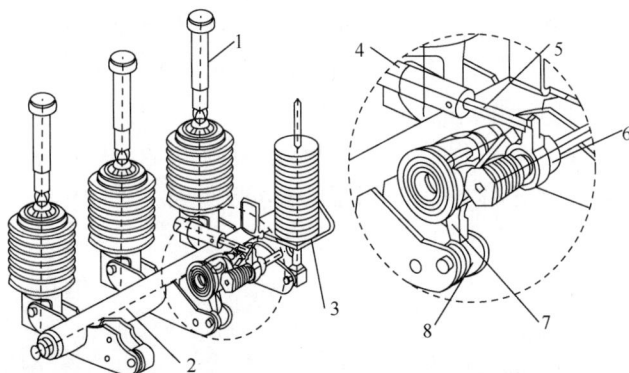

图 1-50 一种弹簧型操动机构结构示意图
1-动触头;2-主轴;3-分闸弹簧;4-分闸线圈;5-分闸拉杆;6-分合轴;7-定位凸轮;8-滚子

当分闸命令发出时,分闸线圈通电,分合轴在电磁力的作用下逆时针旋转。固定定位凸轮的定位爪随分合轴一起运动,定位凸轮约束接触,定位凸轮在扭转弹簧的作用下逆时针旋转,主轴约束解除,主轴在分闸弹簧的作用下逆时针旋转,主轴带动绝缘子向下运动,绝缘子中的储能弹簧拉伸完成超行程,超行程结束后,动触头运动完成分闸运动。

2. 弹簧型操动机构的数学模型

弹簧型操动机构中分闸弹簧、拉杆、从动件、储能弹簧、动触头、静触头、真空室共同构成分闸操作的能量系统。分闸操作的能量来自储能弹簧。使用能量法计算需要进行以下假设。

（1）超行程阶段没有能量损耗。

（2）真空开关管自闭力在动触头运动时大小不变。

图 1-51 为一种中压断路器弹簧型操动机构简图。

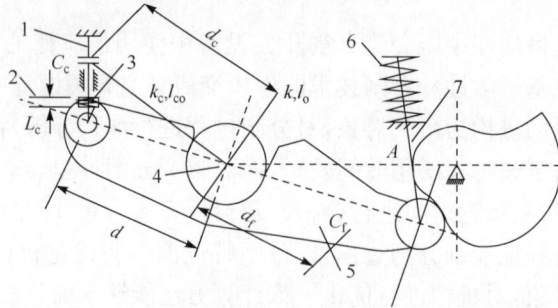

图 1-51 一种中压断路器弹簧型操动机构的结构参数
1-静触头；2-动触头；3-缓冲弹簧；4-主轴；5-连杆；6-分闸弹簧；7-分闸拉杆

使用能量法对给定机械系统下特定动力学特性进行计算，由能量法知

$$(T_o + V_o) - (T_i + V_i) = W_i^{nc} \tag{1-21}$$

式中，T_o、T_i——机构运动开始时的动能和 i 时刻的动能；

V_o、V_i——机构运动开始时的势能和运动中 i 时刻的势能。

由于动触头的运动不易测量，而动触头的运动是由主轴的运动决定的，所以将主轴的运动代入式(1-21)。已知凸轮转角为 α，主轴转角为 θ，主轴转角速度为 $\dot{\theta}$。分闸运动分为两个阶段：超行程回复阶段和动触头运动阶段。

在超行程阶段，θ 表示超行程走完时从动件转过的角度。由于动触头没有运动，弹簧伸缩运动产生的热量损耗忽略不计，利用能量法可以得到

$$T(\theta_o) + V_e(\theta_o) + V_{ew}(\theta_o) + V_g(\theta_o) = T(\theta_i) + V_e(\theta_i) + V_{ew}(\theta_i) + V_g(\theta_i) \tag{1-22}$$

$$T(\theta_i) = \frac{1}{2} I_o \theta_i'^2$$

$$V_{ew}(\theta_i) = \frac{k_c}{2} \{ l_{co} - [L_c - d(\sin\theta_i - \sin\theta_o)] \}^2$$

$$V_e(\theta_i) = \frac{k}{2} \{ l_o - [L - \sqrt{(L_{ob}\cos\theta - a_1)^2 + (L_{ob}\sin\theta - a_2)^2}] \}^2$$

$$V_g(\theta_i) = m_f g d_f \sin(\psi + \theta_i) + 3 m_c g d_c \sin(\varphi + \theta_i)$$

式中，T——系统动能；

V_e——分闸弹簧的弹性势能；

V_{ew}——储能弹簧的弹性势能；

V_g——重力势能；

θ_o——主轴初始转角；

θ_i——主轴在 i 时刻的转角；

k_c——储能弹簧的刚度系数；

L_c——储能弹簧的安装长度；

d——主轴连杆动触头端的长度；

k——分闸弹簧的刚度系数；

l_o——分闸弹簧的自由长度；

L——拉杆的长度；

a_1、a_2——分闸弹簧附着点的坐标；

d_f——主轴重心线到主轴重心之间的距离；

ψ——主轴重心线与主轴线之间的初始角度（负值）；

d_c——主轴重心线到动触头重心之间的距离；

φ——动触头重心线与主轴线之间的初始角度（正值）。

$d(\sin\theta_i - \sin\theta_o)$ 为 i 时刻超程所走过的行程，且 $d(\sin\theta_i - \sin\theta_o) < \gamma$ 时储能弹簧力有效，γ 为触头超行程，将其代入式（1-22）可知主轴角速度为

$$\theta_1' = \sqrt{\dfrac{V_e(\theta_o) + V_{ew}(\theta_o) + V_g(\theta_o) - V_e(\theta_i) - V_{ew}(\theta_i) - V_g(\theta_i) + T(\theta_o)}{\frac{1}{2}I_o}} \tag{1-23}$$

在超行程过程中角度转过 θ_i 所用的时间为

$$t(\theta_i) = \int_{\theta_o}^{\theta_i} \frac{1}{\theta_i'} \mathrm{d}\theta \tag{1-24}$$

当超行程完成后，即到达 θ_i 时，运动系统中储能弹簧停止运动，动触头开始运动，由真空开关管自闭力驱动做负功。由于触头弹簧对合闸弹振影响较大，而触头弹簧刚度系数是在合闸过程中确定的，该过程中不作为设计变量

$$[T(\theta_m) + V_e(\theta_m) + V_g(\theta_m)] - [T(\theta_i) + V_e(\theta_i) + V_g(\theta_i)] = W^{nc} \tag{1-25}$$

$$T(\theta_i) = \frac{1}{2}I_o\theta_i'^2 + \frac{3}{2}m_c(d\theta_i'\cos\theta_i)^2$$

$$W^{nc} = -3F_v d(\sin\theta_i - \sin\theta_m)$$

式中，W^{nc}——自闭力所做的功；

F_v——自闭力；

d——主轴连杆动触头端的长度。

由式（1-25）可以得出超行程走完后主轴角速度为

$$\theta_2' = \sqrt{\dfrac{V_e(\theta_m) + V_g(\theta_m) - V_e(\theta_i) - V_g(\theta_i) + W^{nc} + T(\theta_m)}{\frac{1}{2}I_o + \frac{3}{2}m_c(d\cos\theta_i)^2}} \tag{1-26}$$

当 $\theta_i > \theta_m$ 时，角度转过 θ_i 所用的时间为

$$t(\theta_i) = \int_{\theta_m}^{\theta_i} \frac{1}{\theta_i'} \mathrm{d}\theta + \int_{\theta_o}^{\theta_m} \frac{1}{\theta_i'} \mathrm{d}\theta \tag{1-27}$$

3. 操动机构优化

为了改进操动机构，有许多方法被用来进行操动机构的优化。下面以上述弹簧型操动机构的力学模型为例，以分闸速度为目标，使用商用软件 ADAMS 对分闸弹簧和缓冲弹簧的参数进行优化。由于软件优化算法的限制，这种方法只能进行简单的优化，局限性较大。以分闸弹簧为优化对象，以弹簧重量最轻、刚度误差最小和分闸弹簧刚度设计值变

化量最小三个目标为最终优化目标,对弹簧内外两层的簧丝直径、弹簧中径及弹簧的有效工作圈数进行优化,该优化方法是在分闸弹簧设计参数确定以后对弹簧性能进行的优化:使用遗传算法对一种新型操动机构的弹簧进行多目标优化。分闸过程受许多因素的影响,为了从整体上改进操动机构,对分闸过程造成较大影响的分闸弹簧、拉杆和连杆为优化对象。超行程阶段动触头没有运动,只对超行程后动触头运动特性进行优化。

1) 优化模型

弹簧机构的设计要求符合负载特性曲线,按负载特性曲线确定机构参数。负载特性曲线反映了操动机构分闸过程的性能好坏,通过控制负载特性曲线可以控制分闸过程,既要保证分闸时间又要使分闸过程微行程精确导控,将分闸弹振控制在合理范围内。

优化目标函数为

$$\min f(x) = \int_{\theta_o}^{\theta_i} (\theta_d' - \theta_j')^2 \mathrm{d}\theta \tag{1-28}$$

$$\theta_d' = \sqrt{\frac{V_e(\theta_o) + V_g(\theta_o) - V_e(\theta_i) - V_g(\theta_i) + W^{nc} + T(\theta_o)}{\frac{1}{2}I_o + \frac{3}{2}m_c(d\cos\theta_i)^2}} \tag{1-29}$$

式中,θ_d'——设计角速度;

θ_j'——目标角速度。

在该机构中要求动静触头刚分时的约束为

$$\theta = -2.1 \times 10^{-3} \mathrm{rad}$$

$$\theta' = 9.94 \mathrm{rad/s}$$

运动结束时的约束为

$$\theta_s = 9.5343 \times 10^{-2} \mathrm{rad}$$

$$\theta_s' = 10.40 \mathrm{rad/s}$$

$$\theta_s' = 147.719 \mathrm{rad/s^2}$$

使用三阶多项式对特性曲线进行拟合,可以得到目标角速度为

$$\theta' = 8.9825 + 24.7607\theta - 111.7494\theta^2 + 82.7169\theta^3 \tag{1-30}$$

使用 X 表示自变量,其中含有 6 个参数,分别为 $x_1 \sim x_6$。

$$X = [x_1, x_2, x_3, x_4, x_5, x_6] = [k, l_o, L, L_{ob}, a_1, a_2] \tag{1-31}$$

式中,k——分闸弹簧的刚度系数;

l_o——分闸弹簧的自由长度;

L——拉杆的长度;

L_{ob}——连杆大端的长度;

a_1、a_2——分闸弹簧附着点的坐标。

以下使用 g 表示非线性约束,由操动机构的运动过程可以得到优化的约束如下。

(1) 动触头平均速度(1.1 ± 0.2)m/s:

$$g(1) = \frac{d(\sin\theta_s - \sin\theta_o)}{t_s - t_o} - [V_{upper}] < 0$$

$$g(2)=[V_{\text{lower}}]-\frac{d(\sin\theta_s-\sin\theta_o)}{t_s-t_o}<0$$

式中，V_{upper}——平均速度的上限；

　　V_{lower}——平均速度的下限。

（2）分闸时间小于 30ms：

$$g(3)=\int_{\theta_m}^{\theta_i}\frac{1}{\theta'_i}\mathrm{d}\theta+\int_{\theta_o}^{\theta_m}\frac{1}{\theta'_i}\mathrm{d}\theta-[T]<0$$

（3）保证主轴从动端径向位移 h 在一个范围内，即 13mm$<h<$16mm（其中触头开距为 10~12mm，触头超行程为 3~4mm）：

$$g(4)=d(\sin\theta_i-\sin\theta_o)-[h_u]$$

$$g(5)=[h_i]-d(\sin\theta_i-\sin\theta_o)$$

式中，h_u——从动端径向位移的上边界；

　　h_i——从动端径向位移的下边界。

（4）$K>0,l_o>0,0<\text{dis}<L,L_{ob}>0,\text{dis}=\sqrt{(L_{ob}\cos\theta-a_1)^2+(L_{ob}\sin\theta-a_2)^2}$ 表示分闸弹簧拉杆伸出的长度：

$$g(6)=-x_1<0$$

$$g(7)=-x_2<0$$

$$g(8)=-x_4<0$$

$$g(9)=\sqrt{(x_4\cos\theta-x_5)^2+(x_4\sin\theta-x_6)^2}-x_3<0$$

（5）空间限制 $L<450,L_{ob}<180$：

$$g(10)=x_3-[L]<0$$

$$g(11)=x_4-[L_{ob}]<0$$

2）优化方法

从优化模型可以看出，此为有约束非线性优化问题，使用 MATLAB 优化工具箱有约束非线性求解函数 fmincon 进行求解。

fmincon 函数的语法格式如下：

$[x,\text{fual},\text{exitflag},\text{output}]=\text{fmincon}(\text{fun},x_o,A,b,\text{Aeq},\text{beq},\text{lb},\text{ub},\text{nonlcon},\text{option})$

式中，x——自变量；

　　fual——当前函数值；

　　exitflag——输出标志；

　　output——输出项；

　　fun——目标函数；

　　x_o——函数初始值；

　　A、b——线性不等式系数、值矩阵；

　　Aeq、beq——线性等式系数、值矩阵；

　　lb、ub——线性不等式约束的上下界向量；

　　nonlcon——非线性约束函数；

　　option——输入项。

3) 优化结果

调用函数 fmincon 进行优化计算,表 1-20 显示了优化参数的变化,图 1-52 显示了目标曲线与原始曲线的对比。

表 1-20 优化后设计参数表

参数名	参数	原始参数	优化参数
刚度	$K/(\text{N/mm})$	13.40	14.01
自由长度	l_o/mm	134.00	132.30
拉杆长度	L/mm	159.00	161.85
连杆大端长度	L_{ob}/mm	92.00	93.40
A 点横坐标	a_1/mm	92.00	105.88
A 点纵坐标	a_2/mm	46.26	47.80

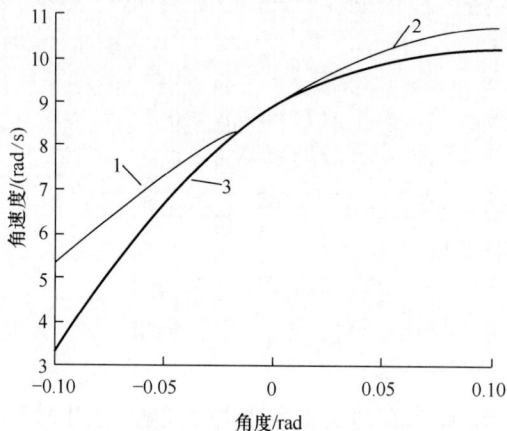

图 1-52 优化前后主轴运动特性

1-优化前角速度曲线;2-设计前角速度曲线;3-优化后角速度曲线

优化后的弹簧刚度增大 0.61N/mm,自由长度减小 1.7mm,拉杆长度增大 2.85mm,连杆大端长度增大 1.40mm,分闸弹簧的附着点坐标变化较大。优化结果显示,运动开始时角速度比目标角速度小,随着运动的进行,角速度逐渐接近目标角速度,最终与目标角速度达到一致。

4. 仿真分析

弹簧型操动机构是由复杂的凸轮连杆弹簧构成的,使用 ADAMS 软件对其进行分析与计算,能够反映真实的结构特性。分别对优化前后的参数进行仿真,仿真结果见图 1-53～图 1-55,显示了开关装置(断路器)分闸时主轴的角度、角速度,动触头行程及分闸时主轴运动特性曲线。

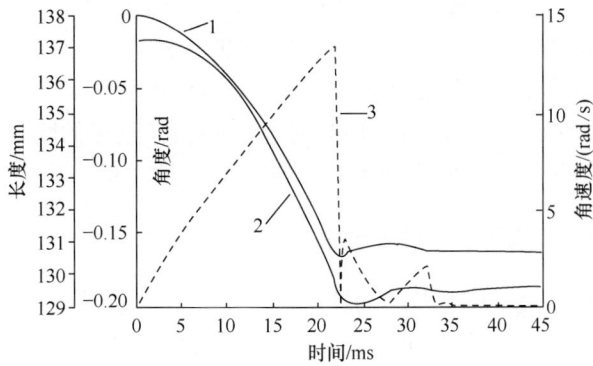

图 1-53　优化前分闸运动特性
1-主轴角度曲线；2-动触头行程曲线；3-主轴角速度曲线

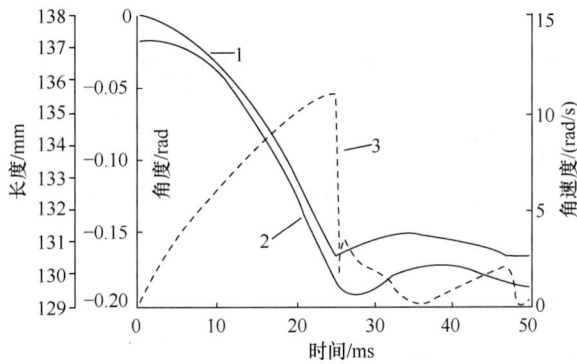

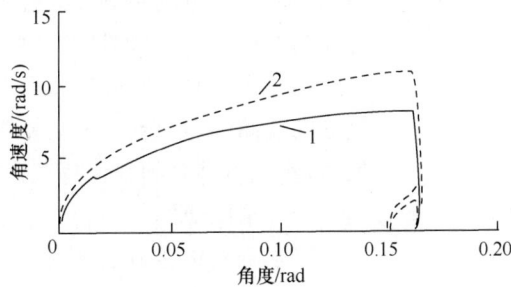

图 1-54　优化后分闸运动特性
1-主轴角度曲线；2-动触头行程曲线；3-主轴角速度曲线

图 1-55　优化前后主轴角速度特性
1-优化前曲线；2-优化后曲线

仿真结果表明，由图 1-53 可知，优化前，平均速度为 0.749m/s，刚分速度为 0.973m/s，主轴刚分角速度为 7.83rad/s，最终角速度为 8.16rad/s，速度略低于要求。优化后，平均速度为 1.087m/s，刚分速度为 1.124m/s，刚分角速度为 8.45rad/s，最终角速度为 10.84rad/s。优化前，刚分速度略低，而操动机构取优化尺寸时，满足速度要求，且整个速度特性与理想速度特性的偏差减小，即具有较好的速度特性。优化后，弹簧刚度增大，导致分闸弹振略微增大。由图 1-55 可知，主轴转角为 0～0.0176rad 时，对应分闸操作过程的超行程阶段；主轴转角为 0.0176rad 时，动静触头处于刚分瞬间，有一个速度跌落；主轴转角为 0.0176～0.191rad 时，对应分闸操作过程的刚分后阶段。优化后的主轴角速度曲线与目标角速度曲线更接近，验证了优化方法的正确性。

（二）永磁型操动机构的优化设计技术

永磁型操动机构的关键体是其中的铁心和线圈。优化设计永磁机构的动铁心，改变永磁机构合闸过程中的吸力特性，使电磁吸力特性与机构的反力特性更加匹配，适当降低刚合速度，增加合闸可靠性；并对线圈结构进行优化，减少分闸线圈匝数，达到减少分闸励磁时间以及降低分闸反电动势的目的。采用基于电磁场仿真软件 Ansoft 和 Infolytica Maget 建立永磁机构有限元模型，结合两个软件的优点进行优化设计，结果表明以下两点。

（1）通过对动铁心的优化设计，解决了普通的开关刚合速度过大以及合闸不可靠的问题。

（2）采用分闸线圈使用部分合闸线圈的方法，在不改变线圈体积的前提下，缩短分闸线圈的励磁时间约 10ms，并降低了分闸过程中线圈的反电动势，优化了分闸机械特性，提高了分断能力。

1. 永磁机构开关的原理

永磁机构开关的动作原理见图 1-56。

1）合闸原理

当开关接到合闸命令时，线圈开始通电，线圈产生的磁场与永磁体产生的磁场叠加，当两个磁场产生的磁场合力超过机构的反力时，铁心 1 开始向左运动，通过连杆 2、3 使绝缘拉杆 5 向上运动，在运动过程中对分闸弹簧 4 以及绝缘拉杆 5 的触头弹簧 6 实现储能，在合闸位置永磁机构的吸力大于机构反力，实现可靠合闸并保持在合闸位置。

2）分闸原理

当永磁机构接到分闸命令时，线圈接通得到与合闸方向相反的电流，线圈产生的磁场与永磁体磁场方向相反，当两个叠加磁场所产生的电磁吸力小于分闸弹簧 4 以及触头弹簧 6 的反力时，开关开始分闸，分闸过程所需能量主要由分闸弹簧 4 和触头弹簧 6 来提供，分闸结束由分闸弹簧 4 保持在分闸位置。

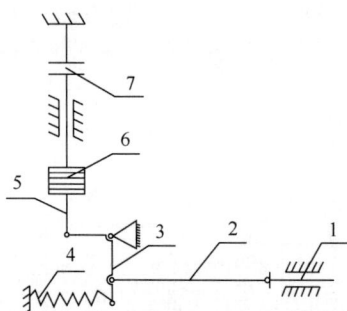

图 1-56　永磁机构开关的
动作原理示意图

1-永磁机构动铁心；2、3-连杆；
4-分闸弹簧；5-绝缘拉杆；
6-触头弹簧；7-真空开关管

2. 永磁机构铁心的优化设计

目前有些开关满足可靠合闸的情况下刚合速度过大,导致合闸弹跳增加以及对真空开关管的冲击较大,最终缩短开关的使用寿命。因此,在保证可靠合闸的同时应尽可能减小刚合前一段行程的吸力,又能增加刚合点附近以及刚合后一段超行程的吸力特性是解决该问题的根本。在不改变永磁机构外形尺寸的前提下,改变动铁心的外形设计,达到既提高开关的合闸可靠性又降低刚合速度的目的。

1）永磁机构的反力特性

永磁机构主要依据开关的反力特性以及合、分闸的机械特性要求设计。机构的反力特性见图1-57。此开关铁心的总行程为22mm,在分闸位置分闸弹簧对铁心的反力约为1500N,当铁心运动到主气隙为6mm时开关处于刚合状态,分闸弹簧反力约为3000N,触头弹簧的反力约为3000N,到达合闸位置机构的反力约为7200N。

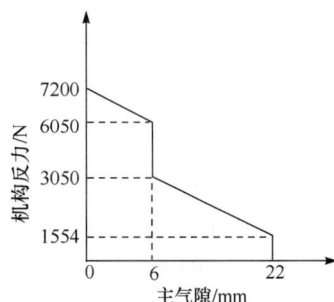

2）永磁机构动铁心的设计

根据图1-57机构的反力特性可知,提高开关的合闸可靠性,主要是提高永磁机构刚合位置附近以及刚合后一段超行程的力值。普通的永磁机构在提高刚合位置附近以及刚合位置以后力值的同时,也提高了整个行程的力值,导致提高合闸可靠性也加大了刚合速度,对开关合闸造成不利。针对这种情况,在不改变永磁机构外形尺寸的情况下,通过在动铁心侧面添加凹槽的方法,优化合闸过程中的磁路分布,达到改变合闸过程中吸力特性的目的。

图1-58是永磁机构的二维模型。图1-59(a)和(b)分别为普通永磁机构的动铁心和优化设计后的动铁心。

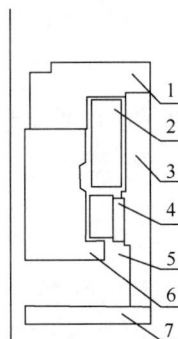

图1-57 机构的反力特性示意图

图1-58 永磁机构模型示意图
1-导磁端盖;2-分合闸线圈;3-机筒;4-永磁体;
5-磁套;6-动铁心;7-非导磁端盖

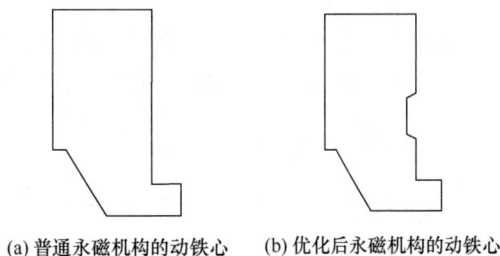

(a)普通永磁机构的动铁心 (b)优化后永磁机构的动铁心

图1-59 动铁心设计示意图

根据机构的反力特性,计算线圈安匝数为12000时,普通永磁机构的吸力特性能满足设计需求。表1-21是安匝数为12000时普通铁心永磁机构与优化铁心后永磁机构合闸吸力特性,其中动铁心在主气隙为 0mm 处为开关合闸状态、6mm 处为开关刚合状态、22mm 处为开关分闸状态。

表 1-21 安匝数为 12000 时普通铁心与优化后铁心不同气隙吸力特性

主气隙/mm	0	1	2	3	4	5	6	7	8
普通铁心吸力/N	17610	14102	12564	11472	10565	9726	8911	8161	7508
优化后铁心吸力/N	17331	14461	12961	11953	11045	10093	9361	8385	7306
主气隙/mm	9	11	13	15	17	18	21	22	
普通铁心吸力/N	6842	5592	4420	3516	2921	2458	2120	1948	
优化后铁心吸力/N	6371	4841	3880	3108	2646	2230	1938	1797	

图 1-60 是表 1-21 在安匝数为 12000 时所受吸力与主气隙关系对比图。从图 1-60 可以得知,优化铁心后的永磁机构在刚合位置后(主气隙为 0~6mm)比普通铁心的吸力大500N 左右,刚合位置(主气隙为 6mm)约大于普通铁心吸力 400N,在刚合位置前(主气隙为 7~22mm)的吸力比普通铁心永磁机构的吸力偏小。

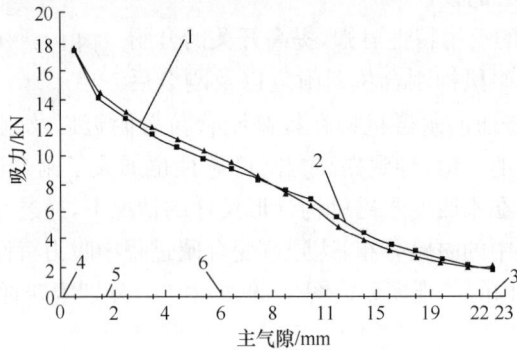

图 1-60 安匝数为 12000 时普通铁心和优化后的铁心所受吸力特性对比
1-优化后铁心吸力;2-普通铁心吸力;3-分闸位置;4-合闸位置;5-主气隙;6-刚合位置

由以上数据可见,经过优化后动铁心的永磁机构更加贴近开关机构的反力特性,这样既保证了开关的合闸可靠性,又降低了刚合速度,满足优化设计的需求。

3. 永磁机构线圈的优化设计

目前单线圈单稳态永磁机构分合闸共用一个线圈,由于合闸线圈匝数多,分闸时励磁线圈的电感大,这不但影响机构的激磁时间和分闸时间,而且会产生较大的感应电动势。如感应电动势大于操作电压,导致分闸电流反向,分闸线圈的电磁场与永磁体的磁场同向叠加,会对分闸造成阻力。从前述情况可见,减少分闸线圈的匝数是解决问题的根本。在不改变线圈体积的前提下,采取分闸线圈使用部分合闸线圈的方式,见图 1-61,达到了减少分闸线圈匝数的目的。

(a) 普通单稳态机构线圈　　　　(b) 优化后的单稳态线圈

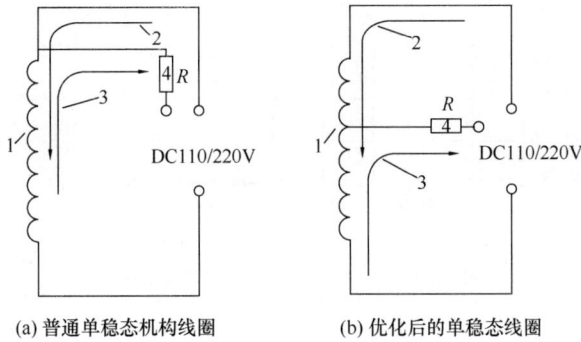

图 1-61　永磁机构线圈工作原理示意图

1-线圈;2-合闸电流;3-分闸电流;4-电阻

　　该开关根据机构的反力特性以及分闸机械特性要求,普通分闸线圈和优化后的分闸线圈参数见表 1-22,两种线圈的安匝数相近,主要区别是:优化后的分闸线圈匝数减少,约为原来的 1/2,串联的电阻阻值减小。图 1-62(a)和(b)分别为普通线圈和优化后线圈的分闸机械特性仿真分析。从仿真数据可以得知,优化后分闸线圈的永磁机构分闸励磁时间有明显减小的趋势。图 1-63 为普通分闸线圈在机构分闸过程中所产生的感应电动势曲线,最大反电动势约为 $-64\mathrm{V}$;图 1-64 为优化后的分闸线圈在机构分闸过程中的感生电动势曲线,最大反电动势仅为 $-28\mathrm{V}$。由图 1-63 和图 1-64 的对比数据可见,经过优化后的线圈在分闸过程中产生的反电动势明显下降,减少分闸时铁心克服电磁阻力做功,并且缩短了分闸时间,提高了开关的分断能力。

表 1-22　普通线圈和优化后线圈的参数与分闸机械特性

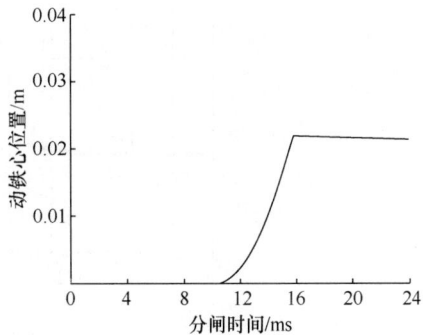

项目	线径/mm	匝数	回路电阻/Ω	安匝数	分闸机械特性
普通分闸线圈(图 1-61(a))	1.6	360	11.2	3500	图 1-62(a)
优化后的分闸线圈(图 1-61(b))	1.6	180	6.2	3200	图 1-62(b)

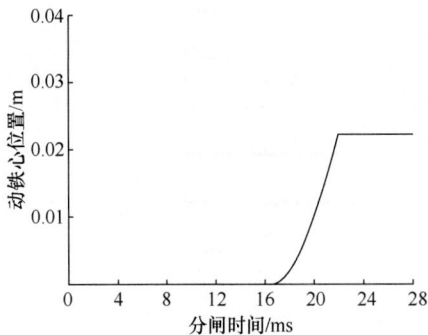

(a) 普通线圈的分闸机械特性　　　　(b) 优化后线圈的分闸机械特性

图 1-62　分闸线圈的分闸机械特性仿真

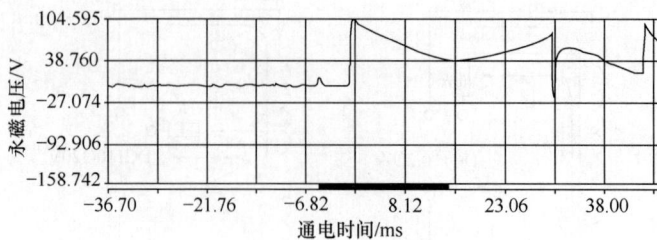

图 1-63 普通分闸线圈的感生电动势

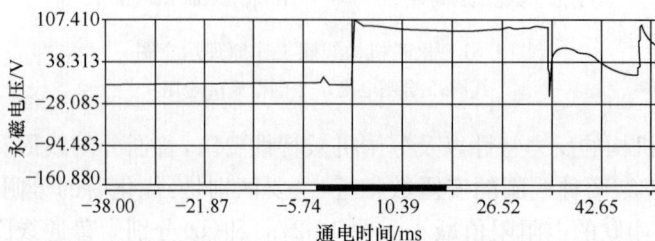

图 1-64 优化后分闸线圈的感生电动势

有限元分析以及测试结果表明,经过优化后的线圈不但缩短了分闸励磁时间,也降低了分闸过程中线圈的反电动势,对开关的分闸操作更加有利。

4. 永磁机构铁心和线圈优化设计效果

采用添加凹槽的动铁心和普通动铁心的合闸机械特性曲线见图 1-65。经过优化,动铁心的开关刚合速度降低,并且在刚合位置以及刚合后(主气隙为 0~6mm)的曲线比较饱满,因此合闸可靠性得到提高。普通分闸线圈和优化后分闸线圈的开关机械特性曲线见图 1-66,采用优化后线圈的开关分闸励磁时间比普通线圈的开关减少约 10ms,并且降低了分闸过程所产生的反电动势,提高了开关的分断能力。

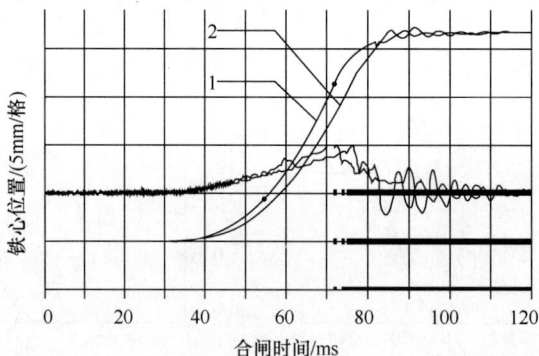

图 1-65 普通动铁心和带凹槽的动铁心的开关合闸机械特性曲线
1-普通动铁心;2-带凹槽的动铁心

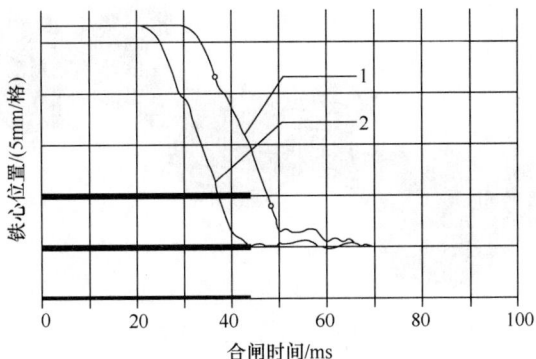

图 1-66　普通分闸线圈和优化后分闸线圈的开关机械特性曲线
1-普通线圈；2-优化后的线圈

(三) 弹簧型操动机构主轴系统优化设计技术

在建立弹簧型操动机构主轴传动系统三维模型的基础上，对在合闸位置采用不同数量支撑轴承座的主轴系统进行有限元分析，分析主轴的应力以及变形情况；并在此基础上对采用不同数量轴承座支撑主轴的开关装置(断路器)进行机械特性测试，将试验结果与有限元仿真结果进行对比分析，可以得出以下结论。

(1) 运用有限元分析方法，构建开关装置(断路器)主轴系统模型，对装配有 2 个和 4 个轴承座的主轴变形情况进行仿真分析，结果表明，尽管采用双轴承座支撑的主轴系统在分合闸时产生的变形较大，但由于其径向变形量不超过 0.1mm，完全不影响传动系统的性能。

(2) 利用 Programma TM1600 测试设备进行机械特性测试，主轴支撑轴承座的减少对具备高达 50kA 开断容量的断路器机械特性产生了影响，但影响较小。

(3) 对仿真结果和试验结果进行对比分析，通过减少主轴上支撑轴承座的方法，对断路器性能影响较小，可以在简化装配工序、缩短装配时间以及优化主传动系统方面起到积极的作用。

1. 有限元研究

主轴传动系统的有限元研究主要针对在装配不同数量的轴承座支撑的情况下，主轴在合闸位置所承受的载荷以及所受载荷对主轴作用导致其发生的变形及扭曲。

1) 几何模型

主轴几何模型见图 1-67，主轴系统是由传动拐臂、连杆、拐臂、驱动拐臂、主轴以及四组轴承所构成的，主轴通过轴承组件固定在断路器侧板上，在合分闸时，操动机构动作使得主轴上与操动机构所连接的拐臂相应转动，进而驱动主轴转动相应的角度，通过装配在主轴上的连杆以及拐臂，使得主传动拐臂绕其支点转动，带动分闸弹簧和触头弹簧的变形以及对应动触头的动作。

在深入分析传动系统的基础上，可对该主轴系统进行简化，建立相应的简化模型，如图 1-68 所示。

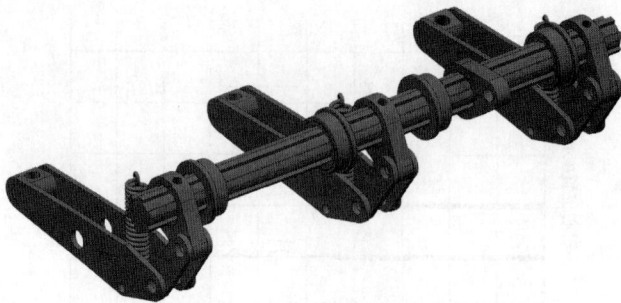

图 1-67　主轴几何模型

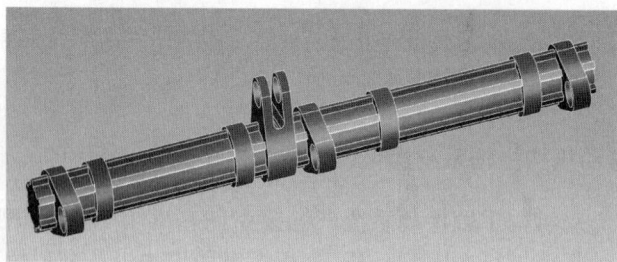

图 1-68　主轴简化几何模型

2）有限元模型

有限元网格可以分为自由网格和映射网格，对自由网格的划分对实体模型无特殊要求。对于二维平面结构，映射网格必须是四边形和三角形结构。对于三维结构，实体模型一定是六面体结构，也可拆分为若干六面体组合结构进行网格划分。

根据有限元和结构分析理论，用三维实体单元来描述复杂实体比较合适，更能反映实际状况。由于六面体单元在划分时要求结构比较规则，对其进行六面体网格的自动划分比较困难，而用四面体单元划分三维机构则很灵活，可以逼近较复杂的几何形状。采用四面体单元 SOLID45，该单元为 8 节点单元，每个节点有 3 个沿着 x、y、z 方向平移的自由度。具有塑性、蠕变、膨胀、应力强化、大变形和大应变能力，如图 1-69 所示。由于主轴采用花键轴的设计方案，考虑到有限元网格对分析结果的重要性，对模型边角处进行了网格细化，使得求解结果具有足够的精度。

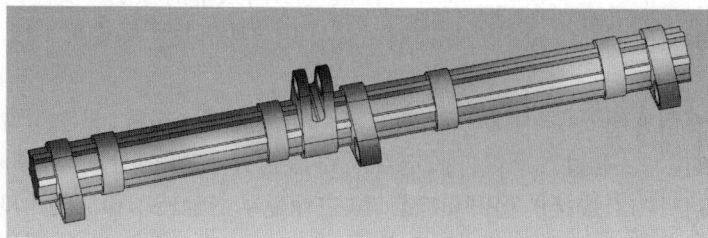

图 1-69　主轴有限元模型

3）材料参数

有限元模型所需的材料参数拟用表 1-23 所示数据。

表 1-23　主轴系统零件材料参数

零件	材料	密度 /(kg/mm³)	弹性模量 /MPa	泊松比	拉伸强度 /MPa	压缩强度 /MPa
主轴	合金钢 40Cr	7.8×10^{-5}	2.06×10^{5}	0.30	250	520
轴承	合金钢 40Cr	7.8×10^{-5}	2.06×10^{5}	0.30	250	520
驱动拐臂	铸钢	7.8×10^{-5}	1.85×10^{5}	0.28	250	520
拐臂	铸钢	7.8×10^{-5}	1.85×10^{5}	0.28	250	520

4）有限变形问题

对于空间弹性力学问题中任意一点沿 x、y、z 方向的应力可以用 σ_x、σ_y、σ_z、τ_{xy}、τ_{yz}、τ_{zx} 等 6 个独立的分量表示。弹性体上任一点沿坐标轴的平衡方程为

$$\begin{cases} \dfrac{\partial \sigma_x}{\partial x} + \dfrac{\partial \tau_{xy}}{\partial y} + \dfrac{\partial \tau_{zx}}{\partial z} + \overline{b_x} = 0 \\[2mm] \dfrac{\partial \tau_{xy}}{\partial x} + \dfrac{\partial \sigma_y}{\partial y} + \dfrac{\partial \tau_{yz}}{\partial z} + \overline{b_y} = 0 \\[2mm] \dfrac{\partial \tau_{zx}}{\partial x} + \dfrac{\partial \tau_{yz}}{\partial y} + \dfrac{\partial \sigma_z}{\partial z} + \overline{b_z} = 0 \end{cases} \tag{1-32}$$

式中，$\overline{b_x}$、$\overline{b_y}$、$\overline{b_z}$——单元体积的体积力分别在 x、y、z 方向上的分量。

由此可推出由应力表示应变的方程，即本构方程

$$\begin{cases} \varepsilon_x = \dfrac{1}{E}[\sigma_x - \mu(\sigma_y + \sigma_z)] \\[2mm] \varepsilon_y = \dfrac{1}{E}[\sigma_y - \mu(\sigma_x + \sigma_z)] \\[2mm] \varepsilon_z = \dfrac{1}{E}[\sigma_z - \mu(\sigma_y + \sigma_x)] \end{cases} \tag{1-33}$$

$$\begin{cases} \gamma_{xy} = \dfrac{1}{G}\tau_{xy} \\[2mm] \gamma_{yz} = \dfrac{1}{G}\tau_{yz} \\[2mm] \gamma_{zx} = \dfrac{1}{G}\tau_{zx} \end{cases} \tag{1-34}$$

式中，E——弹性模量；

G——剪切模量；

μ——泊松比。

5）边界条件及载荷参数

合理确定模型的约束条件是成功进行分析的基本条件之一，在对轴的约束条件进行确定的过程中，应尽可能地符合原结构的实际情况。

在 4 个轴承座外表面施加了固定约束，限制了位移，轴上装配的拐臂与轴均施加了绑

定约束,与实际情况相符,如图 1-70~图 1-72 所示。

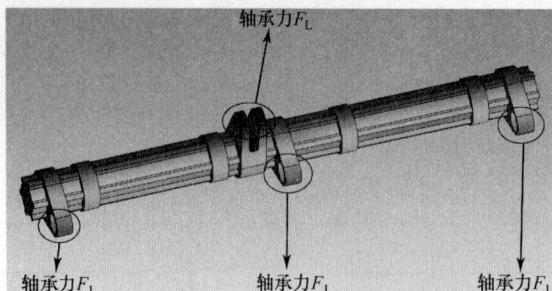

图 1-70　主轴载荷施加情况示意图

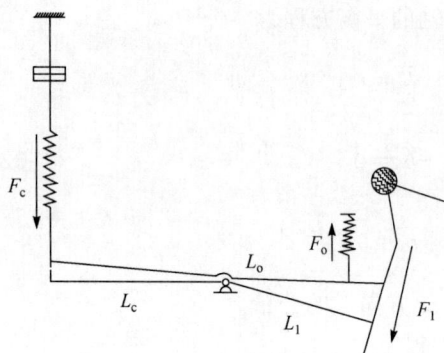

图 1-71　主传动结构示意图

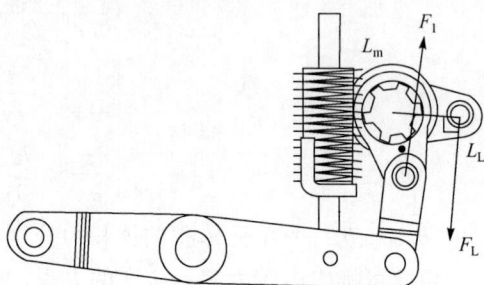

图 1-72　合闸位置主轴受载情况示意图

如图 1-70 和图 1-71 所示,在合闸位置时,主轴承受的载荷来源于已知的触头弹簧力与分闸弹簧的反力以及分闸挚子与分闸半轴扣接后间接对主轴产生的反力,故依据力矩平衡原理,可计算出其施加在主轴上的反力 F_1 和 F_L 值:

$$F_c L_c + F_o L_o = F_1 L_1 \qquad (1\text{-}35)$$

$$F_1 L_m = F_L L_L \qquad (1\text{-}36)$$

主轴模型载荷计算见表 1-24。

表 1-24　主轴模型载荷计算参数

F_c/N	F_o/N	L_c/mm	L_1/mm	L_o/mm	L_m/mm	L_L/mm	F_1/N	F_L/N
6700	735	90	75	113	6.8	38	5824	5518

6)计算结果

(1) 2 个与 4 个支撑轴承座情况下的 50kA 开断容量的主轴等效应力情况见图 1-73。

(2) 2 个与 4 个支撑轴承座情况下的主轴变形情况如图 1-74~图 1-76 所示,由于在合闸位置,主轴所受到的静载荷一方面来自处于压缩状态下的触头弹簧和分闸弹簧所产生的反力,另一方面来自分闸挚子与分闸半轴扣接后间接对主轴作用的反力,根据实际情况,计算得到了主轴上沿所受载荷方向产生的变形情况。

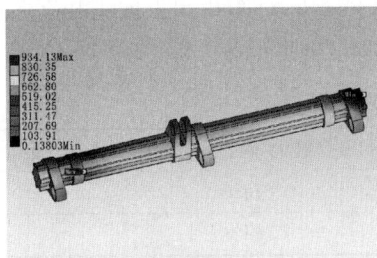

(a) 2个支撑轴承座　　　　　　　　　　　(b) 4个支撑轴承座

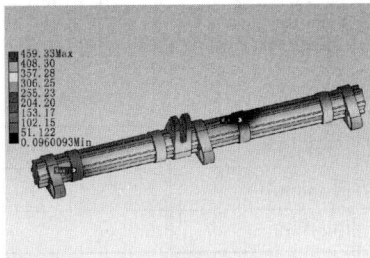

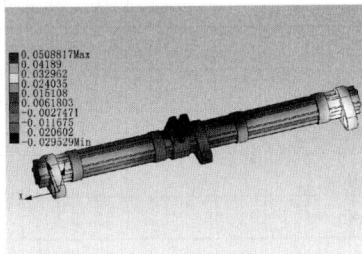

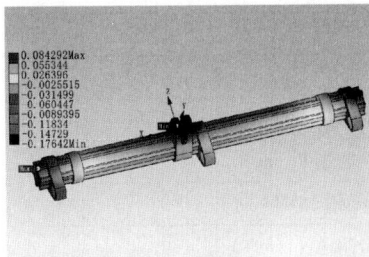

图 1-73　主轴等效应力情况(单位:MPa)

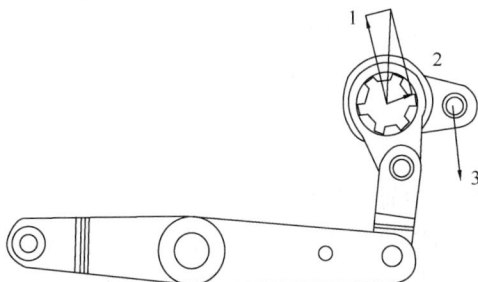

图 1-74　主轴系统受载方向示意图

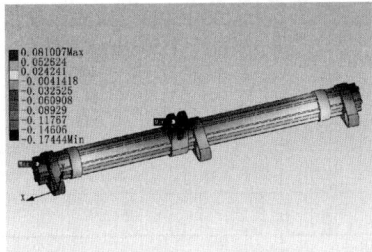

(a) 2个支撑轴承座　　　　　　　　　　　(b) 4个支撑轴承座

图 1-75　主轴变形情况(方向 1)示意图(单位:mm)

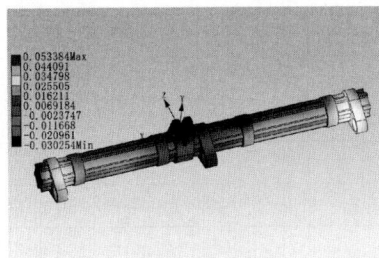

(a) 2个支撑轴承座　　　　　　　　　　　(b) 4个支撑轴承座

图 1-76　主轴变形情况(方向 3)示意图(单位:mm)

图 1-74~图 1-76 对主轴系统模型受力进行了分析,计算得出方向 1 和方向 3 主轴的变形情况。主轴在合闸位置所受外力作用下导致的变形如表 1-25 所示。

表 1-25 主轴变形情况

参数	50kA 开断容量(断路器)主轴最大变形量(配 800 柜宽)
方向 1/mm	0.07825
方向 3/mm	0.06528

由于触头弹簧以及分闸弹簧力值随着开断容量的增大而提高,造成施加在主轴上的载荷随着开断容量的增大而增大,对覆盖中压领域 50kA 开断容量的开关受载情况进行分析。分析结果显示,对于高达 50kA 开断容量的开关(断路器)来说,其主轴因承受巨大外载荷而产生的径向变形量不超过 0.1mm,满足传动系统的要求。

2. 试验研究

1) 试验情况

使用机械特性测试仪对主轴分别安装有 2 个和 4 个支撑轴承座的 50kA 开关(断路器)样机进行了测试试验,可以检验开关装置(断路器)在分别装配有 2 个和 4 个支撑轴承座的情况下的分合闸机械特性,包括触点的动作时间、同期性、弹跳、速度及线圈电流等主要参数。在测试之前对样机进行调节,调节后的特性参数见表 1-26。

表 1-26 测试样机(50kA 开断容量)参数

项目	4 个支撑轴承座机构			2 个支撑轴承座机构		
	A	B	C	A	B	C
开距/mm	8.0	8.1	8.5	8.1	9.1	8.6
超程/mm	4.4	4.0	4.0	4.1	3.7	4.3
总行程/mm	12.4	12.1	12.5	12.2	12.8	12.9

装配有 2 个和 4 个支撑轴承座的样机的测试结果对比见表 1-27。50kA 开断容量样机不同数量主轴支撑轴承座的分合闸曲线见图 1-77 和图 1-78。

表 1-27 测试样机(B 相)机械特性参数

项目	2 个支撑轴承座机构	4 个支撑轴承座机构
合闸时间/ms	33.30	32.90
分闸时间/ms	23.20	23.20
合闸速度/(m/s)	0.77	0.72
合闸同期性/ms	0.30	0.50
分闸速度/(m/s)	1.38	1.20
过冲/mm	1.30	2.00
弹跳/ms	0.80	1.80
分闸同期性/ms	0.70	1.20

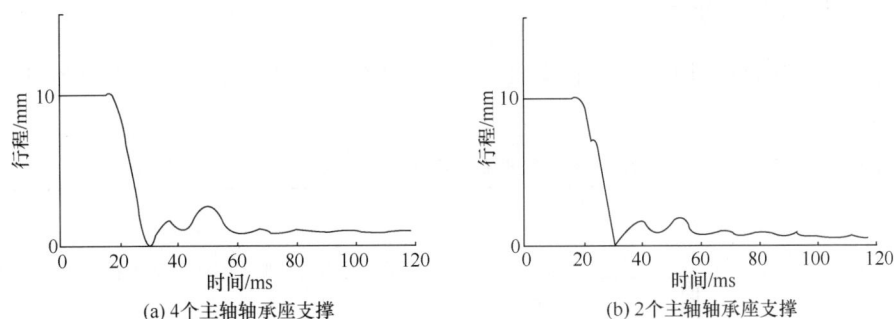

(a) 4个主轴轴承座支撑　　　　　　　(b) 2个主轴轴承座支撑

图 1-77　50kA 开断容量的样机不同数量主轴支撑轴承座的分闸曲线

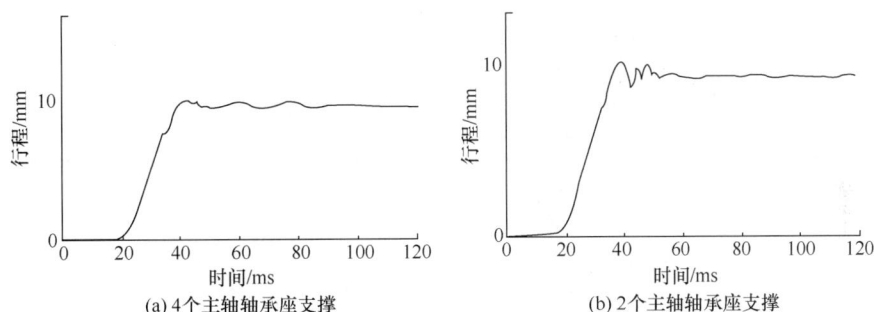

(a) 4个主轴轴承座支撑　　　　　　　(b) 2个主轴轴承座支撑

图 1-78　50kA 开断容量的样机不同数量主轴支撑轴承座的合闸曲线

2）试验分析

（1）主轴系统在理论上类似于有支点的杆件，装配有 2 个和 4 个支撑轴承座的机构类似于有 2 个和 4 个支点的杆件，当处于合闸状态时，三相触头弹簧以及分闸弹簧作用于主轴上的力使得主轴发生了变形，这种变形可体现在特性参数中的开距以及超行程的变化上。

（2）对于开断容量为 50kA 的中压交流真空断路器，在分别装配有 2 个和 4 个支撑轴承座的情况下，由于主轴变形造成的断路器机械特性参数变化量均小于等于 1mm；考虑到有限元仿真分析中材料、划分网格以及计算分析的误差，该试验结果与有限元仿真分析结果基本相符合。

（3）对于开断容量为 50kA 的中压交流真空断路器，在分别装配有 2 个和 4 个支撑轴承座的情况下，主轴变形造成的断路器分合闸同期性的变化量小于等于 0.5ms，分合闸速度变化量小于等于 0.2m/s，分合闸时间小于等于 0.5ms。

四、柔性分合闸的运动缓冲与阻尼技术

基于柔性分合闸技术的中压交流真空开关设备为了有效实现其分合闸的微行程精确导控，除了采取其他机械、电子和自动控制方面柔性分合闸技术之外，还可以在分合闸的操动机构和传动机构中融入缓冲与阻尼结构体，在分合闸过程中吸收中压交流真空开关管动触头合闸时撞击静触头和分闸时恢复至合闸起始位置的冲击能量。

（一）缓冲与阻尼机构的类型

机械缓冲与阻尼机构的类型有空气、油、干摩擦、磁和线圈式电磁缓冲与阻尼等，如表 1-28 所示。

表 1-28　机械缓冲与阻尼机构的类型

序号	类型	示意图	说明
1	空气阻尼机构		摆锤运动使空气以很大的速度从小孔流入或流出而获得很大的阻尼力。性能稳定，但阻尼力与运动速度的线性较差
2	油阻尼机构		阻尼板在油中产生涡流及阻尼板与油的黏滞力获得阻尼力，种类很多，流体介质以硅油最稳定。振动体通过摇臂 2 使活塞 1 往复运动，迫使油液通过活塞的节流孔来回流动，产生摩擦阻尼
3	干摩擦阻尼机构		摩擦片、弹簧、橡胶、钢丝绳减振器等种类 1-轴；2-摩擦盘；3-飞轮；4-弹簧
4	磁阻尼机构		金属材料制成的阻尼环在磁场中运动产生电动势，从而产生涡流形成阻尼力 $$F=\pi\frac{B^2}{\rho}D_{\mathrm{m}}bt+v\times10^{-14}(\mathrm{N})$$ 式中，B 为空隙的磁通密度（G，$1\mathrm{G}=10^{-4}\mathrm{T}$）；$\rho$ 为圆环的电阻率（$\Omega\cdot\mathrm{cm}$），设磁场中圆环部分的电阻为 $R(\Omega)$，则 $\rho=Rbt/(\pi D_{\mathrm{m}})$
5	线圈式电磁阻尼机构		如用线圈在磁场中运动切割磁力线时产生电动势，与磁场相互作用而产生阻止运动的力，属于线圈式电磁阻尼器

（二）三种可用缓冲与阻尼机构的工作原理与相关计算

缓冲与阻尼机构应与振动体相连接，直接增加振动系统的阻尼，把振动动能转变成热能而起减振作用,三种在基于柔性分合闸技术的中压交流真空开关设备中可用的缓冲与阻尼机构示例如图 1-79 所示。

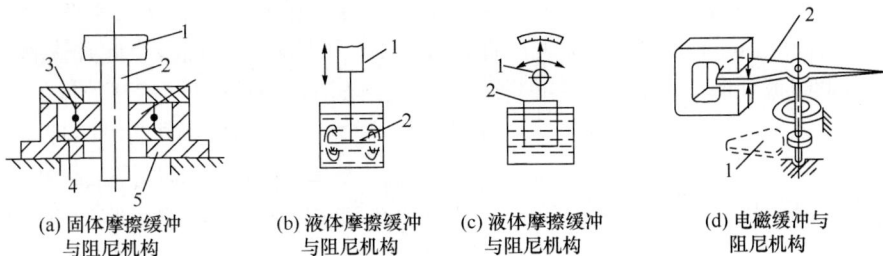

(a) 固体摩擦缓冲与阻尼机构　(b) 液体摩擦缓冲与阻尼机构　(c) 液体摩擦缓冲与阻尼机构　(d) 电磁缓冲与阻尼机构

图 1-79　三种缓冲与阻尼机构

1-振动件;2-阻尼件;3-环形弹簧;4-蝶形弹簧;5-固定件

1. 固体摩擦缓冲与阻尼机构

图 1-79(a)中,振动时,振动件与阻尼件、阻尼件与固定件之间产生固体摩擦力,消耗振动能量,在每振动周期内消耗的能量为

$$W = 4FA \tag{1-37}$$

式中,F——摩擦力(N);

A——振幅(m)。

2. 液体摩擦缓冲与阻尼机构

图 1-79(b)中,振动时,振动件在阻尼液体中形成旋涡,或如图 1-79(c)中产生黏性摩擦力,消耗振动能量,在每振动周期内消耗的能量为

$$W = \frac{8}{3}\gamma A^3 \omega^2 \tag{1-38}$$

$$W = 0.4 \times 10^{-4} \pi \gamma a A \omega^2 \tag{1-39}$$

式中,ω——振动角频率(rad/s);

A——振幅(m);

a——摩擦板面积(m^2);

γ——阻尼液的运动黏性系数(kg/m)。

3. 电磁缓冲与阻尼机构

图 1-79(d)中,运动件在磁场内振动,产生涡流,涡流与磁场相互作用形成电磁阻尼,以减小振动,在每振动周期内消耗的能量为

$$W = \pi c A^2 \omega \tag{1-40}$$

式中,ω——振动角频率(rad/s);

A——振幅(m);

c——与磁场强度活动板的面积和厚度等因素有关的系数(N·s/m)。

（三）冲击缓冲与阻尼机构的动力学模型

基于柔性分合闸技术的中压交流开关设备的分合闸过程中的振动属于冲击性振动。利用两个物体相互碰撞后的能量损失原理，在振动体上安装一个或多个起冲击作用的自由质量，当系统振动时，自由质量将反复冲击振动体来消耗振动能量，达到减振的目的，这

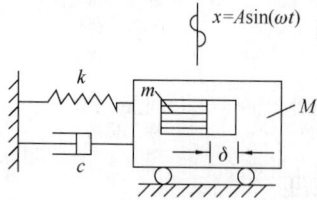

图 1-80　冲击缓冲阻尼机构的动力学模型

就是冲击缓冲与阻尼机构的工作原理。冲击缓冲阻尼机构具有结构简单、质量轻、体积小，以及在较大的频率范围内都可使用等优点。典型的冲击缓冲与阻尼机构的动力学模型如图 1-80 所示。由图 1-80 可以看到，在振动体 M 内部的冲击块 m，能在间隙为 δ 的空间内往复运动。为了提高冲击减振效果，在设计和使用冲击减振器时，应注意以下几个问题。

（1）要实现冲击减振，就要使自由质量 m 对振动体 M 产生稳态周期冲击运动，即在每个振动周期内，m 和 M 分别左右碰撞一次。为此，通过试验选择合适的间隙 δ 是关键，因为 δ 在某些特定的范围内才能实现稳态周期冲击运动，同时，希望 m 和 M 都以其最大速度运动时进行碰撞，以获得有利的碰撞条件，造成最大的能量损失。

（2）自由质量 m 越大，碰撞时消耗的能量越多，因此在结构允许的条件下，选用尽可能大的质量比 $\mu=m/M$，或者在冲击块挖空的内部注入密度大的材料以增加其质量。

（3）冲击块的恢复系数越小，减振效果越好，但是会影响运动的稳定性，因此应使恢复系数的数值基本稳定，通常选用淬硬钢或硬质合金钢制造冲击块。

（4）将冲击块安装在振幅最大的位置，可提高减振效果。

（5）增加自由质量可提高减振效果，但增加冲击量会加大噪声，为此使用多自由质量冲击减振器，如图 1-81 所示，既增加减振效果，又不增加噪声。

（6）自由质量在振动体内运动，二者接触产生的干摩擦力对减振效果有一定的影响，在主振系统共振时，增加干摩擦力会提高弱振效果，在非共振状态，增加干摩擦力会削弱减振效果。

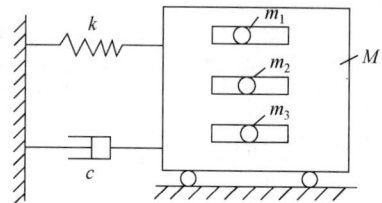

图 1-81　多自由质量冲击减振系统的力学模型

五、柔性分合闸的采样传感器技术

基于柔性分合闸技术的中压交流真空开关设备在进行分合闸微行程精确导控控制时，需要对运动机构机械参数以及电网电压、负载电流进行测量，因此必须有相应的传感器。精度高、响应速度快、可靠性高、体积和形状合适的传感器不仅能提高柔性分合闸的性能，而且容易和其他组件一体化，减小整体设备的体积与降低整体设备制造难度。

(一) 机械运动测量传感器

基于柔性分合闸技术的中压交流真空开关设备对机械运动(间接对中压交流真空开关管的动触头)的测量参数有行程、速度、加速度等,由于测量时有时间参照,速度、加速度可以通过对行程计算得到,因此测量这些参数只需要一种机械位移传感器即可。

1. 电阻式机械位移传感器

使用直线式线性电位器作为机械位移传感器是最经济、简易的方法。图 1-82 是以直线式电位器作为机械位移传感器时进行了适应性改装;图 1-83 是以直线式电位器作为机械传感器需要的相应接口电路。

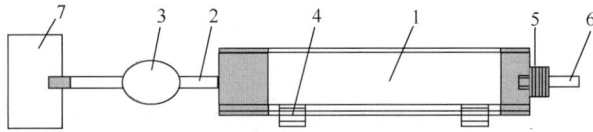

图 1-82　电阻式机械位移传感器结构

1-直线式电位器;2-直线式电位器的滑杆;3-万向节;4-固定板;5-接线盒;6-引出线;7-被测运动件

图 1-82 中的万向节十分重要,用于传感器滑杆运动顺向被测机构运动方向。

电阻式机械位移传感器具有结构简单、安装方便的特点,但属于模拟式位移传感器,输出模拟量、位移测量精度受后续基准电源电压精度和 A/D 转换器精度的影响,由于有 A/D 转换环节,会影响位移取样时间。

电阻式机械位移传感器属于滑动接触式传感器,内部有金属片在电阻膜上滑动,因此存在接触可靠性问题和电阻膜损伤影响测量精度和使用寿命的问题。

图 1-83　电阻式机械位移
传感器的接口电路

1-直线式电位器;2-精密稳压管;
3-限流电阻;4-高精度 A/D 转换器;
5-微处理器

2. 光栅式机械位移传感器

光栅式机械位移传感器属于数字式输出和非接触式机械位移传感器,由发光管、光电管、与运动机构相连的光栅和光电编码器等组成。

1) 工作原理

光电编码器是一种通过光电转换将机械几何位移量转换成脉冲或数字量的传感器。一般的光电编码器主要由光栅片和光电检测装置组成。光栅片与运动机构相连,经发光二极管等电子元件组成的检测装置检测输出若干脉冲信号,其原理如图 1-84 所示。通过计算每秒光电编码器输出脉冲的个数反映当前运动机构的位移。此外,为判断运动方向,还提供相位相差 90°的两个通道的光码输出,根据双通道光码的状态变化确定机构的运动方向。根据检测原理,编码器可分为光学式、磁式、感应式和电容式。根据其刻度方法及信号输出形式,可分为增量式、绝对式以及混合式。

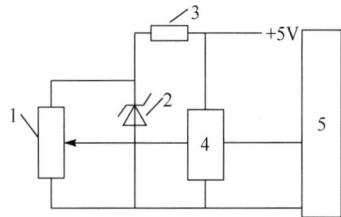

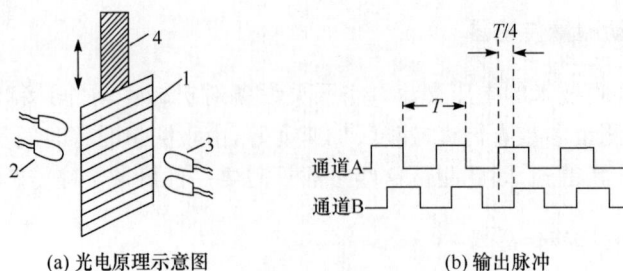

图 1-84　光电编码器原理及输出

1-光栅片；2-发光管；3-光电管；4-运动机构

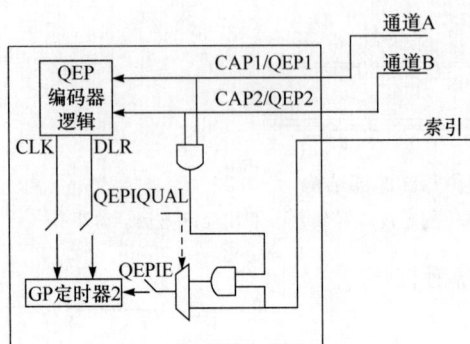

图 1-85　QEP 单元接口结构图

2）正交编码脉冲单元结构及其接口

每个光栅式位移传感器都有一个正交编码脉冲（QEP）电路，见图 1-85 和图 1-86。若 QEP 电路被使能，则可以对 CAP1/QEP1 和 CAP2/QEP2（对于 EVA）或 CAP4/QEP3 和 CAP5/QEP4（对于 EVB）引脚上的正交编码脉冲进行解码和计数。QEP 电路可用于连接光电编码器，获得运动机构位置和速率等信息。如果使能 QEP 电路，则 CAP1/CAP2 和 CAP4/CAP5 引脚上的捕获功能将被禁止。

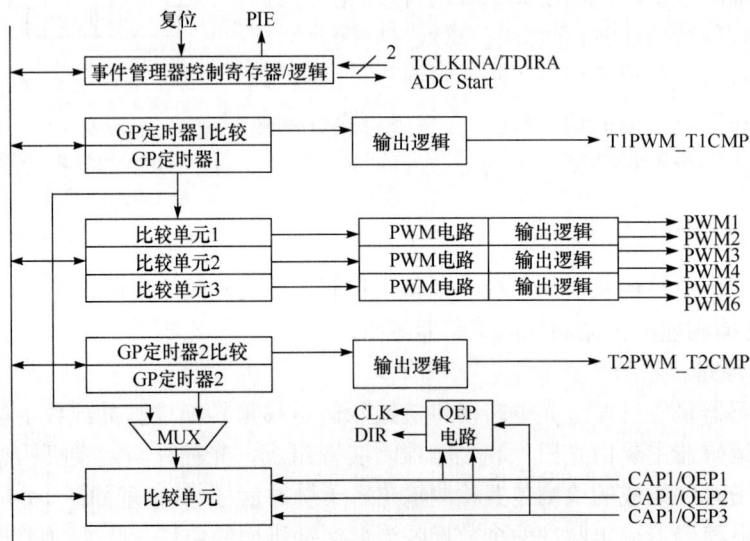

图 1-86　QEP 单元内部结构及外部接口

QEP 单元通常情况下用来从安装在运动机构上的增量编码电路获得方向和速度信息。如图 1-87 所示，两个传感器产生"通道 A"和"通道 B"两个数字脉冲信号。这两个数

— 98 —

字脉冲可以产生 4 种状态,QEP 单元的定时器根据状态变化次序和状态转换速度递增或者递减计数。在固定的时间间隔内读取并比较定时器计数器的值就可以获得速度或者位置信息。

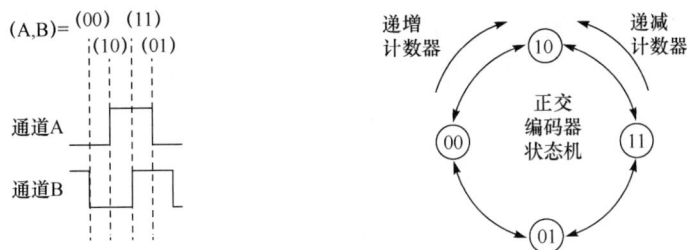

图 1-87　光电编码器输出状态机

3 个 QEP 输入引脚同捕获单元 1、2、3(或 4、5、6)共用,外部接口引脚的具体功能由 CAP-CONx 寄存器设置。

3) 正交编码脉冲单元电路时钟

通用定时器 2(EVB 为通用定时器 4)为 QEP 电路提供基准时钟。通用定时器作为 QEP 电路的基准时钟时,必须工作在定向增/减计数模式下。图 1-88 给出了 EVA 的 QEP 电路框图,EVB 的 QEP 电路框图与此相同。

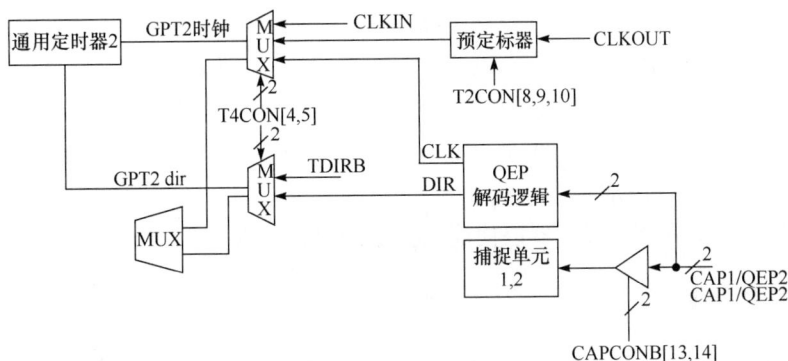

图 1-88　EVA 的 QEP 电路框图

4) 正交编码脉冲单元的解码

正交编码脉冲是两个频率可变、有固定 1/4 周期相位差(90°)的脉冲序列。当运动机构上的光电编码器产生正交编码脉冲时,可以通过两路脉冲的先后次序确定运动机构的运动方向,根据脉冲的个数和频率分别确定运动机构的位置和速度。

EV 模块中的 QEP 电路的方向检测逻辑确定哪个脉冲序列相位超前,然后产生一个方向信号作为通用定时器 2(或 4)的方向输入。如果 CAP1/QEP1(对于 EVB 是 CAP4/QEP3)引脚的脉冲输入是相位超前脉冲序列,则定时器就进行递增计数;相反,如果 CAP2/QEP2(对于 EVB 是 CAP5/QEP4)引脚的脉冲输入是相位超前脉冲序列,则定时器进行递减计数。

正交编码脉冲电路对编码输入脉冲的上升沿和下降沿都进行计数,因此由 QEP 电路产生的通用定时器(通用定时器 2 或 4)的时钟输入是每个输入脉冲序列频率的 4 倍,这个正交时钟作为通用定时器 2 或 4 的输入时钟,如图 1-89 所示。

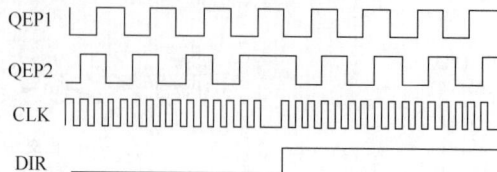

图 1-89 正交编码脉冲、译码定时器时钟及方向信号

通用定时器 2(或 4)总是从其当前值开始计数,在使能 QEP 模式前,将所需的值装载到通用定时器的计数器中。当选择 QEP 电路作为时钟源时,定时器的方向信号 TDIRA/B 和 TCLKI-NA/B 不起作用。用 QEP 电路作为时钟,通用定时器的周期、下溢、上溢和比较中断标志在相应的匹配时产生。如果中断未被屏蔽,则产生外设中断请求。

5)正交编码脉冲单元电路的寄存器设置

启动 EVA 的 QEP 电路的设置如下。

(1)根据需要将期望值载入通用定时器 2 的计数器、周期和比较寄存器。

(2)配置 T2CON 寄存器,使通用定时器 2 工作在定向增/减模式,QEP 电路作为时钟源,并使能使用的通用定时器。

(3)设置 CAPCONA 寄存器以使能正交编码脉冲电路。

启动 EVB 的 QEP 电路的设置如下。

(1)根据需要将期望值载入通用定时器 4 计数器、周期和比较寄存器。

(2)配置 T4CON 寄存器,使通用定时器 2 工作在定向增/减模式,QEP 电路作为时钟源,并使能使用的通用定时器。

(3)设置 CAPCONB 寄存器以使能正交编码脉冲电路。

3. 机械位移传感器位置对测量结果的影响

基于柔性分合闸技术的中压交流真空开关设备的机械特性测试的直接方法是在其动触头上安装位移传感器,或将传感器安装于与动触头具有一致位移特性的联动部件上。但无法在其中压交流真空开关管内部安装传感器,因而无法直接得到其动触头位移量数据,只能在与动触头运动特性相关性的连杆或联动部件上进行测量,然后将测量数据按一定算法进行校正,得到中压交流真空开关管的动触头运动的真实特性参数。

当基于柔性分合闸技术的中压交流真空开关设备在分合闸操作过程中,由于其本身或传感器机械振动原因,会导致位移传感器测量所得特性曲线发生抖动。一个由于机械振动引起的分闸特性曲线扰动实例见图 1-90,其中包括由基于柔性分合闸技术的中压交流真空开关设备本身振动造成的特性曲线扰动(图 1-90 中曲线 1),或由于传感器安装接头过长或不牢靠而扰动造成的特性曲线的扰动(图 1-90 中曲线 2)。对于由传感器安装不牢靠引起振动或扰动而使特性曲线不光滑,可采用非接触式位移传感器进行改善,但受位移传感器本身技术发展以及造价问题的限制,目前并未得到广泛应用。因此,位移传感器应安装于基于柔性分合闸技术的中压交流真空开关设备分合闸过程中振动小的部件上,传感器与机构的连接头应牢靠,避免由振动因素造成的特性曲线不能真实反映触头运动特性的现象。

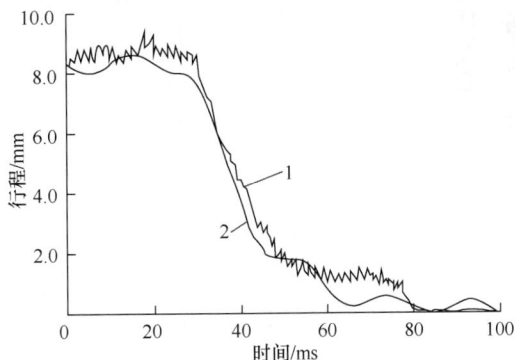

图 1-90　由机械振动引起的分闸特性曲线扰动示意图
1-由开关设备自身振动引起的扰动;2-由传感器安装不牢靠引起的扰动

(二) 电气测量传感器

基于柔性分合闸技术的中压交流真空开关设备在进行柔性分合闸的相位控制时需要对电网电压和负载电流测量,在对中压交流真空开关管中动触头运动控制时需要对驱动控制电流进行测量,二者均用到相应的传感器。测量电网电压和负载电流用的传感器为交流型,测量驱动控制电流用的传感器为直流型(驱动控制电流一般采用直流)。

1. 负载电流传感器

现有中压电流真空开关设备一般采用普通电流互感器测量负载电流,这种电流互感器体积大,质量大,安装困难,成本高,但具有通用性。基于柔性分合闸技术的中压交流真空开关设备应根据设备实际情况配置专用接口电路,采用专用传感器。这种传感器可用电子式互感器中的铁心线圈式低功率电流互感器,原因如下。

(1) 隔离绝缘可做到很好。

(2) 测量幅值、相位精度能达到要求。

(3) 体积小,可靠性高,可与中压交流真空开关管一体化集成组装。

(4) 结构简单,制造容易,成本低。

1) 铁心线圈式低功率电流互感器原理

铁心线圈式低功率电流互感器是一种低功率的电流互感器,与传统电流互感器的 I/I 变换不同,其通过一个分流电阻 R_{sh} 将二次电流转换成电压输出,实现 I/V 变换。因此,铁心线圈式低功率电流互感器至少应包括两部分,即电流互感器和分流电阻 R_{sh}。

铁心线圈式低功率电流互感器的原理如图 1-91 所示,等效电路如图 1-92 所示,包括一次绕组 N_p、小铁心和损耗极小的二次绕组,后者连接一个分流电阻 R_{sh},此电阻是铁心线圈式低功率电流互感器的固有元件,对互感器的功能和稳定性非常重要。

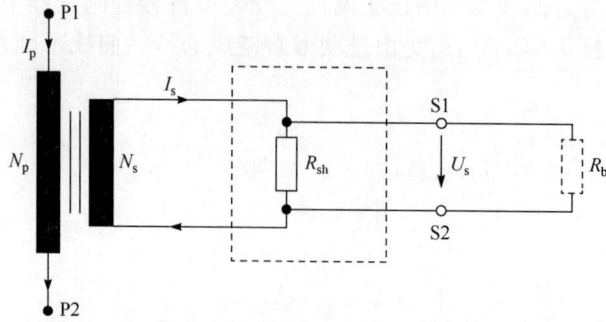

图 1-91　铁心线圈式低功率电流互感器原理示意图

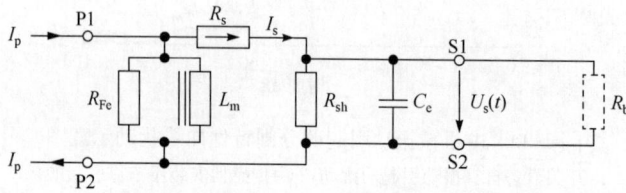

图 1-92　电压输出的铁心线圈式低功率电流互感器的等效电路

I_p—一次电流；R_{Fe}-等效铁损电阻；L_m-等效励磁电感；R_s-二次绕组和引线的总电阻；
R_{sh}-并联电阻（电流到电压的转换器）；C_e-电缆的等效电容；$U_s(t)$-二次电压；R_b-负荷（Ω）；
P1、P2—一次端子；S1、S2-二次端子；I_s-二次绕组电流

　　图 1-91 中的虚线框内电流到电压的转换器 R_{sh} 是铁心线圈式低功率电流互感器的内装元件。

　　由于铁心线圈式低功率电流互感器二次绕组连接一个分流电阻 R_{sh}，可提供一个输出电压 $U_s = I_s R_{sh}$。在设计过程中，在铁心线圈式低功率电流互感器二次输出电压一定的情况下，R_{sh} 的取值由其二次电流 I_s 决定。二次电流 I_s 的选取关系到并联电阻和额定二次输出电压。不同的互感器，二次电流可能是不同的。根据磁动势平衡定律，在忽略激磁电流的情况下，互感器二次电流与一次绕组匝数 N_p 成正比，与二次绕组匝数 N_s 成反比：

$$I_s = \frac{N_p}{N_s} I_p \tag{1-41}$$

　　因此，在一次安匝数一定时，合理选择二次绕组匝数可以确定二次电流，由图 1-91 可知

$$R_{sh} = \frac{U_s}{I_s} = \frac{N_s}{N_p} \frac{U_s}{I_p} \tag{1-42}$$

$$U_s = R_{sh} \frac{N_p}{N_s} I_p \tag{1-43}$$

$$I_p = K_R U_s$$

而

$$K_R = \frac{1}{R_{sh}} \frac{N_s}{N_p}$$

铁心线圈式低功率电流互感器额定二次电压输出 U_s 在幅值和相位上正比于被测的额定一次电流 I_p，由于铁心线圈式低功率电流互感器具有测量大电流且不出现饱和的能力，二次最大输出电压可以设计成正比于电网的额定短路电流。

2）铁心线圈式低功率电流互感器特性

铁心线圈式低功率电流互感器与传统铁心线圈式互感器不同，缘于互感器设计、铁心材料及附加电阻的选取等不同，因而有以下特点。

（1）铁心线圈式低功率电流互感器提供电压输出，由式（1-43）可知，铁心线圈式低功率电流互感器二次绕组连接的分流电阻 R_{sh}，其额定二次电压输出在幅值和相位上正比于被测的额定一次电流，这样铁心线圈式低功率电流互感器就提供了电压输出，有利于与基于柔性分合闸技术的中压交流真空开关设备中自动化装置的接口配合。

（2）铁心线圈式低功率电流互感器是低功率互感器，铁心线圈式低功率电流互感器实际上是一种有低功率输出特性的电磁式电流互感器，并联电阻消耗的功率就是二次绕组的负载，其二次负荷较小。在设计时，并联电阻和 I_s 取值越小，电阻上消耗的功率就越小，互感器负载也越小，与传统互感器相比，这种互感器输出功率要小很多，因此称为低功率电流互感器。

（3）电流互感器内部损耗和负荷越小，其测量范围和准确度越好。

（4）误差 ε 的计算方法是

$$\varepsilon=\frac{25.3Z_{O2}l}{N_s^2\mu sk}\times Z_{O2}=Z_2+R_{sh} \qquad (1-44)$$

式中，Z_2——I_s 通过的绕组内阻抗；

k——铁心叠片系数；

l——平均磁路长度；

s——铁心截面；

N_s——二次绕阻线圈匝数。

由式（1-41）、式（1-44）可知，N_s 与 I_s 成反比，当 I_s 减小时，N_s 增大，在感应电势一定的情况下，N_s 增大，铁心截面 s 减小，均使误差减小。

（5）铁心线圈式低功率电流互感器测量动态范围大，在设计时，R_{sh} 可选择使二次最大输出电压 U_{max} 与折算到二次侧的系统最大一次短路电流 I_{th} 相对应，铁心材料可选择饱和磁密高的材料和磁导率（$\mu=B/H$）高的材料。

（6）铁心线圈式低功率电流互感器的体积小，与传统互感器相比，二次电流 I_s 与感应电势 E_s 要小得多，在相同磁密下，铁心面积与匝数成反比，因此铁心线圈式低功率电流互感器选择小的二次电流 I_s 既可以降低互感器功率，又可以减小铁心截面。

2. 电阻分压型电网电压传感器

基于柔性分合闸技术的中压交流真空开关设备可以采用电阻分压作为电网电压传感器。使用温度系数好、长度达到耐压要求的特种电阻可设计成中压电网电压传感器，不仅精度、耐压能达到要求，而且具有体积小，便于和中压交流真空开关管一体化集成。

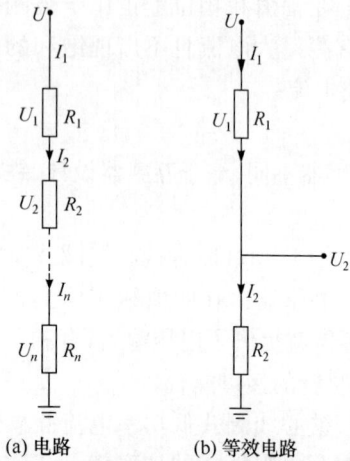

(a) 电路   (b) 等效电路

图 1-93　电阻分压原理示意

1) 电阻分压原理

电阻分压原理如图 1-93 所示。

对于串联电阻:通过各电阻的电流相等,即 $I = I_1 = I_2 = \cdots = I_n$;总电压等于各电阻电压之和,即 $U = U_1 + U_2 + \cdots + U_n$;总电阻等于各电阻之和,即 $R = R_1 + R_2 + \cdots + R_n$。

串联电路的分压公式为

$$U_2 = \frac{R_2}{R_1 + R_2} U \tag{1-45}$$

电阻分压器的分压比为

$$k = 1 + \frac{R_1}{R_2} \tag{1-46}$$

电阻阻值并非恒定,而是受很多因素影响。电阻阻值随环境温度变化,分压器中电阻的阻值会发生变化,从而影响互感器的稳定性。温度对分压器的影响可表示为

$$k = 1 + \frac{(1 + a_{TH}\Delta T)R_1}{(1 + a_{TL}\Delta T)R_2} \tag{1-47}$$

式中,a_{TH}、a_{TL}——高、低压臂电阻的温度系数。

从式(1-47)可知,分压器高、低压臂电阻温度系数相等时,传感器的分压不受电阻温度系数的影响。但是在实际生产中,分压器高、低压臂电阻的温度系数很难保证完全一致。因此,在设计电子式互感器时,应选择温度系数小、同批生产的电阻器作为分压器高、低压臂电阻。

分压器电阻在外加电压增加到一定值后,电阻的阻值随电压的增加而减小,从而影响分压比的稳定性。电阻随外施电压的变化阻值发生改变的非线性程度用电压系数 a_v 表示,即

$$a_v = \frac{R - R_o}{R_o(U - U_o)} \tag{1-48}$$

式中,R、R_o——外施电压 U、U_o 时电阻的阻值。

由于电阻分压型电压互感器在运行时,电压主要降落在高压臂电阻 R_1 上,R_2 上电压降很小,不需要修正。考虑电阻电压系数影响时分压器的分压比为

$$k = 1 + \frac{(1 + a_v U)R_1}{R_2} \tag{1-49}$$

电压互感器在电网中运行时,在系统各种过电压的冲击作用下,由于高压臂电阻电压系数的影响,导致电压互感器的性能不稳定,因此电阻分压器的电阻应选用性能稳定、电压系数小的电阻。

电阻分压器还对高压线和地存在杂散电容。漏电流从对地杂散电容中流过,使得沿分压器的电压呈非线性分布,造成测量误差。图 1-94 是考虑杂散电容时分压器的等值回

路,并假定分压器电阻沿分压器高度是均匀分布的,对地杂散电容和高压端对分压器本体的杂散电容也是均匀分布的,忽略电阻的杂散电感。

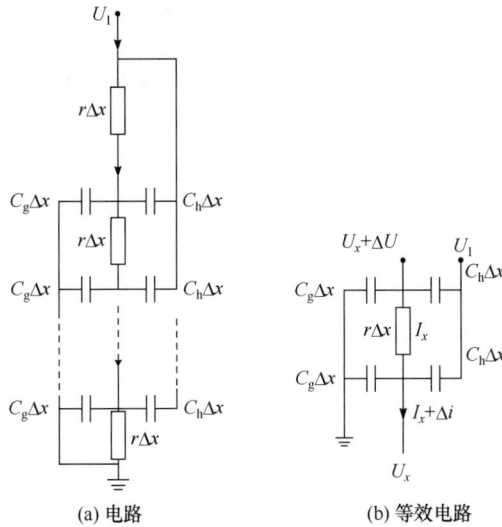

(a) 电路　　　　(b) 等效电路

图 1-94　考虑杂散电容的分压器等值回路

r-单位长度电阻;C_h-单位长度对高压端杂散电容;C_g-单位长度对地杂散电容

设分压器上 x 点电位为 U_x,电流为 I_x,分压器高度为 H,由等值回路可得

$$\mathrm{d}U_x = I_x r \mathrm{d}x \tag{1-50}$$

$$\mathrm{d}I_x = U_x \mathrm{j}\omega C_g \mathrm{d}x - (U_1 - U_x)\mathrm{j}\omega C_h \mathrm{d}x \tag{1-51}$$

解上述微分方程并忽略高次项得

$$U_x = \frac{1 + \mathrm{j}x\omega C_h/2}{1 + \mathrm{j}x\omega(C_h + C_g)/6}\frac{x}{H}U_1 \tag{1-52}$$

由上式可知,由于杂散电容的存在,U_x 并非线性分布,若 U_x 为输出电压,则有幅值和相位误差。

2) 电阻分压型电压互感器结构

电阻分压型电压互感器的典型结构如图 1-95 所示。互感器主要由电阻分压器、传输系统和信号处理单元组成。电阻分压器由高压臂电阻 R_1、低压臂电阻 R_2 和过电压保护的气体放电管构成,其作为传感器将一次电压按比例转换为小电压信号输出。传输单元由双层屏蔽双绞线和连接端子构成,主要将分压器输出信号传递到信号处理单元,并屏蔽外界电磁干扰。信号处理单元主要由电压跟随、相位补偿和比例调节电路组成,实现电压互感器的阻抗变换、相位补偿和幅值调节功能,使互感器输出信号满足准确度要求。

电阻分压器的关键器件是电阻,电阻的选择主要考虑阻值稳定性、耐压和阻值大小受温度影响等因素。影响阻值稳定性的主要因素是温度,若采用温度系数小的电阻,则元件本身受温度的影响较小。如能使高、低压臂电阻的温度系数近似相等,则温度变化引起的分压比误差可在比值关系中减小甚至抵消。在采用电阻前,应依据温度系数对电阻进行筛选。一般来说,同种材料、同种工艺的同一批电阻温度系数比较一致。电阻通电时,因

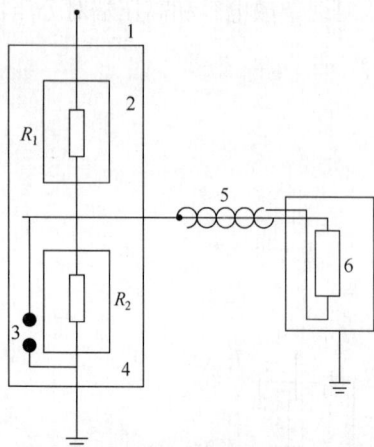

图 1-95　电阻分压型电压互感器结构示意图
1-高压端金属屏蔽；2-树脂浇注；3-过压保护；
4-低压端金属屏蔽；5-屏蔽双绞线；6-信号处理装置

消耗电能而产生热量，也会引起电阻元件的温度变化，故应保证电阻额定功率大于正常工作条件下的功率。

电阻的选择还要考虑耐受工频电压和冲击电压。例如，对于 12kV 的电压互感器，根据 GB 311.1—1997《高压输变电设备的绝缘配合》的规定，系统标称电压 12kV 的设备在外绝缘干燥的状态下，需耐受额定短时工频电压（方均根值）42kV，持续时间 1min，设计中选用的电阻分压器必须能耐受此电压。阻值大小的选取应与通过电阻的电流大小相适应，电流太大会增大电阻功耗引起较大温升，太小则易受外界电磁场、电晕放电电流等的干扰。目前多采用耐高压和几何尺寸、温度系数、阻值误差均很小的厚膜电阻。

电阻分压器的结构设计要满足绝缘要求，还应尽量减小对地电容的影响。在传感器绝缘设计方面，由于分压器体积较小，可用环氧树脂将分压器整体浇注在绝缘子中，也可以浇注成环氧树脂棒，外面套硅橡胶绝缘子。此浇注绝缘方式的传感器与充油或充气绝缘的传感器相比，具有加工工艺简单、成本低的优点，并可按照使用的具体要求浇注成任意形状，是一种灵活简便的绝缘方式。但是环氧树脂的浇注增加了电阻散热的难度，需要与电阻选择结合在一起考虑。

电压互感器工作在开关设备周围恶劣的电磁环境中，对传感器的电磁兼容性能提出了较高的要求。在分压器高压端加一适当屏蔽电极可以改善对高压端杂散电容引起分压器上电压分布的不均匀。分压器对地杂散电容会随周围现场条件发生变化。在接地端加设屏蔽电极，可对杂散电容起到一定的抑制作用。屏蔽电极的尺寸可以从场的角度采用数值方法理论计算得到，也可以依据实际工程经验获得，采用试验法可以得到满足分压比误差要求的屏蔽尺寸。

在传感器内部，整个分压器用接地金属屏蔽罩与外界电磁干扰隔离开，低压侧信号出线和地线组成双绞线，这种设计减少了能够产生感应电压的回路和区域，提高了传感器的抗干扰性能。传感器和测量保护设备之间的连接部分是整个系统中最敏感的部分，这主要是由传感器输出信号的低电压、低功率水平及测量保护设备的高输入阻抗决定的。为了降低这种影响，应采用特殊的连接电缆，用有两层金属屏蔽层的双绞线和特制的金属转接头，屏蔽层和金属转接头连成一体并在互感器端和设备端同时接地，低压侧信号线和接地线组成双绞线。双层屏蔽能够更好地隔离外部干扰，双绞线可以抵消感应电压的影响。另外，传感器受到的干扰也与信号的传输距离有关，连接电缆的长度应被限制在 10m 以内。

3. 电容分压型电网中压传感器

基于柔性分合闸技术的中压交流真空开关设备可以采用电容分压方式设计成电网中压传感器,使用的电容器要求温度系数好且达到耐压要求。与电阻分压型电网中压传感器相比,功率损耗小,温升很小,但体积较大,并且精度易受寄生电容的影响。

1) 电容分压原理

电容分压型电压传感器传感头是一个电容分压器,在被测装置的相和地之间接有电容 C_1 和 C_2,按反比分压,C_2 上的电压为

$$U_{C2} = \frac{U_1 C_1}{C_1 + C_2} = K U_1 \tag{1-53}$$

式中,K——分压比,$K = \dfrac{C_1}{C_1 + C_2}$。

如单个电容器耐压不够,可用几个电容器串联提高耐压,串联式的电容因各元件与高压引线、地面之间存在寄生电容,其等值电容与各元件电容的串联计算值不同,而且当寄生电容变化时,等值电容也随之改变。电容的寄生电容分布如图 1-96 所示。串联式中压电容器在工作中的等值电容受到对中压部分的寄生电容 C_h 和对地寄生电容 C_e 的影响。高压电容器低压端与地之间的阻抗都比它本身的阻抗小得多,从低压端经低压臂入地的电流实际上和低压端接地时相同。下面按一端接地的情况考虑寄生电容的影响。

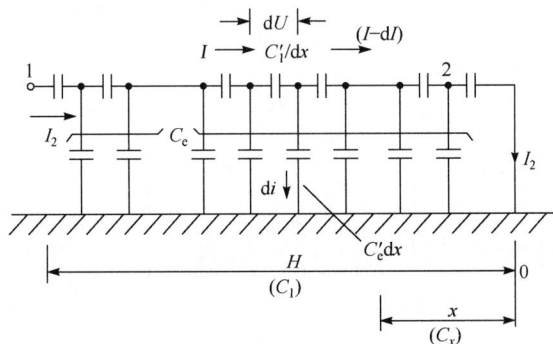

图 1-96 串联式电容器的对地寄生电容等值回路

2) 串联式电容对地寄生电容的影响

首先,仅考虑对地寄生电容 C_e 的影响,图 1-96 是不计 C_h 后的等值回路图。

由于 C_e 的存在,$I_1 \neq I_2$,$U_1/I_2 \neq 1/(j\omega C_1)$,但联系 U_1 与 I_2 的有一个等值电容 C_{1d},其容抗为

$$U_1/I_2 = 1/(j\omega C_{1d})$$

设对地寄生电容 C_e 和主电容 C_1 沿电容高度 H 均匀分布,则单位高度和微分小段 $\mathrm{d}x$ 上的主电容和对地电容分别为

$$C_1' = C_1 H, \quad C_e' = C_e H$$

由等值回路图可得

$$dU=1/(j\omega C_1'/dx), \quad dI=U j\omega C_e' dx$$

即

$$dU/dx=1/(j\omega C_1'), \quad dI/dx=U j\omega C_e' \tag{1-54}$$

对 x 微分得

$$d^2U/dx^2-\left(\frac{C_e}{C_1 H^2}\right)U=0 \tag{1-55}$$

$$d^2I/dx^2-\left(\frac{C_e}{C_1 H^2}\right)I=0 \tag{1-56}$$

解得

$$U_x=(A_1 e^{rx}+A_2 e^{-rx}) \tag{1-57}$$

式中, $r=\dfrac{1}{H}\sqrt{C_e/C_1}$ 决定常数 A_1、A_2 的边界条件, $x=0$ 时 $U_x=0$, $x=H$ 时 $U_x=U_1$。由式(1-54)确定 I_x 和 U_x 之间的关系,代入条件 $x=0$, $I_x=I_2$,得到

$$U_x=U_1 \mathrm{sh}\frac{x}{H}\sqrt{\frac{C_e}{C_1}}\bigg/\mathrm{sh}\sqrt{\frac{C_e}{C_1}} \tag{1-58}$$

$$I_2=U_1 j\omega C_1\bigg/\left[\sqrt{\frac{C_e}{C_1}}\mathrm{sh}\sqrt{\frac{C_e}{C_1}}\right] \tag{1-59}$$

$$U_1/I_2=1/(j\omega C_{1d})=1/\left[\omega C_1\bigg/\left(\sqrt{\frac{C_e}{C_1}}\mathrm{sh}\sqrt{\frac{C_e}{C_1}}\right)\right] \tag{1-60}$$

即

$$C_{1d}=C_1\bigg/\left[\sqrt{\frac{C_e}{C_1}}\mathrm{sh}\sqrt{\frac{C_e}{C_1}}\right] \tag{1-61}$$

展开得

$$C_{1d}=C_1\bigg/\left[1+\frac{1}{3!}\left(\sqrt{\frac{C_e}{C_1}}\right)^2+\frac{1}{5!}\left(\sqrt{\frac{C_e}{C_1}}\right)^4+\cdots\right] \tag{1-62}$$

略去分母中的高次项得

$$C_{1d}\approx C_1/[1+C_e/(6C_1)]\approx C_1[1-C_e/(6C_1)] \tag{1-63}$$

由此可见,由于部分电流经寄生电容 C_e 入地,经主电容末端入地的电流 I_2 比不考虑 C_e 时的入地电流小,相当于从接地端看上去等值电容变小了。从结果看,好像把 $2C_e/3$ 集中地接在主电容 C_1 的中点。

如在主电容 C_1 下端接入低压臂电容 C_2 构成分压器,则分压比为

$$N=(C_{1d}+C_2)/C_{1d} \tag{1-64}$$

由于 C_2 远大于 C_{1d},可得

$$N\approx C_2/C_{1d}=C_2/C_1[1-C_e/(6C_1)] \tag{1-65}$$

3)对中压部分寄生电容的影响

寄生电容 C_h 的影响和 C_e 的相反。通过 C_h 有电流流入电容柱,可以抵消一部分因 C_e 汲取电流而带来的误差。

一般来说 C_h 比 C_e 小,二者的作用综合以后,相当于有一个较小的对地寄生电容在起

作用,称为等值对地寄生电容,以 C_{ed} 表示。考虑到 C_e、C_h 的实际影响,可以近似地求得

$$C_{ed} \approx (C_e - C_h)/[1 + C_h/(4C_1)] \tag{1-66}$$

在 C_{ed} 的影响下,等值中压电容 $C_{1d} \approx C_1[1 - C_{ed}/(6C_1)]$。

由上式可以看出,$C_h = 0$ 时,$C_{ed} = C_e$,一般情况下,$C_h \neq 0$,C_{ed} 总是小于 C_e。

4. 电气直流传感器

基于柔性分合闸技术的中压交流真空开关设备在进行柔性分合闸控制时对操动机构运动控制需要测量控制电压或电流,为了提高控制精度,控制所使用的电源采用直流型,直流电压一般为 110V 或 220V 等级。

电气直流传感器分为直流电压传感器和直流电流传感器,目前普遍分别采用电阻分压形式和电阻分流形式,而在实际使用中,介入光电隔离器件使电气控制电源(110V 或 220V)与微处理器为核心的控制电路之间在电气上隔离。

带有电气隔离的电气直流电压传感器和电流传感器可采用线性光隔离器件或线性电压/频率转换(VFC)加高速光隔离器件方式,如图 1-97 所示。

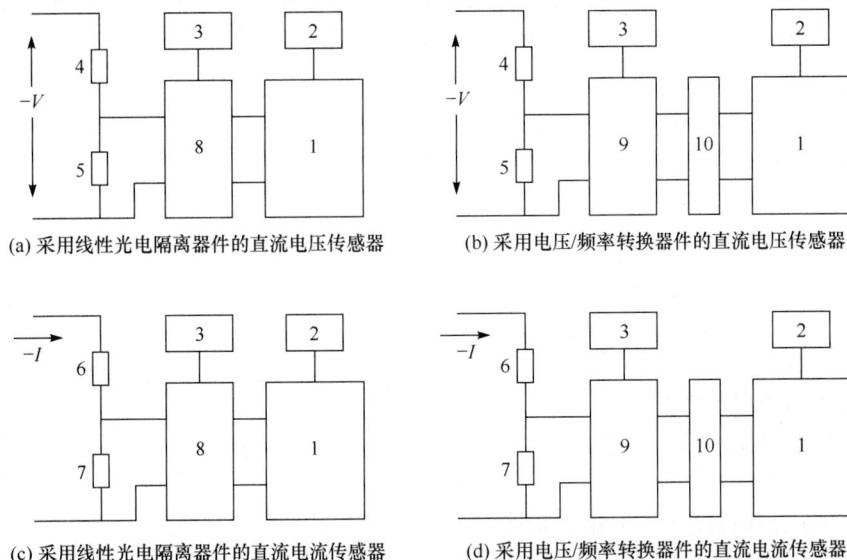

(a) 采用线性光电隔离器件的直流电压传感器　　　(b) 采用电压/频率转换器件的直流电压传感器

(c) 采用线性光电隔离器件的直流电流传感器　　　(d) 采用电压/频率转换器件的直流电流传感器

图 1-97　电气直流传感器结构示意图

1-以微处理器为核心的控制电路;2-控制电路电源;3-与被测电压、电流相连的线性光电隔离器或电压/频率转换器件电源;4-分压高端电阻;5-分压低端电阻;6-负载;7-电流取样电阻;8-线性光电隔离器件;9-电压/频率转换器件;10-高速光电隔离器件

图 1-97 中电源 2 和电源 3 可能电压不同,更重要的是在电气上互相隔离,相互之间应能承受交流 2000V 以上的耐压试验。

六、柔性分合闸的自动控制硬件技术

基于柔性分合闸技术的中压交流真空开关设备的自动控制部件是实现柔性分合闸的

主体件,由硬件和软件两大部分组成,硬件是基础,软件嵌装在硬件中,二者融合性结合,硬件可以软件化以简化硬件,软件由硬件来实施而有形化。

(一)自动控制硬件设计要点

基于柔性分合闸技术的中压交流开关设备的自动控制部件属于一种电子装置,由一系列通用或专用集成电路和电子分立元器件组成。由于一段时间以来,电子技术(特别是微电子软硬件技术)得到迅速发展,通用集成电路规模越来越大,体积与功耗越来越小,专用集成电路功能越来越强,品种越来越多,使自动控制硬件的设计与以前相比难度大为降低,而可靠性和性价比却有很大提高。

基于柔性分合闸技术的中压交流真空开关设备的自动控制部件的硬件设计步骤如下。

1. 确定整机功能

在进行基于柔性分合闸技术的中压交流真空开关设备的自动控制硬件设计时首先要研究、确定基于柔性分合闸技术的中压交流真空开关设备的整机功能。整机功能中不仅有柔性分合闸功能,还有一些通用功能和特定功能,以使自动控制部件具有综合性,提高其性价比,并使成套设备简洁、可靠、可维护。

整机功能可考虑以下几个方面。

(1)电网电压传感器、负载电流传感器功能。

(2)综合保护测控功能。

(3)与外设连接功能。

(4)电度计量功能。

(5)一次主接线模拟图功能。

(6)压板功能。

(7)中压带电监测功能。

(8)插拔端温度监测功能。

(9)事件统计功能。

(10)分合闸相控或保护相控功能。

(11)开关机构运动监控功能。

(12)开关触头运动监控与录波功能。

(13)成套设备监控功能。

(14)程控操作功能。

(15)五防操作功能。

(16)设备工况分析与诊断功能。

(17)成套设备工况分析与诊断功能。

(18)配电、负载分析与评估功能。

2. 确定主要指标

在对基于柔性分合闸技术的中压交流开关设备的整机功能确定的基础上,应研究、确

定主要技术指标。确定主要技术指标应考虑以下几个方面。

(1) 电网电压传感器、负载电流传感器的技术指标。

(2) 综合保护测控的内容和相应技术指标。

(3) 与外设连接的种类、数量和技术指标。

(4) 电度计量的技术指标。

(5) 中压带电显示器的形式、数量和接口要求。

(6) 插拔端温度监测器的形式、数量和接口要求。

(7) 分合闸相控或保护分闸与重合闸的技术指标。

(8) 开关机构运动监控内容和技术指标。

(9) 触头运动监控内容和技术指标。

(10) 成套设备监控内容、接口要求和技术指标。

(11) 程控或五防操作内容和技术指标。

(12) 设备工况分析与诊断技术指标。

(13) 成套设备工况分析与诊断技术指标。

(14) 配电分析与评估技术指标。

(15) 负载分析与评估技术指标。

(二) 自动控制部件硬件结构框图设计

基于柔性分合闸技术的中压交流真空开关设备在其整机功能和主要技术指标确定之后,可以进行自动控制部件硬件结构设计,该硬件结构应能实现所确定的整机功能。

自动控制部件硬件框图可由方框和带箭头的线条组成,方框表示某种单元电路,方框之间用带箭头的线条连接,线条的箭头表示信息的流向或控制的方向,同一根线条上可标单方向或双方向箭头,以示信息流或控制的单向性或双向性。

自动控制部件硬件结构框图中的方框表示的单元电路有以下三种类型。

(1) 主电路:微处理器电路,是整体的核心电路或中心电路。

(2) 功能电路:能实现具体功能的电路,如液晶显示器,属于终端电路。功能电路有的不在结构框图中以方框形式标示,如储能电机,而是在带箭头的线条旁用文字形式标明。

(3) 接口电路:位于主电路和功能电路之间,使主电路通过接口电路控制功能电路或与主电路进行信息交换。

图 1-98 是能够实现包括综合保护测控功能在内的基于柔性分合闸技术的中压交流真空开关设备的自动控制部件硬件结构框图。

由图 1-98 可见:

(1) 属于主电路的是 1。

(2) 属于接口电路的是 2~5、7~14、16、18、20~22、24 和 26。

(3) 属于功能电路(终端电路)的是 6、15、17、19、23、25 和 27。

可见绝大部分为接口电路,接口电路分为输入接口电路、输出接口电路和双向接口电路三种。

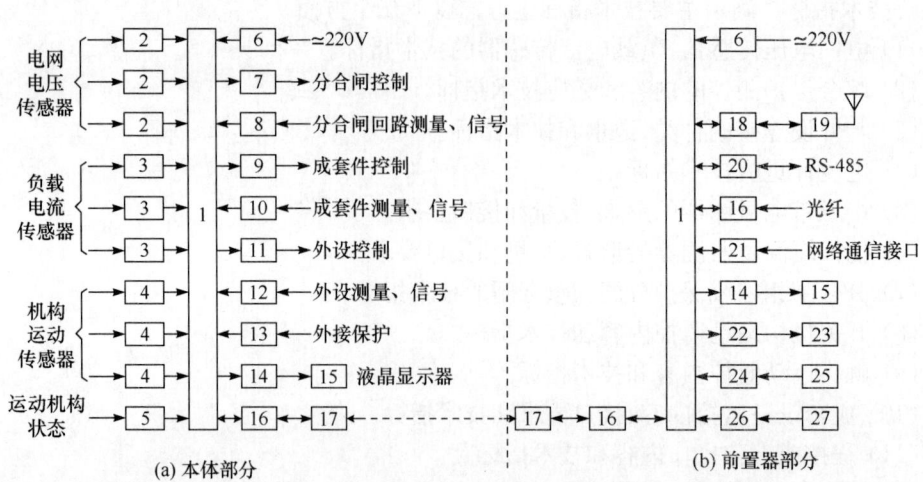

图 1-98　自动控制部件硬件结构框图

1-主电路(微处理器电路);2-电网电压测量接口电路;3-负载电流测量接口电路;4-机构运动测量接口电路;5-运动机构状态检测接口电路;6-电源电路;7-分合闸控制输出接口电路;8-分合闸回路测量、信号接口电路;9-成套设备控制输出接口电路;10-成套设备测量、信号接口电路;11-外设控制输出接口电路;12-外设测量、信号接口电路;13-外接保护输入接口电路;14-液晶显示屏接口电路;15-液晶显示屏;16-光纤通信接口电路;17-光纤通信模块;18-GPRS通信接口电路;19-GPRS通信模块;20-RS-485通信接口电路;21-网络通信接口电路;22-指示灯接口电路;23-指示灯;24-面板开关接口电路;25-面板开关;26-人体感应器接口电路;27-人体感应器

(1) 属于输入接口电路的是 2~5、8、10、12、13、24 和 26。

(2) 属于输出接口电路的是 7、9、11、14 和 22。

(3) 属于双向接口电路的是 16、18、20 和 21。

输入接口电路分为模拟量输入接口电路和开关量(或数字量)输入接口电路两种。

(1) 属于模拟量输入接口电路的是 2、3、4 和 26。

(2) 属于开关量输入接口电路的是 5、8、10、12、13 和 24。

输出接口电路也有模拟量输出接口电路和开关量(或数字量)输出接口电路之分,根据所连接的功能电路的输入端要求而定。有的功能电路可用模拟量控制也可用开关量控制,如同一个电磁驱动机构,可用驱动电压的大小控制其运动速度,也可用电压相同而占空比不同的脉冲(开关量)控制其运动速度。

(三) 自动控制部件硬件原理图设计

基于柔性分合闸技术的中压交流真空开关设备的自动控制部件的硬件原理图设计在其结构框图、功能要求、技术指标的基础上进行,可按如下步骤进行。

(1) 主电路(微处理器电路)选用与设计。

(2) 功能电路(终端电路)选用与设计。

(3) 接口电路设计。

(4) 工作电源系统设计。

(5) 总图拼接与调整。

1. 主电路(微处理器电路)选用与设计

主电路的选用与设计工作主要是选择合适的微处理器芯片,主要考虑以下几点。
(1) 适应环境温度变化能力强。
(2) 抗电磁干扰能力强。
(3) 具有足够的接口资源,并有产品升级的储备接口资源。
(4) 具有足够的内部资源,并有产品升级的储备内部资源,"单片"能力强。
(5) 开发工具简洁易用,开发过程难度小、效率高。
(6) 货源持续时间长,供货渠道规范。

具有强大的控制和信号处理能力及实现复杂控制算法的 TMS320 2000 系列 DSP 器件可以作为基于柔性分合闸技术的中压交流真空开关设备自动控制部件硬件的主电路,具有诸多优势。

1) DSP 的特点

DSP 有不同的型号,但其内部结构大同小异,含有处理器内核、指令缓冲器、数据存储器、程序存储器、I/O 接口控制器、程序地址总线、程序数据总线、直接读取的地址总线和数据总线等单元,其中最核心的是处理器内核,有如下特点。

(1) DSP 采用改进的哈佛总线结构,内部有两条总线,即数据总线和程序总线。采用程序与数据空间分开的结构,分别有各自的地址总线和数据总线,可以同时完成获取指令和读取数据操作,目前运行速度已经达到每秒 1G 次定点运算。

(2) 采用流水操作,每条指令的执行划分为取指令、译码、取数、执行等若干步骤,由片内多个功能单元分别完成,支持任务的并行处理。

(3) 在一个指令周期内实现一次或多次乘法累加(MAC)运算。

(4) 在 DSP 中集成了多个地址产生单元,支持循环寻址(Circular Addressing)和位倒序(Bit-reversed)等特殊指令,使快速傅里叶变换(FFT)、卷积等运算中的寻址、排序及计算速度大大提高。1024 点 FFT 的时间已小于 $1\mu s$。

(5) DSP 有一组或多组独立的 DMA 控制逻辑,提高了数据的吞吐带宽,为高速数据交换和数字信号处理提供了保障。

(6) DSP 支持重复运算,避免循环操作消耗太多时间。

(7) DSP 提供多个串行或并行 I/O 接口以及特别 I/O 接口,来完成特殊的数据处理或控制,从而提高了系统的性能并且降低了成本。

2) DSP 的选型

DSP 处理器的应用领域很广,但实际上没有一个处理器能完全满足所有的或绝大多数的应用需要,在拟采用 DSP 进行系统设计时需要根据系统的特点、性能要求、成本、功耗以及技术开发周期等因素综合考虑,一般情况下主要考虑以下几方面的因素。

(1) 系统特点。每种 DSP 都有自己比较适合的应用领域,在系统设计时必须根据系统的特点进行选择。以 TI 公司的 DSP 为例,C2000 系列处理器提供多种控制系统使用外围设备,比较适合控制领域;C5000 系列处理器具有处理速度快、功耗低、相对成本低等特点,比较适合便携设备及消费类电子设备使用;而 C6000 系列处理器具有处理速度快、精度高等特点,更适合图像处理、通信设备等应用领域。

(2)算法格式。数字信号处理算法有多种,不同的系统、不同的算法对算法的格式和处理精度要求不同。浮点算法是相对较复杂的常规算法,利用浮点数据可以实现大的数据动态范围。采用浮点 DSP 设计系统时,一般不需要考虑处理的动态范围和精度,更适合采用高级语言编程,因此浮点 DSP 比定点 DSP 在软件编写方面更容易,但成本和功耗高;由于成本、功耗等问题,定点 DSP 在实际应用中使用更广泛。工程技术人员可以通过分析和算法模拟,确定算法的动态范围和精度,然后根据确定的动态范围和精度确定选用的 DSP 类型,在采用定点 DSP 实现浮点算法时,要根据确定的动态范围和精度对数据进行合理的定标处理,这种处理必须人为地参与,DSP 并不能识别,因此编程相对较难。

(3)系统精度。系统的精度要求决定采用浮点还是定点 DSP 以及处理器的数据宽度,可以采用较低数据宽度的处理器实现高精度的数据处理,如采用 16 位处理器实现 64 位数据处理,但只能通过软件来实现,相应地会增加编程难度。

(4)处理速度。处理速度是选用 DSP 时最重要的考虑因素,DSP 的处理速度通常是指令周期的时间,也有的是指核心功能,如 FIR 或 IIR 滤波器的运算时间;有些 DSP 采用特大指令字组(VLIW)的结构,在一个周期内可执行多条指令;DSP 的处理速度与时钟的工作频率有密切关系。

(5)功耗。很多 DSP 用在手提式设备中,如手机、PDA、手提式声音播放机等,功耗是这些产品主要考虑的问题。很多处理器供应商降低工作电压,如采用 3.3V、2.5V、1.8V;同时增加电源电压管理功能,如增加"睡眠模式",在不使用时切断大部分电源和不用的外围设备,以降低能量消耗。

(6)性能价格比。满足设计要求的条件下要尽量使用低成本 DSP,即使这种 DSP 编程难度很大而且灵活性差。在处理器系列中,越便宜的处理器功能越少,片上存储器越小,性能也比价格高的处理器差;封装不同的 DSP 器件价格也存在差别,如 PQFP(塑料方块平面封装)和 TQFP(薄四方扁平封装)比 PGA(插针网格阵列封装)便宜得多。

(7)支持多处理器。在某些数据计算量很大的应用中,经常要求使用多个 DSP 处理器,在这种情况下,多处理器互连和互连性能(关于相互间通信流量、开销和时间延迟)成为重要的考虑因素,如 ADI 的 ADSP-2106X 系列提供了简化多处理器系统设计的专用硬件。

(8)系统开发的难易程度。不同的应用对开发简便性的要求不同,对于研究和样机的开发,一般要求系统工具便于开发,因此选择 DSP 时需要考虑的因素有软件开发工具(包括汇编、链接、仿真、调试、编译、代码库以及实时操作系统等部分)、硬件工具(开发板和仿真机)、高级工具(如基于框图的代码生成环境)以及相应的技术支持情况。

3)DSP 系统设计流程

DSP 系统设计一般由需求分析、体系结构设计、硬软件设计、系统集成调试以及系统综合测试五个阶段构成,如图 1-99 所示,各个阶段之间需要反复执行与修改,直至最终完成设计目标。

4)DSP 系统的需求分析

DSP 系统的需求分析主要解决信号处理和非信号处理两方面的问题。

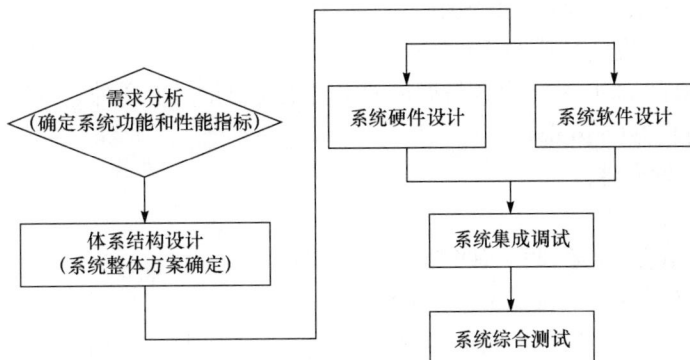

图 1-99　DSP 系统设计流程

（1）信号处理问题包括输入/输出结果特性的分析、DSP 算法的确定，以及按要求对确定的性能指标在通用机上用高级语言编程仿真。

（2）非信号处理问题包括应用环境、设备的可靠性指标和可维护性、功耗、体积、重量、成本、性能价格比等项目。

5）DSP 系统的高速信息处理平台结构

图 1-100 是一种典型 DSP 系统的高速信息处理平台结构示意图，其中信号处理单元是整个数字信号处理系统的核心，由前端处理、核心算法以及后端处理组成。信息交互单元主要完成信号处理主机和处理对象之间的信息交换，通常情况下包括信息的获取和输出两部分，根据应用领域和应用场所的不同，信息的获取与输出有不同的形式。

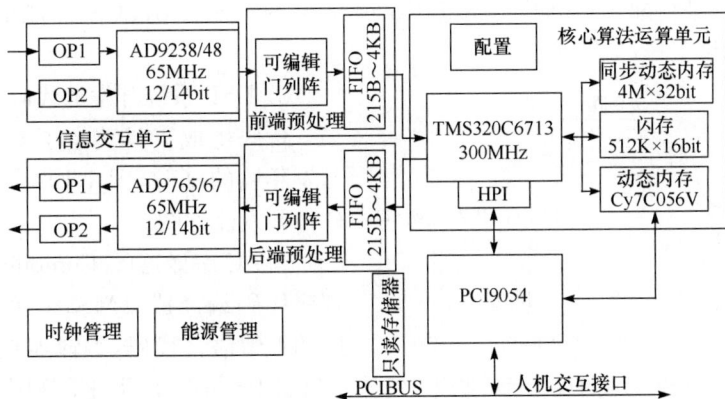

图 1-100　典型高速信息处理平台结构示意图

6）DSP 系统的开发

在 DSP 系统开发过程中，除了要了解基本的系统需求、系统设计的基本结构和算法，能够熟练使用开发工具和开发环境也非常重要。TI 公司及其第三方为 DSP 系统的集成和开发提供了多种开发工具。TI 公司的 DSP 开发环境和开发工具如下。

（1）系统集成及调试工具。

（2）代码生成工具（编译器、链接器、优化器及转换工具等）。

（3）简易操作系统（DSP/BIOS）。

7）DSP 系统开发的集成与调试工具

TI 公司提供的 DSP 系统集成与调试的工具主要包括以下几种。

（1）软件仿真器（Simulator）。

（2）DSK 开发套件。

（3）评估板（EVM）。

（4）硬件仿真器（主要包括 XDS510 和 XDS560）。

（5）集成开发环境（Code Composer Studio）。

在确定了 DSP 系统的基本结构和信号处理算法后，使用软件仿真器可以在没有目标系统的情况下完成 DSP 软件的设计和调试，并在 Simulator 模式下仿真验证算法的准确性。Simulator 使用编译器、链接器等工具产生目标代码，采用主机文件的形式为仿真器模拟硬件系统提供数据。此外，在 Simulator 模式下，用户也可以设置断点及跟踪模式，调试跟踪程序的执行结果。

DSK 开发套件和评估板是 TI 公司的第三方提供的一个简单的系统评估平台，DSK 和 EVM 除了提供基本的硬件平台外，还提供完整的代码生成工具和调试工具。用户可以使用 DSK 或 EVM 完成需要设计系统的硬件性能、软件算法的评估，为确定系统的软/硬件方案提供可靠的依据。

硬件仿真器是功能强大的全速仿真器，用以完成系统的集成与调试。每个 DSP 器件都提供边界扫描接口（JTAG），通过 XDS510 或 XDS560 检测器件内部的寄存器、状态机以及引脚的状态，从而实现对 DSP 状态的监控。但 XDS510 或 XDS560 硬件仿真器只是一个硬件平台，必须配合主机开发环境（Code Composer Studio，CCS）才能很好地实现系统的集成与调试工作，如图 1-101 所示。

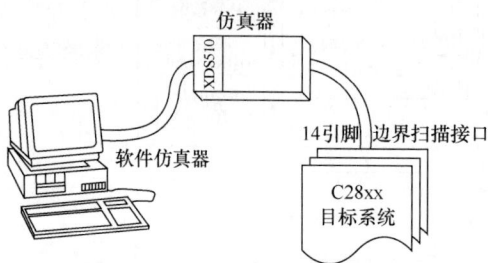

图 1-101　DSP 系统开发的系统集成
与调试环境的构成示意图

8）DSP 系统开发的代码生成工具

代码生成工具奠定了 CCS 所提供的开发环境的基础，图 1-102 是一个典型的软件开发流程图。

（1）C 编译器（C Compiler）：将 C 语言程序代码编译成 TMS320 系列处理器对应的汇编语言代码，编译器包括外壳程序（Shell Program）、优化器和内部列表共用程序（Interlist Utility）。

（2）汇编器（Assembler）：把汇编语言源文件转换成基于公用目标文件格式（COFF）的机器语言目标文件，也就是经常用到的 .obj 文件。

（3）链接器（Linker）：把多个目标文件组合成单个可执行目标模块，除了能够创建可执行文件外，还可以调整外部符号的引用，链接器输入的是可重新定位的目标文件和目标库文件。

（4）归档器（Archiver）：允许用户将一组文件收集到一个归档文件中，也称为归档

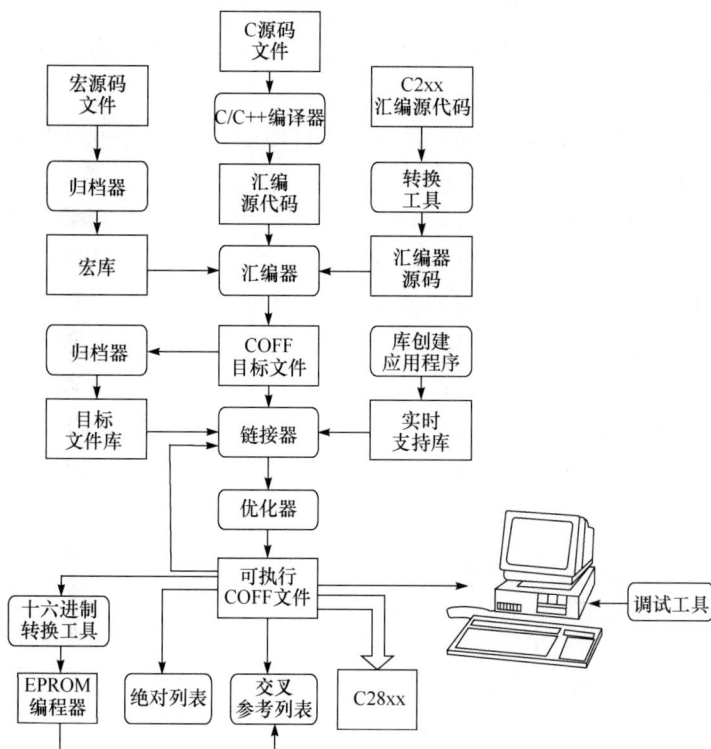

图 1-102　DSP 系统研发的代码生成工具及软件开发流程示意图

库,归档器最常见的用法是创建目标文件库,也允许通过删除、替换、提取或添加文件操作来调整库。

(5) 助记符到代数汇编语言转换公用程序(Mnemonic-to-algebraic Assembly Translator Utility):把含有助记符的汇编语言源文件转换成含有代数指令的汇编语言源文件。

(6) 建库工具(Library Build Utility):用户可以利用建库工具建立满足要求的运行支持库(Run-time-support Library),标准的 C/C++运行实时支持库函数以源代码的形式放在 rts. src 文件中。

(7) 十六进制转换公用程序(Hex Conversion Utility):把 COFF 目标文件转换成 TI-Tagged、ASCII-hex、Intel、Motorola-S 或 Tektronix 等目标文件格式,用户可以把转换好的文件下载到 EPROM 编程器。

(8) 交叉引用列表工具(Cross Reference Lister):接收已连接的目标文件作为输入,在交叉引用列表中列出了目标文件包含的所有符号,以及这些符号在被连接的源文件中的定义和引用情况。

(9) 绝对列表器(Absolute Lister):输入目标文件,输出. abs 文件,通过汇编. abs 文件可产生含有绝对地址的列表文件,如果没有绝对列表器,这些操作将需要冗长乏味的手工操作才能完成。

9) DSP 系统开发的简易操作系统(DSP/BIOS)

DSP/BIOS 是一个简易的嵌入式操作系统,能够大大地方便用户开发多任务的应用程序。使用 DSP/BIOS 还可以提高对代码执行效率的监控。TI 公司提供的 DSP/BIOS 插件支持实时分析,可用于探测、跟踪和监视具有实时性要求的应用例程。DSP/BIOS API 具有下列实时分析功能。

(1) 程序跟踪(Program Tracing):显示写入目标系统日志(Target Log)的事件,反映程序执行过程中的动态控制流。

(2) 性能监视(Performance Monitoring):跟踪反映目标系统资源利用情况,如处理器负荷和线程时序等。

(3) 文件流(File Streaming):把目标系统的 I/O 对象与主机上的文件关联起来,通过使用 DSP/BIOS 配置工具可以快速设置以下 DSP/BIOS 服务。

(4) 抢先式多线程。

(5) 线程间通信机制。

(6) 中断处理。

(7) 实时分析。

2. 功能电路(终端电路)选用与设计

基于柔性分合闸技术的中压交流真空开关设备的自动控制部件硬件的功能电路(终端电路)的选用与设计工作主要是选取合适的成品电路,要求考虑以下几点。

(1) 适应环境温度变化能力强。

(2) 抗电磁干扰能力强。

(3) 功能、技术指标适用,性价比高。

(4) 接口尽可能与主电路接口兼容,以省略与主电路连接的接口电路。

(5) 尽可能模块化结构,体积小,安装简便。

3. 接口电路设计

接口电路介于主电路和功能电路之间,是主电路与功能电路的桥梁。主电路有众多输入端和输出端,功能电路一般仅有一个出口端(输入端或输出端),接口电路一般有一个输入端和一个输出端。接口电路与主电路、功能电路之间的关系如图 1-103 所示。

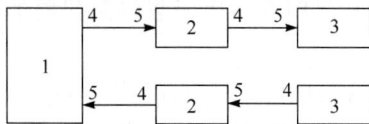

图 1-103　接口电路与主电路、功能电路之间的关系

1-主电路;2-接口电路;3-功能电路;4-输出端;5-输入端

接口电路的端口必须和其相接的主电路或功能电路的端口相匹配及互动,同时,接口电路通常要求具有将主电路和功能电路在电气上互相隔离的功能,使主电路和功能电路在电气上互不干扰。因此,应提高自动控制部件的整机电磁兼容性和工作可靠性。

1) 具有电气隔离和电平变换的接口电路

具有电气隔离和电平变换的接口电路是使用最多的接口电路,如图 1-104(a)所示,用于开关信号之间的互接,输入/输出波形如图 1-104(b)所示。

(a) 接口电路　　　　　　　　　　　　　(b) 输入/输出波形

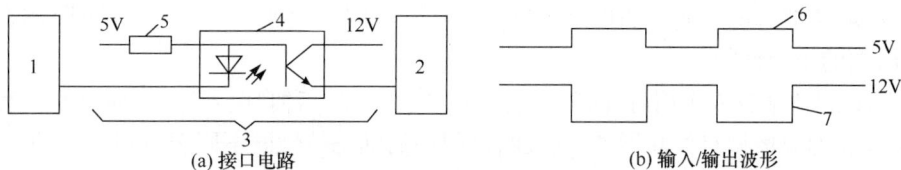

图 1-104　具有电气隔离和电平变换的接口电路

1-输出端电路；2-输入端电路；3-接口电路；4-光电隔离器；5-限流电阻；
6-接口电路输入波形；7-接口电路输出波形

光电隔离器中有发光管和光电管，二者在电气上互相隔离，通过光的发射与接收进行信息传递。电平转换因接口电路的输入、输出两端电压不同而改变。

图 1-104 所示的接口电路形式是输入波形和输出波形反向的，可用不同电路形式改变输入、输出波形的方向。

图 1-104 和图 1-105 所示的接口电路的输入与输出之间有时延，时延的长短决定于光电隔离器的相应时间指标，在有快速要求的场合要用高速型光电隔离器。

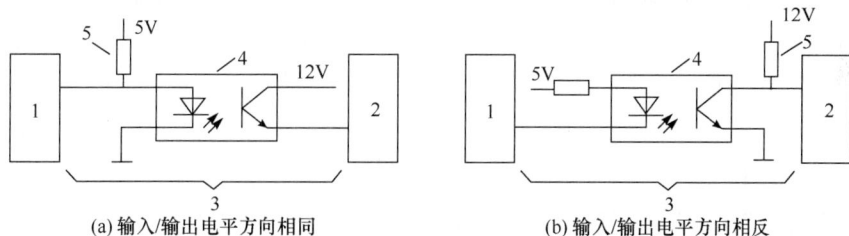

(a) 输入/输出电平方向相同　　　　　　　　(b) 输入/输出电平方向相反

图 1-105　具有电气隔离和电平转换的接口电路形式

1-输出端电路；2-输入端电路；3-接口电路；4-光电隔离器；5-限流电阻

2) 具有电气隔离和提高驱动能力的接口电路

具有电气隔离和提高驱动能力的接口电路在基于柔性分合闸技术的中压交流真空开关设备的自动控制部件中用于对操动机构、储能电机等的控制，需要较大的控制功率。该接口电路将主电路的控制信号放大后达到控制操动机构、储能电机等对较大功率的要求。图 1-106 为一种采用 IGBT 的具有电气隔离和提高驱动能力的接口电路。

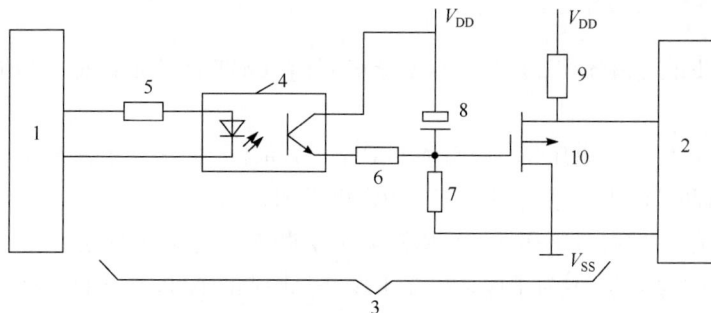

图 1-106　具有电气隔离和提高驱动能力的接口电路

1-输出端电路；2-输入端电路；3-接口电路；4-光电隔离器；5-限流电阻；
6、7-分压电阻；8-平波电容；9-拉升电阻；10-IGBT

光电隔离器起电气隔离的作用,隔离的绝缘(或耐受电压)性决定于光电隔离器的输入/输出端的绝缘性能。

IGBT 起功率放大作用(提高驱动能力)。IGBT 是一种自关断器件,而且是一种用电压控制开关的双极型自关断器件,其关断过程中的动态特性既不同于 GTR 和 GTO,也不同于功率 MOSFET。

IGBT 关断过程中的电流和电压随时间变化的基本情况如图 1-107 所示。I_c 在时刻 t_0 突然下降的幅度 ΔI_c 决定于 PNP 型晶体管的电流放大系数 a_1,即

$$\Delta I_c = I_e = (1-a_1)I_c \tag{1-67}$$

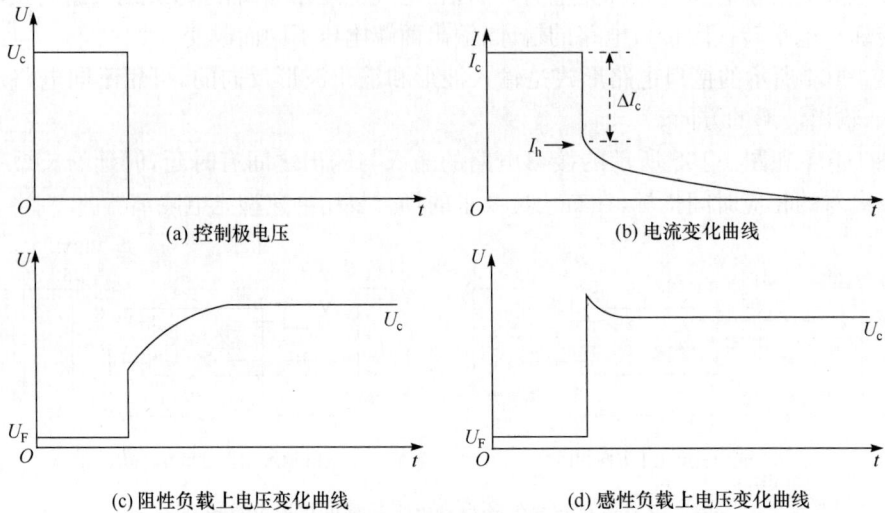

图 1-107　IGBT 关断过程中的集电极电流 I_c 和集电极电压 U_c 变化情况

关断过程中集电极电压 U_c 的变化情况取决于负载的性质。如果是阻性负载,则 U_c 曲线的形状就是 I_c 曲线形状的反向。如果是感性负载,则 U_c 的陡然上升通常会过冲,在超过外加电压 U_c 后再降回到 U_c。

IGBT 在使用时要考虑如下特性参数。

(1) 在 25℃和 100℃时的连续集电极电流(I_c),表示从规定的壳温到额定结温时的集电极直流电流。

(2) 脉冲集电极电流(I_{cm}),是指在温度极限内 IGBT 的峰值电流可以超过额定连续直流的极限值。

(3) 集电极-发射极电压(U_{ce}),由内部 PNP 型晶体管的击穿电压确定,为了避免 PN结击穿,IGBT 两端的电压不能超过这个额定电压值。

(4) 最高栅极-发射极电压(U_{ge}),栅极电压受栅极氧化层的厚度和特性限制,栅极的绝缘击穿电压约为 80V,但为了保证可靠工作并且限制故障状态下的电流,栅极电压通常应限制在 20V 以下。

(5) 钳位电感负载电流(I_{LM}),在电感负载电路中,这个额定值能够确保电流为规定值时 IGBT 重复开断,这个额定值也能够保证 IGBT 同时承受高电压和大电流。

（6）最大集电极电流（I_{cmax}），包括额定直流电流 I_c 和 1ms 脉宽最大电流 I_{cp}。

（7）最大集电极功耗（P_{cm}），是指正常工作温度下允许的最大功耗。

（8）最大工作频率（f_m），开关频率是用户选择合适的 IGBT 时需考虑的一个重要参数，硅片制造商为不同的开关频率专门制造了不同的产品。

3）具有电气隔离和线性放大的接口电路

具有电气隔离和线性放大的接口电路在基于柔性分合闸技术的中压交流真空开关设备的自动控制部件中用于机械运动传感器等信号处理，使传感器输出的小信号经电气隔离和线性放大至微处理器电路能够接受处理。

图 1-108 是采用线性光电隔离器和低输入失调电压、低噪声运算放大器 OP07 的电气隔离和线性放大接口电路。

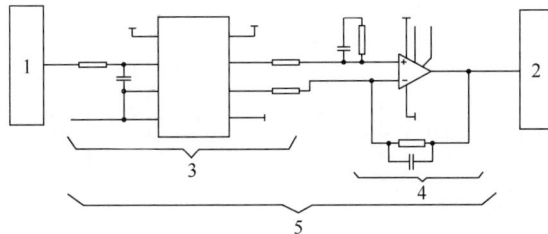

图 1-108　电气隔离和线性放大接口电路示意图
1-输出端电路；2-输入端电路；3-电气隔离电路；4-线性放大电路；5-接口电路

低输入失调电压、低噪声集成运算放大器 OP07 的符号和内部电路如图 1-109 所示。

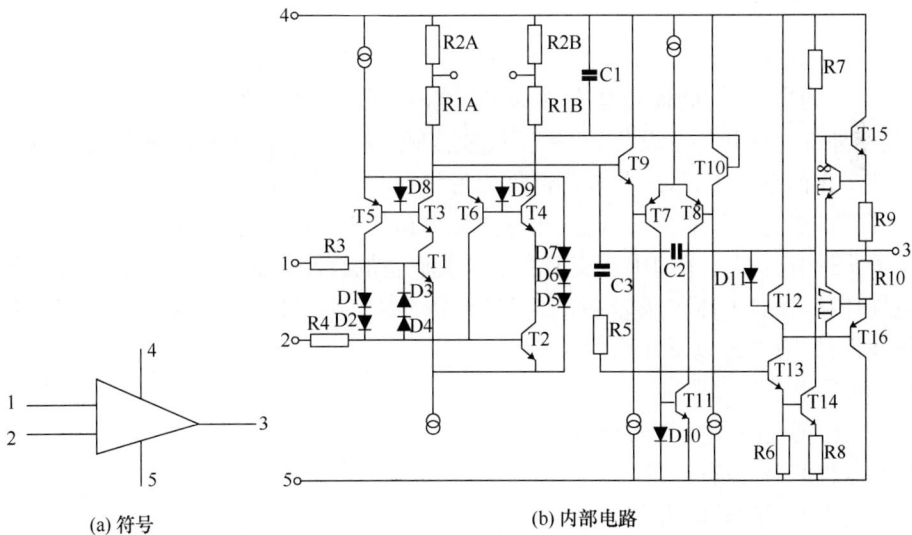

(a) 符号　　　　(b) 内部电路

图 1-109　低输入失调电压、低噪声的运算放大器 OP07 的符号与内部电路
1-正输入端；2-负输入端；3-输出端；4-正电源端；5-负电源端

线性光电隔离器件是一种受温度影响较小和电气隔离后仍有较好幅度、相位传输特性的器件，如图 1-110 所示。

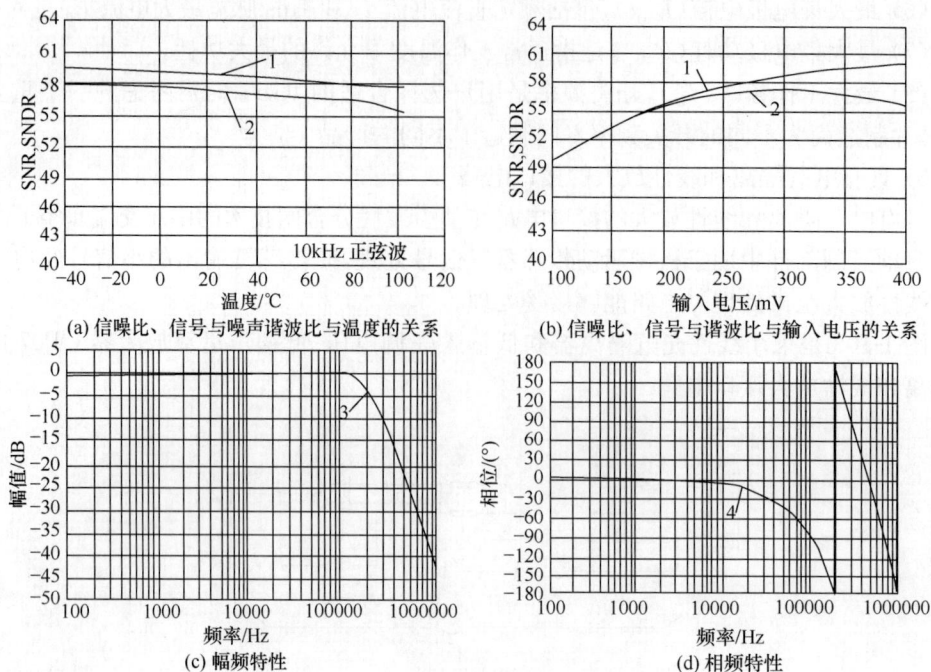

图 1-110 线性隔离器件的特性曲线

1-信噪比(SNR);2-信号与噪声谐波比(SNDR);3-幅值增益;4-相位

4. 工作电源系统设计

基于柔性分合闸技术的中压交流真空开关设备的自动控制部件与其外部的连接内容很多,包括电网高电压、负载大电流、操动机构等外部部件以及外部保护装置、操作装置等外设,这些外部部件和外部设备的电气环境差异很大。为了减小外部部件或设备对自动控制部件工作的电气干扰,这些外部部件或者设备与自动控制部件之间的接口电路采用光电隔离器件进行电气隔离,因此互相隔离的电路的工作电源也应电气隔离。

基于柔性分合闸技术的中压交流真空开关设备的自动控制部件的工作电源不仅涉及较多电气环境,而且电压等级较多,如 3V、±5V、±12V、±24V(均为直流)等,因此要进行系统性设计,应考虑以下几点。

(1) 满足电压等级要求。

(2) 电压精度高,电压稳定性好。

(3) 容量足够(留有裕量)。

(4) 抗输入端扰动能力强。

(5) 负载效应(10%~100%)性能好。

(6) 输出纹波噪声(峰、峰值)应小。

(7) 有过流保护($\geq 110\% I_o$)。

(8) 有短路保护(可长期短路,自恢复)。

(9) 有过温度保护。

（10）有掉电保护时间。

（11）效率高，损耗小，温升小，温度漂移小。

（12）输入交、直流两用。

（13）隔离电压（输入、输出）达到 AC 2500V/min（或 DC 4000V/min）。

（14）高功率密度，体积小，安装简便、牢靠。

（15）不同电气环境的工作电源互相独立。

（16）互相独立的工作电源之间隔离电压达到 AC 2500V/min（或 DC 4000V/min）。

目前工作电源普遍采用基于脉宽调压（开关式）原理的 AC/DC 电源模块，由若干不同输出电压等级和不同功率的 AC/DC 电源模块组成基于柔性分合闸技术的中压交流真空开关设备的自动控制部件的工作电源系统。

图 1-111 是 AC/DC 电源模块的应用电路，为了提高 AC/DC 电源模块的电磁兼容性，可以在其输入端增加一个滤波电路，如图 1-112 所示。

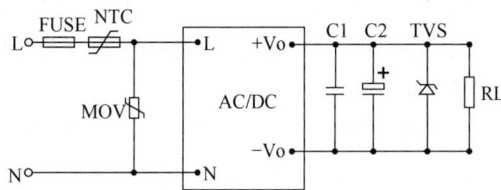

图 1-111　AC/DC 电源模块的应用电路

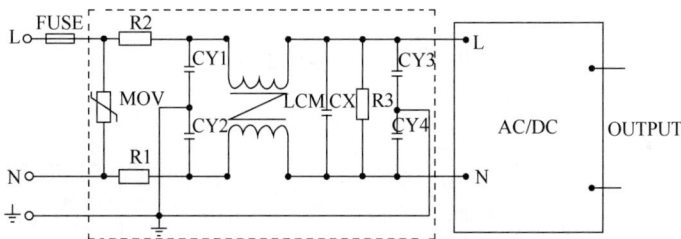

图 1-112　在 AC/DC 电源模块输入端增加的滤波电路

图 1-113 是通用 AC/DC 电源模块的负载温度特性曲线和负载输入电压的典型特性曲线。

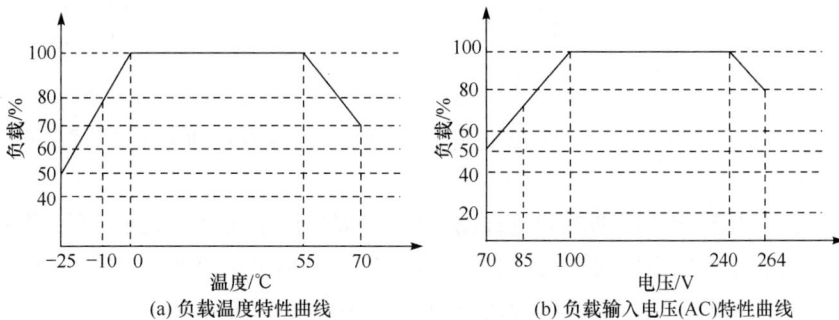

(a) 负载温度特性曲线　　(b) 负载输入电压(AC)特性曲线

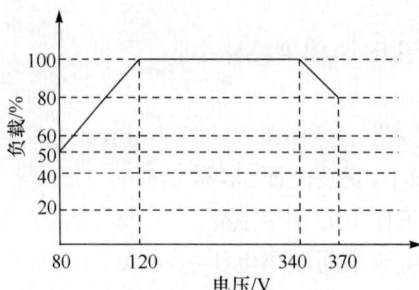

(c) 负载输入电压(DC)特性曲线

图 1-113　通用 AC/DC 电源模块的典型特性曲线

5. 电线路总图设计

基于柔性分合闸技术的中压交流真空开关设备的自动控制部件的电线路总图设计在其结构框图、主电路、功能电路和接口电路确定和准确的基础上进行。电线路总图是具体实施的硬件蓝图,因此应准确和完整。

如果结构框图、主电路、功能电路和接口电路完整且准确,电线路总图设计就是将主电路、功能电路和接口电路按结构框图进行拼接并作适当修改、调整。

电线路总图用于硬件的制造、调试及维修,因此必须满足以下要求。

(1) 标明所有元器件的符号和名称,以及元器件上与其他元器件相连的所有引脚,元器件引脚上同时标明编号和功能。

(2) 标明所有连接线,连接线的首尾与元器件的引脚相连。

图 1-114 是某部件的电线路图。

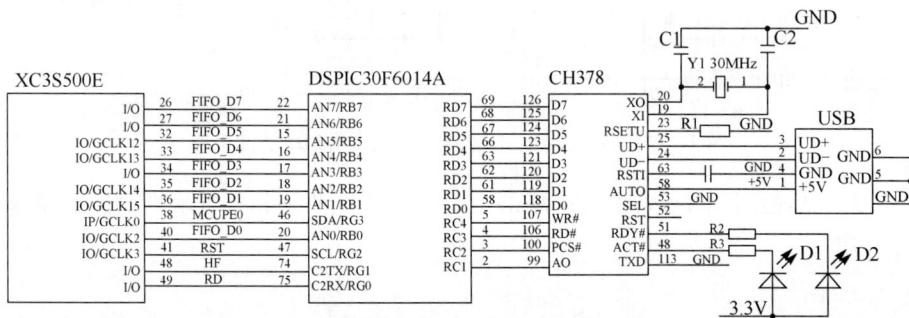

图 1-114　电线路图例

有些电线路图元器件很多,接线也很多,可以将某些有规则的连接线简化表示,如图 1-115 所示。

在元器件及其连接线特别多的电线路图中,可以采用单元电路表示方法,首先把整体电线路划分为若干单元电路,将单元电路设计准确、完整,然后在单元电路的对外连接段标上功能和对接单元电路(或元器件)的对应引脚,如图 1-116 所示。

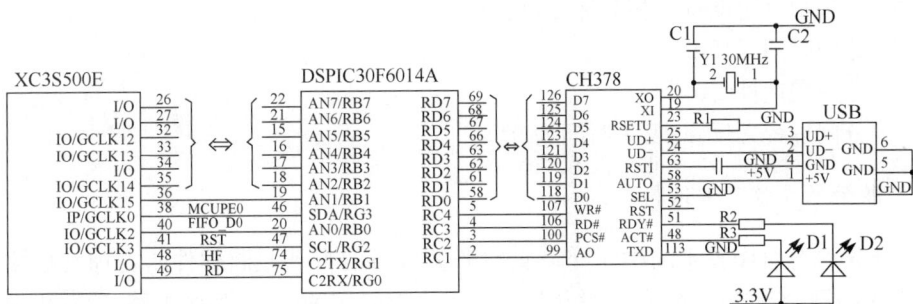

图 1-115 有些连接线简化表示的电线路图例

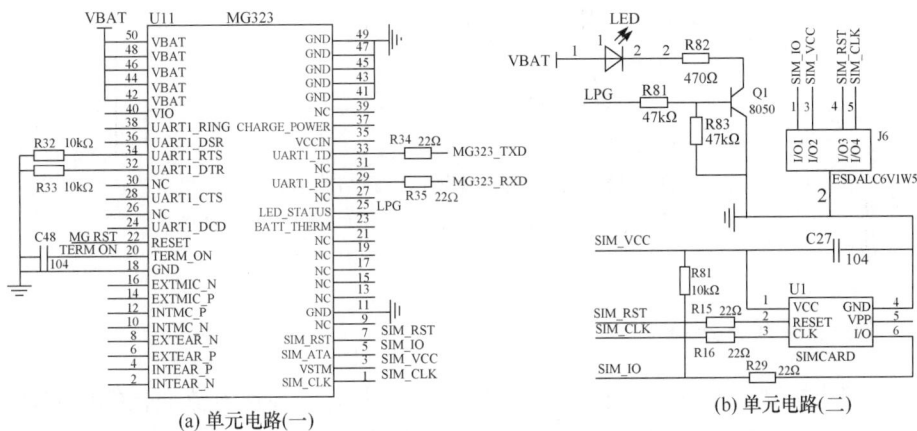

(a) 单元电路(一)

(b) 单元电路(二)

图 1-116 采用单元电路表示方法的电线路图例

七、柔性分合闸的自动控制软件技术

(一) 中压交流真空开关管动触头柔性分合闸运动控制软件

1. 控制要求

基于柔性分合闸技术的中压交流真空开关设备的中压交流真空开关管中动触头运动控制软件是实现柔性分合闸的关键技术之一。由于动触头在中压交流真空开关管内,运动受牵制,其经绝缘隔离件、传动机构后与操动机构相连,运动惯量大,同时要求在 10mm 左右行程内达到较高的运动速度,运动冲量大,属于大惯量、大冲量微行程精确自动(闭环)控制,但要达到如下主要控制要求(以 12kV 交流真空开关设备为例)。

(1) 合闸行程、超程符合相关标准、规范。

(2) 合闸刚合速度、刚合压力、合后压力符合相关标准、规范。

(3) 合闸时间≤25ms。

(4) 合闸同期性≤0.2ms。

(5) 合闸过程无弹跳(弹跳时间为 0)。

（6）分闸刚分速度符合相关标准、规范。

（7）分闸时间≤15ms。

（8）分闸同期性≤0.2ms。

（9）分闸过程无反弹（反弹时间为0）。

2. 软件的支撑硬件结构

基于柔性分合闸技术的中压交流真空开关设备的自动控制软件的支撑硬件主要有 DSP 构成的微处理器电路、主功率电路（IGBT电路）、缓冲电路、死区电路、驱动电路和控制与调理电路等，如图 1-117 所示。

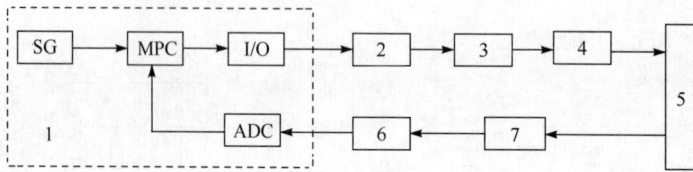

图 1-117　软件的支撑硬件电路结构示意图

1-DSP 控制器；2-缓冲电路；3-死区电路；4-驱动电路；5-IGBT 电路；

6-检测与调理电路；7-触头运动机构

3. 控制系统软件结构

为了解决控制的大惯量问题，采用电流预测控制算法，加速电流变化的提前量，抵消电感对电流变化的迟滞作用，并在触头接近闭合点时按时序函数及预测控制，实现大冲量碰撞减振动作，避免触头碰撞的弹跳，控制系统的软件结构如图 1-118 所示。

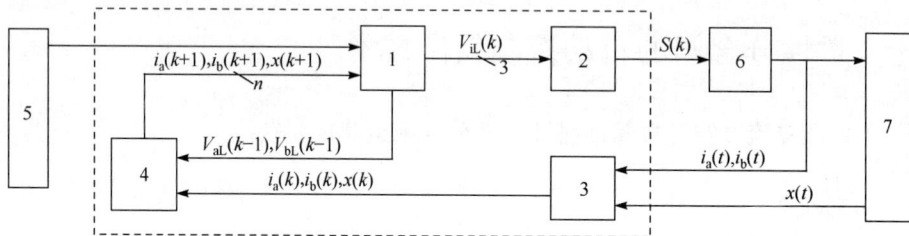

图 1-118　控制系统软件结构框图

1-最小化评估函数；2-电平转换为开关状态；3-采样；4-使用相邻电平的模型预测控制；

5-时序控制；6-IGBT 电路；7-触头运动机构

4. 离散模型和预测

预测电流控制方案的主要思想是，在每个采样时段，根据系统模型和逆变器输出电压的微分方程，使用基于模型的预测方法 MPC（model prediction control）预测出下一个采样时刻的负载电流值，然后通过与参考电流进行比较，选择误差量最小的一个开关量，最后将开关信号输出控制。电流的预测基于系统的离散模型，导数 $\mathrm{d}i/\mathrm{d}t$ 近似为

$$\frac{\mathrm{d}i}{\mathrm{d}t}\approx\frac{i[k+1]-i[k]}{T_\mathrm{s}} \tag{1-68}$$

负载电流将来值的表达式为

$$i_\mathrm{i}[k+1]=\left(1-\frac{RT_\mathrm{s}}{L}\right)i_\mathrm{i}(k)+\frac{T_\mathrm{s}}{L}V_\mathrm{iL}(k)V_\mathrm{dc} \tag{1-69}$$

为了获得最优的电平输出,需要计算所有可能的电平下的电流预测值。

5. 评估函数

式(1-69)可以针对每一个电平预测下一步电流的输出值。对于每一个预测值,使用评估函数进行评测,然后选择能够使评估函数最小的一个电平。最后将这个电平对应的开关状态应用于逆变器。因此,能够选择一个合适的电平(开关状态),就显得尤为重要,而评估函数就扮演着这样的角色,可以表示为

$$g=|i^*(k+1)-i(k+1)| \tag{1-70}$$

式中,$i^*(k)$——k时刻的参考电流值。当采样时间足够小时,可以认为$i^*(k+1)\approx i^*(k)$,但如果采样时间不够,则需要对参考电流进行推导。

式(1-70)用于计算预测电流和参考电流的误差,然后选择最小的一个开关组合应用于下一周期。

6. 控制算法

如图1-118所示,k时刻系统的模型预测控制实现步骤如下。

(1) 测量负载电流$i_\mathrm{a}(t)$,经过采样后,电流离散为$i_\mathrm{a}(k)$。

(2) 根据式(1-69)预测出$k+1$时刻的所有电流值。

(3) 计算不同预测电流值的评估函数,根据式(1-70)可知,使用参考电流$i^*(k)$计算预测电流与参考电流的误差,然后选择使评估函数g最小的电平$V_\mathrm{iL}(k)$。

(4) 将选择出的电平$V_\mathrm{iL}(k)$转换为逆变器每个开关管的开关信号(通过查询开关表来最终获得)。

(5) 等到达$k+1$时刻,再返回步骤(1)($k=k+1$)。

(二) 电流型故障相控开断电流的控制技术

基于柔性分合闸技术的中压交流真空开关设备的柔性分合闸的重要内容之一是实现相控开关技术,即以系统电压或电流为参考信号,控制开关的触头在期望的相位点上合闸或分闸,以改善开关操作暂态性能,提高电能质量,提高短路分断能力,延长开关寿命,它属于智能控制技术。

实现电流型故障的相控开断故障电流,要解决的重要问题是电流零点的快速预测。由于短路故障的多样性及直流分量的影响,故障电流并不一定周期过零,同时预测零点要在保护系统响应时间内完成,因此难度较大。

1. 故障电流相控开断过程原理

图 1-119 为故障电流相控开断过程。在一般的非相控开断过程中,短路故障在 t_0 时刻发生,保护系统经过一段响应时间 t_{PROT} 后(t_{PROT} 是继电保护系统完成故障检测和处理需要的时间),在 t_1 时刻发出分闸命令,经过断路器的固有分闸时间 t_{CB_OPEN} 后触头分离,再经过一段燃弧时间 t_{ARC_DIRECT} 后在电流零点处熄弧,完成开断过程。相控开断的过程则是在短路故障发生后,找到一个目标电流零点 t,在特定的时刻 t_2 给出断路器分闸命令,使得断路器触头在 t_3 时刻分离后,经过最佳燃弧时间 t_{TARGET_ARC},在目标电流零点处熄弧,完成开断过程。可见要完成相控开断的任务,首先要预测目标电流零点。

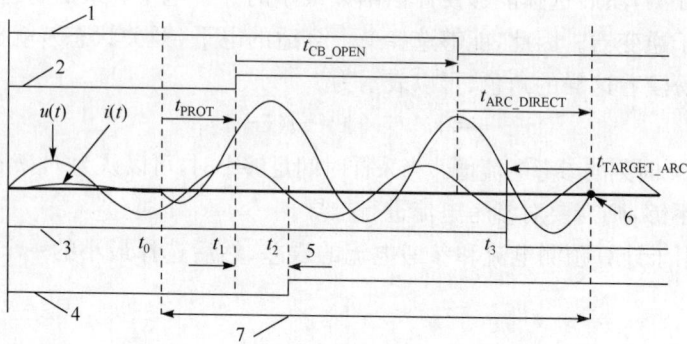

图 1-119　故障电流相控开断原理示意图

1-触头状态(非相控);2-分闸命令(非相控);3-触头状态(相控);4-分闸命令(相控);
5-等待时间;6-目标相位;7-故障清除时间(2~3 个周期)

2. 电流零点预测的安全点算法

1) 安全点的定义

在理论上,触头分离的最佳同步时刻是电流波形的零点处。故障电流在安全点处开断波形见图 1-120,由于直流分量的存在,过零点并不等周期出现,考虑到测量速度和精度的影响,在很短的时间内很难预测到目标零点,因此引入满足以下三个条件的安全点来代替实际电流过零点。

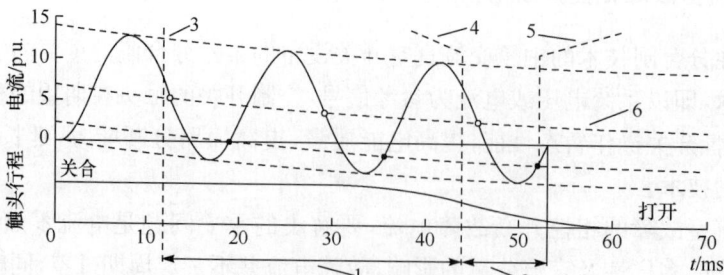

(a) 幅值固定的故障电流开断

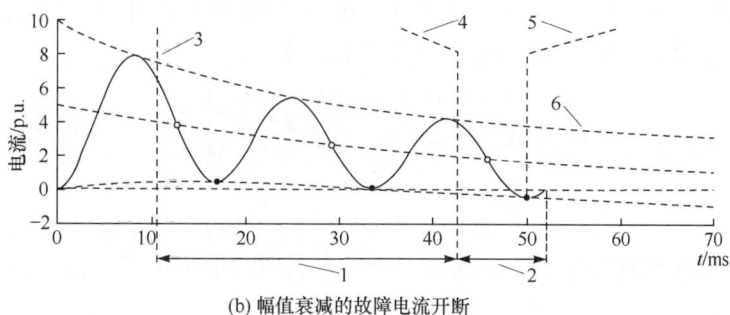

(b) 幅值衰减的故障电流开断

图 1-120　故障电流在安全点处开断示意图

1-断路器开断；2-燃弧时间；3-分闸命令；4-触头分离；5-安全间距；6-直流分量

○-对称安全点；●-不对称安全点

（1）安全点发生在故障电流的交流波恒定相角上。

（2）接近实际过零点。

（3）总是超前于实际过零点。

图 1-120 中对于不同的故障电流波形定义了三种类型的安全点，分别是对称的、不对称的和偏移的。图 1-120 中纵坐标表示的故障电流波形可以用式（1-71）来描述：

$$i_{\mathrm{f}}(t)=A(t)\sin(\omega t+\varphi)+D(t) \tag{1-71}$$

式中，$A(t)$——正弦波的幅值；

φ——正弦波的相角；

$D(t)$——正弦波的直流分量；

ω——电流频率。

对称安全点位于直流分量和交流正弦波的交叉点上，故障开始时偏移安全点为第 1 个周期中的一个过零点，但由于直流分量衰减，偏移安全点和过零点之间相差的时间也会变长。如果交流分量是衰减的，则采用不对称安全点代替偏移安全点，见图 1-120（b）。直流分量为正时，与交流波最小值一致。

2）安全点的计算

计算安全点位置的最好方法是从故障电流的起始时刻，借助电流传感器的精密测量，在最短的时间内描述故障过程曲线，从而确定安全点位置，一般选取工频的 1/4 周期进行测量。定义的安全点可通过式（1-72）～式（1-74）得到：

$$t_{\mathrm{sym}}=\frac{\pi-\varphi}{\omega} \tag{1-72}$$

$$t_{\mathrm{asym}}=\frac{3\pi/2-\varphi}{\omega} \tag{1-73}$$

$$t_{\mathrm{shifted}}=\frac{3\pi/2+|\arccos(D_0/A_0)|-\varphi}{\omega} \tag{1-74}$$

式中，A_0——$t=0$ 时交流波的瞬时值；

D_0——$t=0$ 时的直流分量的值。

以上推导只适合直流分量为正的情况，即 $D_0 \geqslant 0$，对于直流分量为负的情况，需要加上半个工频周期。从式(1-72)～式(1-74)可知,除偏移安全点外,其他安全点的计算只取决于相角。参数 A_0、D_0、φ 可通过式(1-75)来计算:

$$\begin{cases} A_0 \sin(\omega t_1 + \varphi) + D_0 = i_f(t_1) \\ A_0 \sin(\omega t_2 + \varphi) + D_0 = i_f(t_2) \\ \vdots \\ A_0 \sin(\omega t_n + \varphi) + D_0 = i_f(t_n) \end{cases} \tag{1-75}$$

$i_f(t_1)$ 到 $i_f(t_n)$ 系列值通过对故障电流第 1 个 1/4 周期测量和采样得到,再根据式(1-76)进行变换,则可通过式(1-77)来计算参数 c_1、c_2、D_0:

$$A_0 \sin(\omega t_1 + \varphi) = c_1 \sin(\omega t) + c_2 \cos(\omega t) \tag{1-76}$$

$$[c_1, c_2, D_0]^{\mathrm{T}} = \begin{bmatrix} \sin(\omega t_1) & \cos(\omega t_1) & 1 \\ \sin(\omega t_2) & \cos(\omega t_2) & 1 \\ \vdots & \vdots & \vdots \\ \sin(\omega t_n) & \cos(\omega t_n) & 1 \end{bmatrix}^{\sharp \mathrm{L}} \begin{bmatrix} i_f(t_1) \\ i_f(t_2) \\ \vdots \\ i_f(t_n) \end{bmatrix} \tag{1-77}$$

式中,T——转置;

$\sharp \mathrm{L}$——矩阵的左伪逆。

使用该方法不必实时进行左伪逆的计算,可以预先把它算好放在控制器的存储器中,只需实时计算一个矩阵的乘积,这也可与故障电流的测量同时进行。计算得到 c_1、c_2,可通过式(1-78)和式(1-79)计算 A_0、φ:

$$A_0 = \sqrt{c_1^2 + c_2^2} \tag{1-78}$$

$$\varphi = \arctan \frac{c_2}{c_1} \tag{1-79}$$

3. 电流零点预测的自适应算法

电流零点预测的自适应算法是建立在单相短路故障模型基础上的,单相短路电流模型见图 1-121,短路电流的表达式为

$$i_f(t) = I_F \left[\sin(\omega t + \alpha - \varphi) - \sin(\alpha - \varphi) e^{(-t/\tau)} \right] + I_{PFa} \cdot e^{(-t/\tau)} \tag{1-80}$$

式中,I_F——对称故障电流峰值;

I_{PFa}——故障初始时刻电流;

α——故障初始时刻源电压相角;

φ——故障电流相角;

$\tau = L/R$——故障电流对称分量时间常数;

L——故障源电感;

R——故障源电阻。

$I_{PFa} \cdot e^{(-t/\tau)}$ 影响不对称电流的大小,而不对称衰减分量主要由 $\sin(\alpha - \varphi) e^{(-t/\tau)}$ 决定。为了减少运算量,将式(1-80)简化并分解为

$$i_f(t) \approx I_F \left[\sin(\omega t) \cos(\alpha - \varphi) + \cos(\omega t) \sin(\alpha - \varphi) - \sin(\alpha - \varphi) e^{(-t/\tau)} \right] \tag{1-81}$$

写成一般形式为

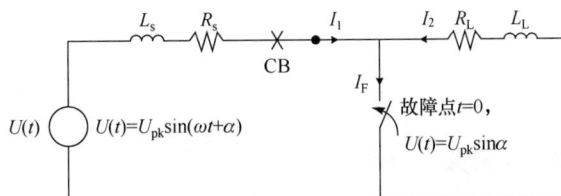

图 1-121　单相短路故障模型

$$i_{\mathrm{f}}(t)\approx K_1\sin(\omega t)+K_2\cos(\omega t)-K_2\mathrm{e}^{(-t/\tau)} \tag{1-82}$$

式(1-81)和式(1-82)中

$$K_1=I_{\mathrm{F}}\cos(\alpha-\varphi)=I_{\mathrm{F}}(\cos\alpha\cos\varphi+\sin\alpha\sin\varphi) \tag{1-83}$$

$$K_2=I_{\mathrm{F}}\sin(\alpha-\varphi)=I_{\mathrm{F}}(\sin\alpha\cos\varphi+\cos\alpha\sin\varphi) \tag{1-84}$$

由于 $K_2\mathrm{e}^{(-t/\tau)}$ 的存在,不能直接解出式(1-82)中的 K_1、K_2 和时间常数 τ,必须对等式进行线性化,将指数部分用 $\mathrm{e}^{(-t/\tau)}\approx 1-t/\tau$ 的近似值代替,即

$$i_{\mathrm{f}}(t)\approx I_{\mathrm{F}}[\sin(\omega t)\cos(\alpha-\varphi)+\cos(\omega t)\sin(\alpha-\varphi)-\sin(\alpha-\varphi)\cdot(1-t/\tau)] \tag{1-85}$$

进一步写成一般形式为

$$i_{\mathrm{f}}(t)\approx X_1\sin(\omega t)+X_2\cos(\omega t)-X_3\cdot 1+X_4\cdot t \tag{1-86}$$

同样,对故障电流前 1/4 周期进行采样,可以看出该方程满足已知 n 个等式求 m 个未知数($n\geqslant m$)的情况,解决上述方程使用最小均方算法,可得

$$X=(A^{\mathrm{T}}A)^{-1}\cdot b \tag{1-87}$$

$$X=(A^{\mathrm{T}}\cdot W^{\mathrm{T}}\cdot W\cdot A)^{-1}\cdot A^{\mathrm{T}}\cdot W^{\mathrm{T}}\cdot W\cdot b \tag{1-88}$$

式中,T——矩阵转置符号;

　　b——一个独立的向量;

　　A——描述故障电流的矩阵;

　　X——未知数向量。

利用 $[A^{\mathrm{T}}A]$ 矩阵结构将 n 阶矩阵转化成为 $m\times m$ 系统,再利用对角阵 W 将式(1-87)变换为式(1-88),这样可得到式(1-89),其中 n 是电流数据样本值的个数:

$$\begin{bmatrix}X_1\\X_2\\X_3\\X_4\end{bmatrix}=(A^{\mathrm{T}}\cdot W^{\mathrm{T}}\cdot W\cdot A)^{-1}\cdot A^{\mathrm{T}}\cdot W^{\mathrm{T}}\cdot W\cdot\begin{bmatrix}i_{\mathrm{f}}(t_1)\\i_{\mathrm{f}}(t_2)\\\vdots\\i_{\mathrm{f}}(t_n)\end{bmatrix} \tag{1-89}$$

$$A=\begin{bmatrix}\sin(\omega t_1) & \cos(\omega t_1)-1 & t_1\\\sin(\omega t_2) & \cos(\omega t_2)-1 & t_2\\\vdots & \vdots & \vdots\\\sin(\omega t_n) & \cos(\omega t_n)-1 & t_n\end{bmatrix} \tag{1-90}$$

从而 X_1、X_2 分别表示成 $X_1=I_{\mathrm{F}}\cos\varphi$,$X_2=-I_{\mathrm{F}}\sin\varphi$,由此可得

$$K_1=X_1\cos\alpha-X_2\sin\alpha \tag{1-91}$$

$$K_2 = X_1\sin\alpha - X_2\cos\alpha \tag{1-92}$$

$$1/|\tau| = \omega/|X_1/X_2| \tag{1-93}$$

$$\varphi = \arctan|X_1/X_2| \tag{1-94}$$

4. 电流零点预测算法的仿真分析

为了对比两种算法的适应性,用 MATLAB 6.5 进行仿真,首先采用的故障电流模型为

$$i(t) = 3\left[\sin\left(\omega t + \frac{\pi}{6} - \frac{\pi}{12}\right) - \sin\left(\frac{\pi}{6} - \frac{\pi}{12}\right)e^{-15t}\right] + 1.5e^{-15t} \tag{1-95}$$

将采样频率设为 $f_s = 10\text{kHz}$,采样时间为 0.005s,共 50 个采样点。分别用两种方法进行仿真,其中自适应算法分别用系数 X、K 表示,所得结果如图 1-122 和图 1-123 所示。两种算法各项误差统计见表 1-29。

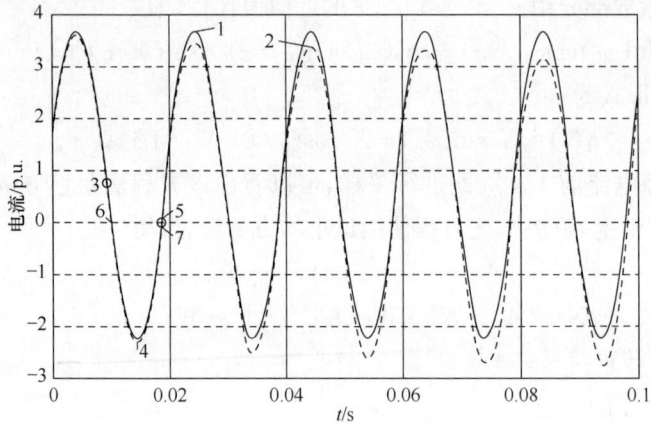

图 1-122　安全点算法仿真

1-模型电流;2-实际电流;3-对称安全点;4-不对称安全点;5-转换安全点;6-第 1 个零点;7-第 2 个零点

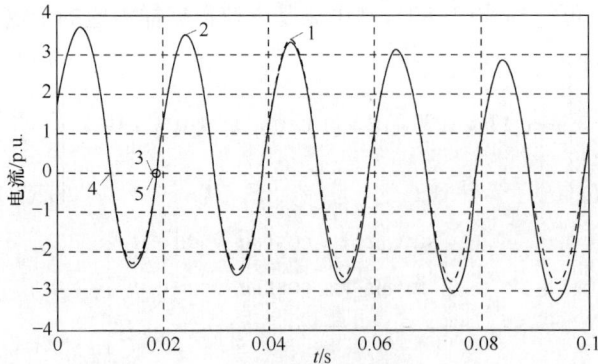

(a) 自适应算法X表示

(b) 自适应算法K表示

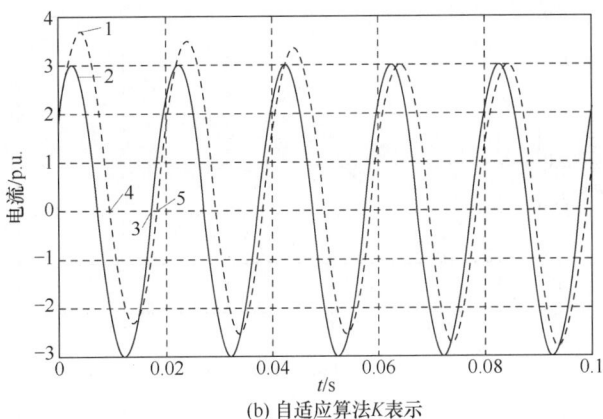

图 1-123　自适应算法仿真

1-实际电流；2-模型电流；3-预测开断点；4-第 1 个零点；5-第 2 个零点

表 1-29　单相短路模型仿真计算结果

比较算法类型	幅值/p.u.	误差/%	相角/(°)	误差/%	预测零点/p.u.	误差/%
安全点算法	2.9805	0.65	0.2717	3.78	0.0091	7.140
自适应算法 X 表示	2.9986	0.047	0.2615	0.114	0.0186	0.094
自适应算法 K 表示	3.9986	0.047	0.2615	0.114	0.0175	5.910

对于电力系统中的故障电流，除了基波电流和衰减直流分量外，还存在一定量的高次谐波，为了进一步比较两种算法，继续采用故障电流式（1-96）进行仿真，结果见图 1-124 和图 1-125。

$$i(t)=1.5\mathrm{e}^{-15t}+3\sin\left(\omega t+\frac{\pi}{3}\right)+0.5\sin\left(\omega t+\frac{\pi}{3}\right)+0.2\sin(5\omega t) \qquad (1\text{-}96)$$

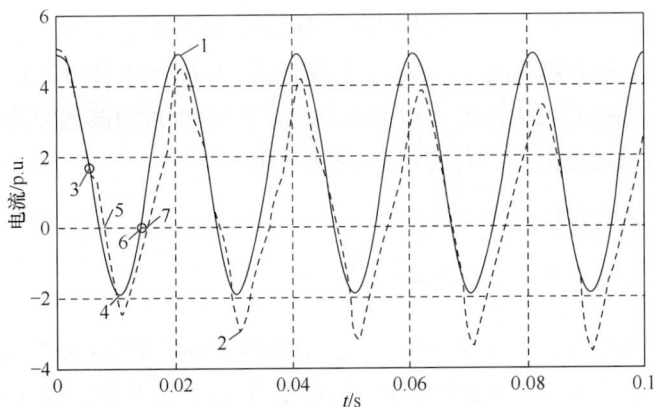

图 1-124　含谐波电流采用安全点算法的仿真

1-模型电流；2-实际电流；3-对称安全点；4-不对称安全点；5-转换安全点；6-第 1 个零点；7-第 2 个零点

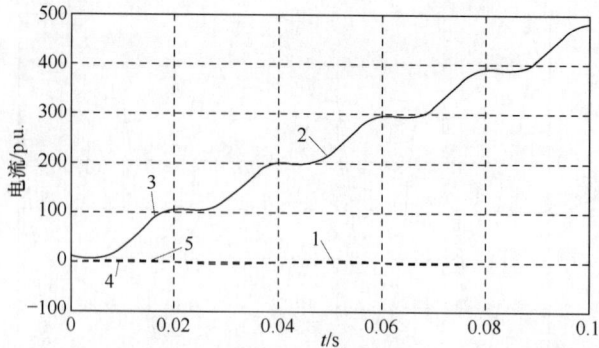

(a) 自适应算法 X 表示

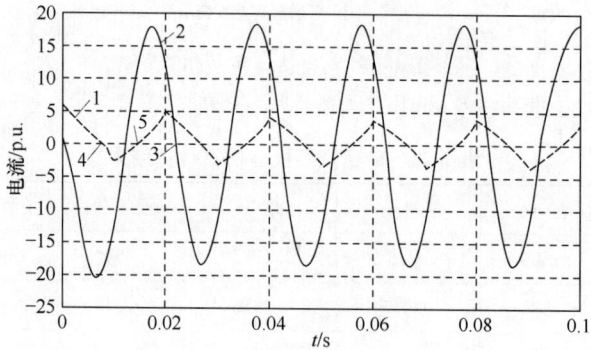

(b) 自适应算法 K 表示

图 1-125　含谐波电流采用自适应算法的仿真

1-实际电流；2-模型电流；3-预测开断点；4-第 1 个零点；5-第 2 个零点

从图 1-122、图 1-123 和表 1-29 可以看出，对于单相短路故障电流，自适应算法用于电流零点预测较安全点算法有明显的优势，各项误差相对较小。由于自适应算法在计算时忽略了 $I_{PFa} \cdot e^{(-t/\tau)}$，所以写成式(1-86)的 X 系数表示法比写成式(1-82)的 K 系数表示法更精确，参见图 1-123。而对于含有谐波分量的故障电流，自适应算法误差很大，尤其是式(1-86)的 X 系数表示法，预测波形为发散的，不符合要求，式(1-82)的 K 系数表示法虽有所改善，但仍有较大误差。对于安全点算法，由于预测波形为简单的基波加恒定的直流分量形式，虽然电流含有谐波，但方法仍适用。

（三）相控并联电容器组的控制技术

1. 容性负载分合闸操作过电压原理

电容器组、空载电缆和空载架空线等一类负载属于容性负载，操作这些负载的共同特点为断路器断口受到的威胁不是恢复电压的陡度，而是其绝对值。操作这些容性负载的差异在于开断电流不同，空载电缆和空载架空线的电流小，分别不超过 100A 和 10A；电容器组的电流则随其电容量而定，一般几十安至几百安为常见。

关合容性负载时，当电容上无起始电压时，若在电源电压零值时刻合闸，就不会产生

过电压;若在电源电压峰值时刻合闸,便会产生 2 倍过电压。

开断容性负载时,如果出现多次燃弧,将会产生 3 倍、5 倍、7 倍等的过电压,使电容以及电网中其他设备的绝缘受到严重威胁。

2. 星形中性点不接地方式的并联电容器组相控投切策略

1) 相控关合策略

在 66kV 及以下电力系统中常采用中性点不接地或经消弧线圈接地的方式。进行选相关合时,常用的策略为选择首合相在该相电压零点时刻关合,第二关合在该相电压与首合相电压相等时投入,最后一相在其自然过零时关合。

基准信号可以在相电压或线电压上选择,二者具有不同的关合时序。以相电压和线电压为基准信号的关合时序见图 1-126。以相电压为基准信号时,假设以 a 相电压 u_a 为基准信号,基准零点为 R_1,选择首合相 u_c。在其电压零点 A 处关合,第二关合相 u_b 在其相电压与首合相 u_c 电压相等时点 B 处投入,最后一相 u_a 在随后的自身过零点 C 处投入。图 1-126 所示选相关合顺序为 u_c-u_b-u_a。相对于参考零点 R_1,三相合闸相位分别滞后 60°、90°、180°,对于 50Hz 系统,滞后的时间分别为 3.33ms、5ms、10ms。以线电压为基准信号时,假设以 u_{ab} 为基准信号,图 1-126 所示选相关合顺序为 u_a-u_c-u_b,基准零点为点 R_2,三相合闸点 D、E、F 相位分别滞后 30°、60°、150°,对于 50Hz 系统,滞后的时间分别为 1.67ms、3.33ms、8.33ms。

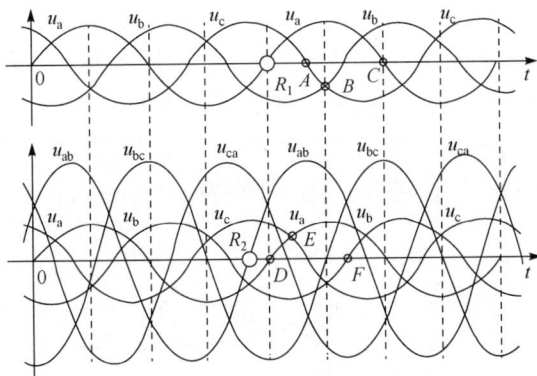

图 1-126 中性点不接地三相电容器组相控关合时序

2) 相控开断策略

根据电工理论,电压过零点与电容开断时电流过零点之间具有固定关系。对中性点不接地补偿电容器组,可采取先开断一相补偿电容器组,延时 1/4 周期后,再同时开断后两相的同步开断策略。基准信号可以选择相电压或线电压,二者具有不同的开断时序。图 1-127 为以相电压和线电压为基准信号的开断时序。以相电压为基准信号时,假设以 a 相电压 u_a 为基准信号,基准零点为点 R_1,选择首分相 i_a 在电流零点 A 处开断,第二开断相 i_b 和 i_c 在其两者电流相等时点 B 处同时开断。图 1-126 所示选相开断顺序为 i_b-

$(i_a + i_c)$，相对于基准零点 R_1，三相分闸相位分别滞后 30°、120°、120°，对于 50Hz 系统，滞后的时间分别为 1.67ms、6.67ms、6.67ms。以线电压为基准信号时，假设以 M 为基准信号，图 1-127 所示选相开断顺序为 i_b-$(i_a + i_c)$，基准零点为点 R_2，三相分闸相位分别滞后 60°、150°、150°，对于 50Hz 系统，滞后的时间分别为 3.33ms、8.33ms、8.33ms。

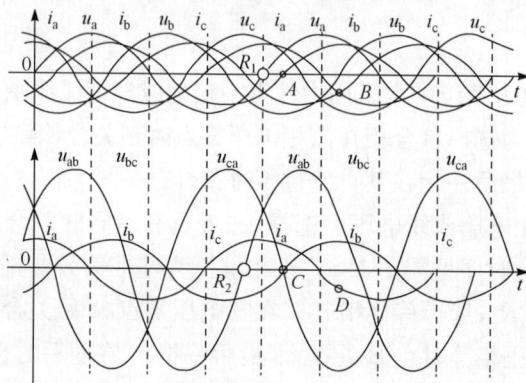

图 1-127　中性点不接地三相电容器组相控开断时序

3. 星形中性点接地方式的并联电容器组相控投切策略

1) 相控关合策略

在采用中性点直接接地方式对其进行同步关合时，由于开关每相触头间隙两端的电压为相电压，所以其关合策略与单组电容器的一样，即同步关合的最佳相位在每相电压过零时刻。一般选择相电压作为基准信号。关合时序见图 1-128，假设基准信号为 a 相电压 u_a，选相关合顺序为 u_c-u_b-u_a，相对于基准零点 R_0，三相合闸点 A、B、C 相位分别滞后 60°、120°、180°，对于 50Hz 系统，滞后的时间分别为 3.33ms、6.67ms、10ms。

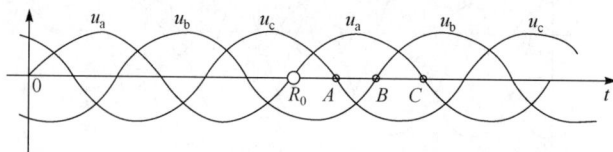

图 1-128　中性点接地三相电容器组相控关合时序

2) 相控开断策略

对中性点接地补偿电容器组，其同步开断策略与单组电容器开断策略相同。一般选择相电压作为基准信号。开断时序见图 1-129，假设基准信号为 a 相电压 u_a，选相关合顺序为 i_b-i_a-i_c，相对于基准零点 R_0，三相合闸点 A、B、C 的相位分别滞后 30°、90°、150°，对于 50Hz 系统，滞后的时间分别为 1.67ms、5ms、8.33ms。

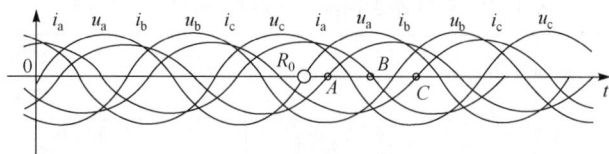

图 1-129　中性点接地三相电容器组相控开断时序

4. 三角形连接方式的并联电容器组相控投切策略

三角形连接方式主要用于低压网络，对于中压 12kV 系统，补偿容量小于 300kvar 的电容器组也可接成三角形。三角形连接方式下，每组电容器的最佳关合时刻对应线电压过零时刻，因此一般选择线电压为基准信号。三角形连接三相电容器组关合时序见图 1-130，假设基准信号为线电压 u_{ab}，选相关合顺序为 u_{ca}-u_{bc}-u_{ab}，相对于基准零点 R_0，三相合闸点 A、B、C 的相位分别滞后 60°、120°、180°，对于 50Hz 系统，滞后的时间分别为 3.33ms、6.67ms、10ms。

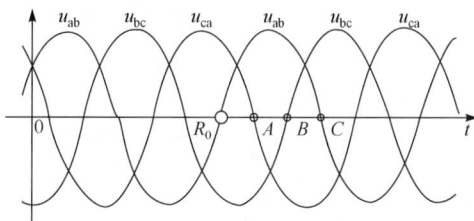

图 1-130　三角形连接三相电容器组相控关合时序

三角形连接方式下，每组电容器的最佳开断时刻对应线电流过零时刻，因此一般选择线电压为基准信号。三角形连接三相电容器组开断时序见图 1-131，假设基准信号为线电压 u_{ab}，选相关合顺序为 u_{bc}-u_{ab}-u_{ca}，相对于参考零点 R_0，三相合闸点 A、B、C 相位分别滞后 30°、90°、150°，对于 50Hz 系统，滞后的时间分别为 1.67ms、5ms、8.33ms。

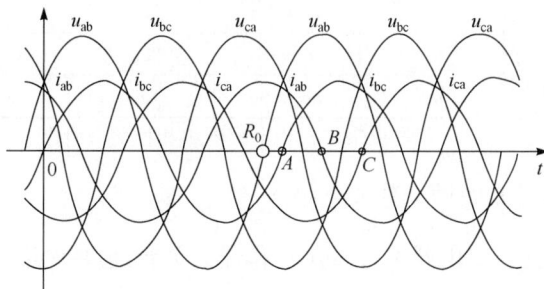

图 1-131　三角形连接三相电容器组相控开断时序

5. 并联电容器组相控投切的基准零点与延时

表 1-30 总结了电容器组相控投切距离基准零点的延时关系。

表 1-30　电容器组相控投切距离基准零点的延时

电容器组连接方式	投切方式	基准电压	关合顺序	合闸点 A 滞后时间/ms	合闸点 B 滞后时间/ms	合闸点 C 滞后时间/ms
星形中性点不接地	关合	u_a	c-b-a	10.00	5.00	3.33
		u_b	a-c-b	3.33	10.00	5.00
		u_c	b-a-c	5.00	3.33	10.00
		u_{ab}	a-c-b	1.67	8.33	3.33
		u_{bc}	b-a-c	3.33	1.67	8.33
		u_{ca}	c-b-a	8.33	3.33	1.67
	开断	u_a	b-(a+c)	6.67	1.67	6.67
		u_b	c-(b+a)	6.67	6.67	1.67
		u_c	a-(b+c)	1.67	6.67	6.67
		u_{ab}	b-(a+c)	8.33	3.33	8.33
		u_{bc}	c-(b+a)	8.33	8.33	3.33
		u_{ca}	a-(b+c)	3.33	8.33	8.33
星形中性点接地	关合	u_a	c-b-a	10.00	6.67	3.33
		u_b	a-c-b	3.33	10.00	6.67
		u_c	b-a-c	6.67	3.33	10.00
	开断	u_a	b-a-c	5.00	1.67	8.33
		u_b	c-b-a	8.33	5.00	1.67
		u_c	a-c-b	1.67	8.33	5.00
三角形连接	关合	u_{ab}	ca-bc-ab	10.00	6.67	3.33
		u_{bc}	ab-ca-bc	3.33	10.00	6.67
		u_{ca}	bc-ab-ca	6.67	3.33	10.00
	开断	u_{ab}	bc-ab-ca	5.00	1.67	8.33
		u_{bc}	ca-bc-ab	8.33	5.00	1.67
		u_{ca}	ab-ca-bc	1.67	8.33	5.00

6. 预击穿与机械分散性的最佳关合相位

开关的预击穿特性主要由开关灭弧介质和开关关合速度决定。定义 k 为关合系数，并令

$$k = E_U / (\omega U_m) \tag{1-97}$$

当 $k \geqslant 1$ 时，开关的绝缘衰减率 RDDS 总是不小于外施电压的变化率，开关可以在包括外施电压零点的整个半周期内的任意相位实现关合。由于预击穿电压不因外施电压极性的变化而改变，所以可用外施电压的绝对值来分析预击穿特性，见图 1-132。

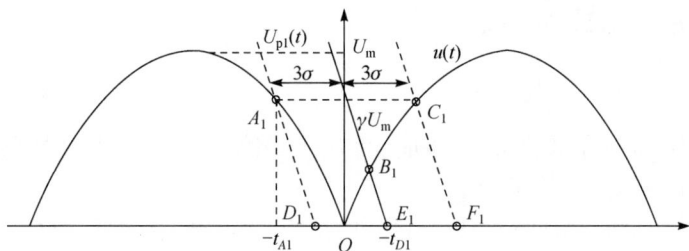

图 1-132　$k \geqslant 1$ 时最佳关合相位示意图

以电压零点 O 为原点,则外施电压可表示为

$$u(t) = \pm U_m \sin(\omega t) \tag{1-98}$$

式中,正号对应右半波,负号对应左半波。关合特性曲线与电压波形的交点 A_1、B_1、C_1 为预击穿发生位置;与时间轴的交点 D_1、E_1、F_1 为开关触头闭合位置;直线 B_1E_1 两侧的虚线为考虑开关合闸时间分散性及放电分散性的耐压特性边界线,实际合闸位置应在图 1-132 中 $D_1 \sim F_1$ 的范围内,呈标准方差为 σ 的正态分布。$k \geqslant 1$ 时的最佳目标关合相位对应的时刻为

$$t_{D1} = \frac{\gamma}{k\omega} \leqslant \frac{\sin(3\omega\sigma)}{k\omega} \tag{1-99}$$

当 $k < 1$ 时,关合特性曲线可能平移到与电压波形相切于点 A,见图 1-133。如果继续右移,则交点转到 A_2 点,此时预击穿点将出现在 A_2 右边的区域,从而 A_2 成为关合特性曲线与外施电压相交的最小相位点。在特定的机械分散性特性下,应选择 E_2 点为最佳目标关合时刻,从而保证开关合闸时间最大偏移量下的预击穿电压(对应图 1-133 中的 C_2 点)不超过预设阈值。$k < 1$ 时的最佳目标关合相位对应的时刻为

$$t_{D2} = \frac{\sin(\omega t_A)}{k\omega} - t_A + 3\sigma = \frac{\sqrt{1-k^2}}{k\omega} - \frac{\arccos k}{\omega} + 3\sigma \tag{1-100}$$

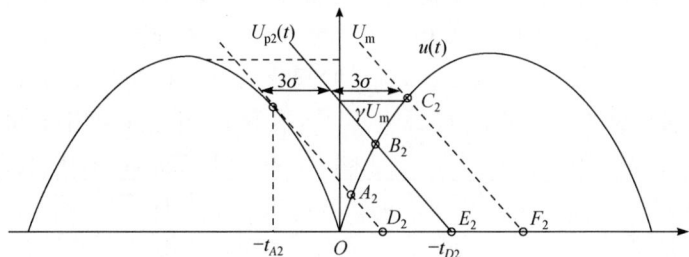

图 1-133　$k < 1$ 时最佳关合相位示意图

7. 预燃弧时间与最佳分断相位

选相分闸时,通过控制开关的分闸相位获得较长的燃弧时间,就可以在电流过零、电弧熄灭时获得较大的触头开距与介质恢复强度,从而有效地避免了重燃与重击穿过电压。最佳分断相位即处于电弧熄灭,触头间距能承受系统暂态恢复电压的区间范围。

(四) 相控并联电抗器组的控制技术

1. 感性负载操作过电压原理

空载变压器、电抗器及空载电动机等都属于感性负载,对这些感性负载的操作过程中,可能会产生幅值较高的过电压。

当在电压最大值时刻合闸时,磁通的瞬时值为零,不会发生过渡过程。当在电压零值时刻合闸时,磁通为最大值,过渡过程最剧烈。这是铁心中没有剩磁的情况,若铁心中有剩磁,那么过电压幅值会更大。

开断感性负载时,电流的电弧可能在自然过零前强制熄灭,甚至电流在接近幅值时被突然截断,截流是产生开断感性负载过电压的根本原因。

2. 并联电抗器相控关合策略

电抗器的铁心类型、绕组方式(Y 或 △ 连接)以及接地条件都会影响相控投切的时序。相控投切三相电抗器的系统结构见图 1-134。L 为电源侧电抗,L_a、L_b、L_c 分别为每相电抗,L_g 为中性点与地之间的电抗,为 0 时表示直接接地,为 $+\infty$ 时表示不接地。

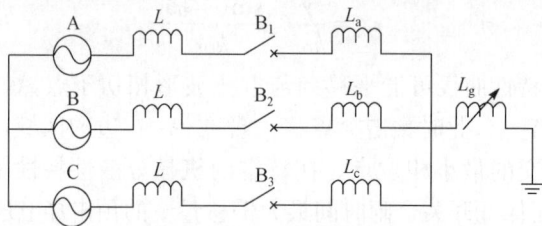

图 1-134 相控投切三相电抗器的系统结构示意图

并联电抗器各相的最佳关合相位是在开关两端电压峰值时刻,并与接地电抗 L_g、RDDS 及机械分散性密切相关。不考虑其他因素的关合策略为 a、b、c 三相分别在电压峰值处关合,假设首合相为 A 相,以 A 相电压过零点为基准零点,关合顺序为 A-C-B 相,分别延迟 90°、150°、210°,对于 50Hz 系统,延迟时间分别为 5ms、8.33ms、11.67ms。

考虑接地电抗、RDDS 及机械分散性的影响,假设 A 相为首合相,开关两端电压只与系统稳态电压有关,不受中心点电抗器的影响。C 相为第二关合相,中性点电抗器的电压对 C 相开关两端电压峰值时刻产生了影响。最后关合相为 B 相,该相开关断口电压峰值时刻也受到影响。设电源电压峰值为 U_m,$m = L/L_g$,以 A 相电压过零点为基准原点,考虑先关合相的影响,可得三相开关两端电压分别为

$$\begin{cases} u_a(t) = U_m \sin(\omega t) \\ u_b(t) = U_m \left[-\left(\dfrac{1}{2} + \dfrac{1}{m+1} \right) \sin(\omega t) + \dfrac{\sqrt{3}}{2} \cos(\omega t) \right] \\ u_c(t) = U_m \left\{ \sin\left(\omega t - \dfrac{2\pi}{3} \right) - \dfrac{1}{m+2} \left[\sin(\omega t) + \sin\left(\omega t + \dfrac{2\pi}{3} \right) \right] \right\} \end{cases} \tag{1-101}$$

分别对上面 3 个电压表达式求最大值，可得三相开关最佳关合时刻分别为

$$
\begin{cases}
\omega t_{\mathrm{a}} = \dfrac{\pi}{2} \\[3mm]
\omega t_{\mathrm{b}} = \arctan\left(-\dfrac{1+\dfrac{1}{1+m}}{\sqrt{3}}\right) \\[3mm]
\omega t_{\mathrm{c}} = \dfrac{7\pi}{6}
\end{cases}
\tag{1-102}
$$

$$
U_{\mathrm{c}}(t_{\mathrm{c}}) = U_{\mathrm{m}}\left(1 + \dfrac{1}{m+2}\right)
\tag{1-103}
$$

可知，C 相电压的最佳关合相位始终为 $7\pi/6$，只有其峰值随着 m 变化。

考虑预击穿、RDDS 与机械分散性（ΔT）的影响时，可得三相实际最佳关合时刻为

$$
\begin{cases}
t_{\mathrm{a}}' = \dfrac{T}{4} + \dfrac{\cos(\omega \cdot \Delta T)}{\omega K} \\[3mm]
t_{\mathrm{b}}' = t_{\mathrm{b}} + \dfrac{U_{\mathrm{b}}(t_{\mathrm{b}})\cos(\omega \cdot \Delta T)}{\omega K U_{\mathrm{m}}} \\[3mm]
t_{\mathrm{c}}' = \dfrac{7T}{12} + \dfrac{U_{\mathrm{c}}(t_{\mathrm{c}})\cos(\omega \cdot \Delta T)}{\omega K U_{\mathrm{m}}}
\end{cases}
\tag{1-104}
$$

式中，T——系统周期；

K——关合系数。

3. 并联电抗器相控分断策略

最佳关合相位的确定是为了减少截流或复燃引起的过电压。因为通常复燃过电压比截流过电压严重，所以必须使得触头分离和随后电流过零之间的时间间隔大于开关的最小燃弧时间。又因为每相的电流过零预期需要用来确定触头分离时刻，所以也需要考虑中性点电抗器的影响。如图 1-134 所示，假设首合相为 A 相，A 相电流过零点可由正常电流波形预测，不受中性点电抗器的影响。A 相分断后，对 L_{g} 上的电压产生影响，进而使 C 相电流过零点发生改变，C 相开关分断瞬间电抗器 L 上的电压为

$$
U_L(t) = \sin\left(\omega t + \dfrac{2\pi}{3}\right) - \dfrac{1}{m+2}\left[\sin\left(\omega t + \dfrac{2\pi}{3}\right) + \sin\left(\omega t - \dfrac{2\pi}{3}\right)\right]
\tag{1-105}
$$

从而推得电流过零相位为

$$
\omega t = \arctan\left(-\dfrac{\sqrt{3}m}{m+2}\right)
\tag{1-106}
$$

以 A 相电压零点为参考点，A 相电流过零点滞后参考零点 $90°$，C 相在电流过零点附近区间，最后 B 相在过零点开断。如果中性点不接地，则 B 和 C 两相应同时分断。

八、柔性分合闸的电磁兼容技术

(一) 电磁兼容技术与电磁干扰的危害

1. 电磁兼容技术

电磁兼容是指电气、电子设备或系统的一种工作状态,在这种状态下,不会因内部或彼此间存在的电磁干扰而影响其正常工作。

电磁兼容性是指电气、电子设备或系统在预期的电磁环境中,按设计要求正常工作的能力,是电气、电子设备或系统一种重要的技术性能。一个系统的电磁兼容性体现在两方面:一方面,设备或系统必须以整体电磁环境为依据,要求每个用电设备不产生超过一定限度的电磁发射,即不会产生使处于同一电磁环境中的其他设备或系统出现超过规定限度的工作性能降低的电磁干扰;另一方面,要求具有一定的抵抗给定电磁干扰的能力,并且有一定的安全裕量,即不会因受到处于同一电磁环境中的其他设备或系统发射的电磁干扰而产生不允许的工作性能降低。

2. 电磁干扰的危害

电磁干扰的频谱很宽,可以覆盖 $0\sim40GHz$ 频率范围,是电磁污染,产生如下危害。

(1) 使电气、电子设备或系统的工作性能偏离预期的指标或使工作性能出现不希望的偏差,即工作性能发生"降级"。

(2) 严重的,使电气、电子设备或系统失灵或导致使用寿命缩短,或使性能发生不允许的永久性下降。

(3) 更严重的,是使电气、电子设备或系统被不可修复性地毁坏。

对于基于柔性分合闸技术的中压交流真空开关设备,电磁干扰可能产生如下危害。

(1) 可能使测量出现偏差,降低柔性分合闸性能。

(2) 严重的,不能实现柔性分合闸,进而出现分合闸误动或拒动。

(3) 更严重的,是使设备中的元器件(特别是其中的微电子器件)和部件(特别是自动控制部件)损坏。

基于柔性分合闸技术的中压交流真空开关设备作为电网中的关键和重要设备,这三种情况均会破坏电网的正常运行,产生严重后果,因此其应有良好电磁兼容性能,杜绝这些情况发生。

(二) 电磁干扰的类型和主要电磁干扰源

1. 电磁干扰源的类型

产生电磁干扰的源头很多,可分为自然干扰源和人为干扰源两大类,各大类中又有很多小类,如图 1-135 所示。

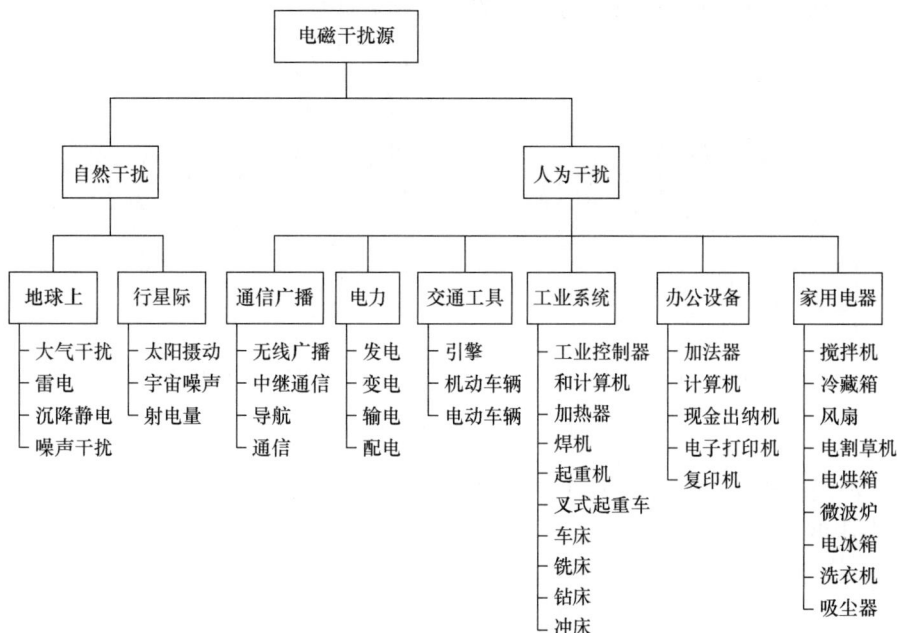

图 1-135　电磁干扰源分类

2. 主要电磁干扰源

基于柔性分合闸技术的中压交流真空开关设备所受电磁干扰主要为自然干扰中的雷电干扰和人为干扰中的输电、变电、配电干扰(电力干扰)。雷电干扰和电力干扰是所有干扰中强度最大的干扰。电力干扰包括高电压、大电流高低电平变化和工频稳态干扰及电快速瞬变、电涌、电力谐波等瞬态干扰,相对于其他干扰,这些干扰具有最大的干扰能量。

基于柔性分合闸技术的中压交流真空开关设备中有一次部件和二次部件,一次部件是不会受到电磁干扰影响的,但产生电磁干扰,二次部件易受电磁干扰影响。由于一次部件和二次部件在基于柔性分合闸技术的中压交流真空开关设备中结合在一起,相对于常规一次装置和二次装置,靠得很近,因此二次部件受到的电磁干扰十分严重,而且其来源是不可分离的共同组成设备的部分,该电磁兼容性应属于电磁自兼容性。

基于柔性分合闸技术的中压交流真空开关设备所受电磁干扰主要有电快速瞬变脉冲群(EFT)干扰、阻尼振荡波干扰和浪涌冲击电压干扰三种形式。

(1)电快速瞬变脉冲群干扰。电快速瞬变脉冲群干扰主要是由切换感性负载引起的,该切换瞬变通常是快速瞬变。图 1-136 是电快速瞬变脉冲群波形。

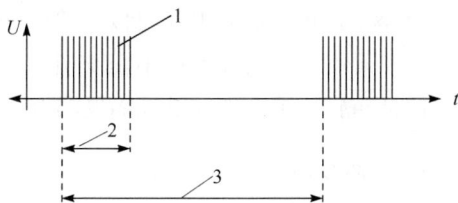

(2)阻尼振荡波干扰。阻尼振荡波干扰是高、中压变电站的绝缘体切换情况下发生的,在开关的合、分闸操作过程中将会引起瞬

图 1-136　电快速瞬变脉冲干扰波形示意图
1-脉冲群重复频率 5.0/2.5kHz;2-脉冲群
持续时间 15ms;3-脉冲群周期 30ms

态陡波,其时间为几十纳秒。图 1-137 是阻尼振荡波波形。

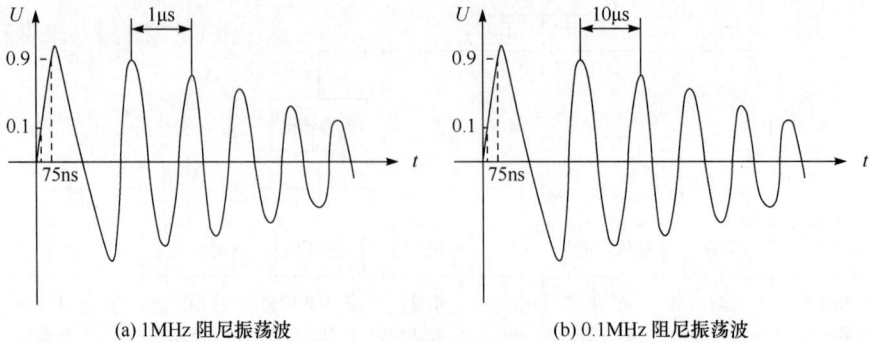

(a) 1MHz 阻尼振荡波   (b) 0.1MHz 阻尼振荡波

图 1-137　阻尼振荡波波形

（3）浪涌冲击电压干扰。闪电、投切并联电容器等会产生浪涌冲击电压。图 1-138 是冲击电压波波形。

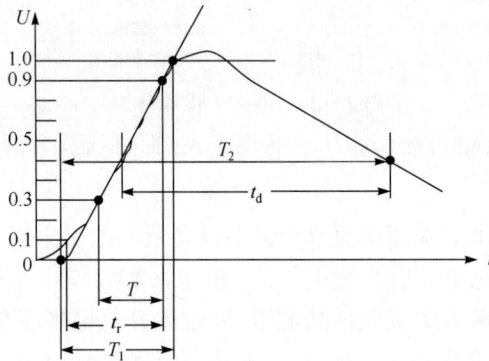

图 1-138　冲击电压波波形

$T_1=1.67T=1.2(1\pm30\%)\mu s;T_2=50(1\pm20\%)\mu s;T=0.72(1\pm30\%)\mu s;t_d=50(1\pm20\%)\mu s;t_r=1(1\pm20\%)\mu s$

（三）电磁兼容控制策略

基于柔性分合闸技术的中压交流真空开关设备的电磁兼容性控制极为重要,同时极为复杂,不能就某些干扰给予就事论事的解决,而应着眼全局确定电磁兼容控制的总体策略,采取主动预防、整体规划和"对抗"与"疏导"相结合的方针。

基于柔性分合闸技术的中压交流真空开关设备的电磁兼容控制策略可以从空间分离、时间分隔、频域管理和电气隔离四方面进行研究和实施。

1. 空间分离

空间分离是对空间辐射干扰和感应耦合干扰的有效控制方法。通过加大干扰源和接收设备之间的空间距离,使干扰电磁场在到达接收设备时其强度已衰减到最小限度,达到抑制干扰的目的。根据电磁场的特性,在近区感应场中,场强分布按 $1/r^3$ 衰减,远区辐射

场的场强分布按 $1/r$ 减小。因此,加大干扰源与接收电路的距离,实质上是利用电磁场特性实现抑制电磁干扰的最有效的基本方法。

空间分离的典型应用是在系统布局时把容易相互干扰的设备尽量安排得距离远一些;在导线布线中,限制平行线间的最小间距;在印制板布线规则中,规定线间的最小间隔等。

空间分离的应用还包含在空间有限的情况下两对辐射方向的方位调整和干扰电场矢量、磁场矢量在空间相位的控制。

2. 时间分隔

当干扰非常强不易加以抑制时,通常采用时间分隔的方法,使有用信号传输设计在干扰信号停止发射的时间内进行,或者当强干扰信号发射时,使易受干扰的敏感设备短时关闭,以避免遭受损害,这种方法称为时间分隔控制或时间回避控制。采用时间分隔控制有两种形式:一种是主动时间分隔;另一种是被动时间分隔。

在有用信号出现时间与干扰信号出现时间有确定的先后关系的情况下,采用主动时间分隔法。如干扰信号出现在 $t_1 \sim t$ 时间内,则有用信号在 t_1 时间之前出现,此时提前发送有用信号,或者加快有用信号的传输速度,使有用信号赶在干扰信号出现之前尽快传输完毕。如果有用信号出现在干扰信号之后,可采用延迟发射电路使干扰信号通过之后,再使有用信号发射,这样就可以使接收信号的设备在时间上将干扰信号与有用信号区分开来,达到剔除干扰信号的目的。

主动时间分隔法是按照干扰信号时间特性与有用信号时间特性之间的内在规律设计的控制干扰方法。

被动时间分隔法是利用干扰信号或有用信号出现的特征使其中某一信号迅速关闭,从而达到时间上不重合、不覆盖的控制要求。如果干扰信号是阵发性的,而有用信号出现时间又是不能预先确定的,这样两个信号就不能确定干扰的出现时间,只能由其中一个来控制另一个,使之分隔。

3. 频率管理

任何信号(包括有用信号和干扰信号)都是由一定的频率分量组成的,利用系统的频谱特性将需要的频率分量全部接收,将干扰的频率分量加以剔除,这就是利用频率特性来控制电磁干扰的指导思想。在这个原则下形成了很多具体的方法,如频谱管制、滤波、调制等。

1) 频谱管制

为了防止电磁信号相互干扰,人们把频谱资源进行了分配和管理,这就可以减少有意发射电磁波的相互干扰。例如,将频谱分成许多频段,不同用途的电磁波只能在自己的频段内工作和传播。

频谱管制方法对于无意发射的电磁干扰不适用,因为无意发射的电磁干扰中的干扰频率分量不能由人工来指定。

2）滤波

滤波技术是一种常用的控制电磁干扰的措施,滤波的实质是将信号频谱划分成有用频率分量和干扰频率分量两段,剔除干扰部分。

当有用信号中含有干扰信号并且能够确定有用信号和干扰信号占据频谱的分量时,可采用滤波方法使干扰信号频率分量得以剔除和抑制,从而保留有用信号的频率分量。滤波技术不仅常见于控制电源中的传导干扰,而且应用于辐射信号传播中控制天线的接收信号分量。根据滤波器的频率特性可以分为下列几类。

（1）低通滤波器:只通过低频信号有用成分,抑制或削弱高于截止频率的高频信号成分。

（2）高通滤波器:只通过高频信号有用成分,剔除截止频率以下的低频信号成分。

（3）带通滤波器:只通过某一频带宽度的频率成分,低于或高于带宽的频率信号成分均加以抑制或衰减。

（4）带阻滤波器:只抑制一定频率宽度范围内的频率成分,带宽以外的频率信号成分都可以通过。

3）调制

通常在长距离信号传输过程中容易引入干扰,而且这种干扰的频谱较宽,频域范围难以确定,为提高信号传输质量,可以采用调制方法。

调制就是用待传输的信号控制高频载波的幅度、频率等参数。调制后的信号具有较高的频率,既便于发送,又能防止引入干扰。

4. 电气隔离

电气隔离是避免电路中干扰信号传导的可靠方法,同时能使有用信号正常耦合传递。常见的电气隔离方式有机械耦合、电磁耦合、光电耦合。

机械耦合是采用电气-机械的方法,如继电器将线圈回路和触点控制回路隔离开来,成为两个电路参数不相关联的回路,实现了电气隔离,而控制指令却能通过继电器动作从一个回路传递到另一个回路中。

电磁耦合是采用电磁感应原理,如变压器内初级电流产生磁通,磁通再产生次级电压,使初级回路与次级回路在电气上隔离,而电信号或电能却能由初级传递到次级,这就使初级回路中的干扰不能由电路直接进入次级回路。

变压器是电源中抑制传导干扰最基本的方法,常用的电源隔离变压器有屏蔽隔离变压器、铁磁谐振隔离变压器等。变压器还在信号传递回路中起到耦合和隔离作用,变压器隔离电路如图 1-139 所示。

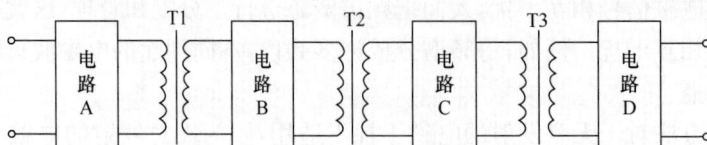

图 1-139　变压器隔离电路

光电耦合是采用半导体光电耦合器件进行电气隔离的方法。图 1-140 是包含光电耦合器件的隔离放大器原理图。

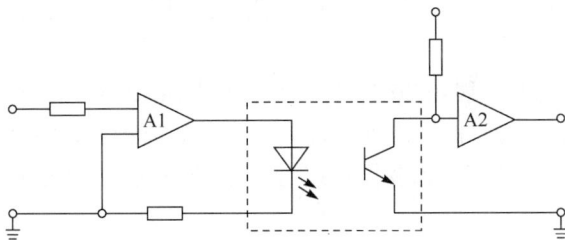

图 1-140　光电耦合隔离放大电路

输入信号经过运算放大器 A1,使通过光电耦合器件中发光二极管的电流相应变化,发光二极管将电信号转换成光信号,传递到光电耦合器件的接收部分,光敏三极管的基极使三极管输出相应变化,再经 A2 放大成为输出信号。这样,输入回路与输出回路电气上完全隔离,使输入回路中的干扰信号不能直接从电路上进入输出回路。

除了以上三种隔离原理外,在电源供电系统中还经常采用 DC/DC 变换器进行隔离,在一些场合还用电动-发电机组进行电源隔离。

DC/DC 变换器是直流电源的隔离器件,将直流电压 U_1 变换成直流电压 U_2,输出电压 U_2 可以等于输入电压 U_1,也可小于或大于输入电压 U_1。为了防止多个设备共用一个电源引起共电源内阻干扰,应用 DC/DC 变换器单独对各电路供电,可以保证电路不受电源中的信号干扰。DC/DC 变换器是应用逆变原理将直流电压变换成高频交流电压,再经整流滤波处理,得到所需的直流电压,成为一个完整器件,应用广泛。

(四) 电磁兼容控制技术

基于柔性分合闸技术的中压交流真空开关设备的电磁兼容控制的关键在于有效地控制电磁干扰,只有掌握电磁干扰的抑制技术,并在设计、生产过程中合理运用,才能实现电磁兼容。要有效地控制电磁干扰,实现电磁兼容,可以采用多种技术和工艺。但是由于基于柔性分合闸技术的中压交流真空开关设备电磁兼容的复杂性,可以说没有一项技术或措施可以解决所有的干扰问题。在研制过程中,为解决一个单一的电磁干扰问题常常需要采取多种措施,如滤波、屏蔽、接地、搭接等。

1. 滤波技术

滤波是指从混有噪声或干扰的信号中提取有用信号分量的一种技术,滤波技术的基本作用是选择信号和抑制干扰,为实现这两个功能而设计的电路网络称为滤波器。从经典的滤波理论发展起来的各种滤波器是由一些集不同参数的电阻、电感和电容构成的一种电路网络。

在电磁兼容领域,采用滤波器可以抑制与有用信号频率不同成分的干扰,显著减小干扰电平。因此,无论利用滤波器来抑制干扰源还是消除干扰耦合,都是抑制干扰的有效手段。

1) 滤波器的分类

滤波器的种类很多,从不同的角度可分为不同的类别。

(1) 按滤波器的频率特性,滤波器可以分为低通滤波器、高通滤波器、带通滤波器和带阻滤波器。

(2) 按滤波器的滤波机理,滤波器可以分为反射型滤波器和吸收型滤波器。

(3) 按滤波器的工作条件,滤波器可以分为有源滤波器和无源滤波器。

(4) 按滤波器的使用场合,滤波器可以分为电源滤波器、信号输入滤波器、控制输出滤波器。

(5) 按滤波器的应用特点,滤波器可以分为信号选择滤波器和电磁干扰滤波器。

以下仅从抗干扰角度讨论电磁干扰滤波器,即 EMI 滤波器。电磁干扰滤波器是以能够有效抑制电磁干扰为目标的滤波器,而信号选择滤波器的基本要求是有效去除不需要的信号分量,同时对被选择信号的幅度相位影响最小。

2) 滤波器的频率特性

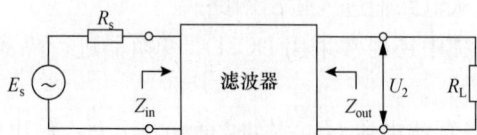

图 1-141　滤波器等效原理图

滤波器是由一些集中参数的电阻、电感和电容或由分布参数构成的能够实现滤波功能的电路网络,可以将其等效为一个四端网络,如图 1-141 所示。图中,Z_{in} 为滤波器输入端口的等效阻抗;Z_{out} 为滤波器输出端口的等效阻抗。

滤波器的性能特点可以用其性能参数来描述,如额定电压、额定电流、插入损耗(又称衰减)、截止频率、工作温度、可靠性等。其中,插入损耗是描述滤波器性能的最主要参数。

插入损耗 L_{in}(dB)的定义为

$$L_{in}=20\lg\frac{U_2}{U_1} \tag{1-107}$$

式中,U_1——信号源通过滤波器在负载阻抗上建立的电压;

U_2——不接滤波器时信号源在同一负载阻抗上建立的电压。

插入损耗的大小是随频率的不同而变化的,通常把插入损耗随频率变化的曲线称为滤波器的频率特性。图 1-142 分别给出了低通滤波器、高通滤波器、带通滤波器和带阻滤波器的频率特性曲线。

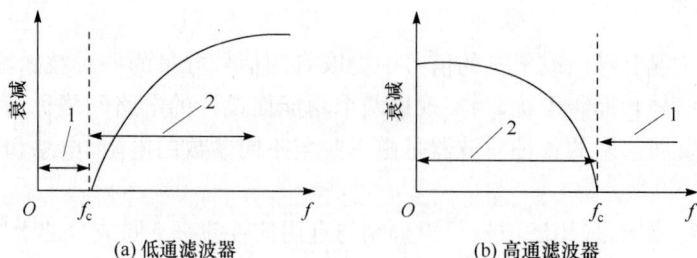

(a) 低通滤波器　　　　(b) 高通滤波器

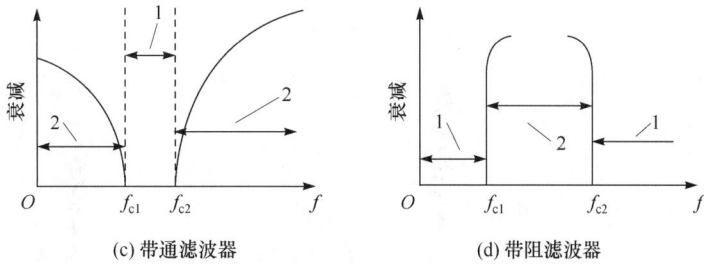

图 1-142　滤波器的频率特性曲线
1-通带；2-阻带

3）电磁干扰滤波器的特点

与常规滤波器相比，电磁干扰滤波器的特点如下。

（1）阻抗不匹配。电磁干扰滤波器往往工作在阻抗不匹配的条件下，干扰源和负载的阻抗特性均随频率变化而变化，而且变化范围很大。

（2）饱和效应。干扰源的电平变化幅度很大，可能使电磁干扰滤波器出现饱和效应。

（3）特性复杂、实现困难。干扰的频率范围由赫兹级到吉赫兹级，尤其是高频特性非常复杂，因此实现困难。

电磁干扰滤波器应满足以下要求。

（1）使用方便。电磁干扰滤波器应具有足够的机械强度、安装方便、重量轻、体积小及结构简单等优点。

（2）可靠性高。作为电磁干扰防护用的滤波器，其故障往往较其他单元的故障更难寻找，因此其可靠性要求应更高。

2. 屏蔽技术

屏蔽技术是实际工程应用中广泛采用的抑制电磁干扰的有效方法之一。

1）屏蔽作用与屏蔽效能

屏蔽是指用导电或导磁体的封闭面将其内外两侧空间进行的电磁能隔离，即屏蔽是利用屏蔽体来阻挡或减小电磁能传输的一种技术。屏蔽体可以做成板式、网状式或者金属编织带式，其材料可以是导电的、导磁的，也可以是带有非金属吸收材料的。屏蔽有以下两方面的作用。

（1）限制内部辐射的电磁能量泄漏出该区域内部。

（2）防止外来的辐射干扰进入某一区域。

屏蔽时对电磁能量的抑制效果称为屏蔽效能或屏蔽插入衰减，单位是 dB。令空间某点在没有屏蔽时的场强为 E_o 或 H_o，设置屏蔽后该点的场强为 E_i 或 H_i，于是屏蔽效能 S 为

$$S = 20\lg \frac{E_o}{E_i} \tag{1-108}$$

或

$$S = 20\lg \frac{H_o}{H_i} \qquad (1\text{-}109)$$

屏蔽效能是频率和材料电磁参数的函数。另外,材料的厚度和屏蔽体的连接对屏蔽效能有显著影响。

2) 屏蔽分类

屏蔽的分类方法有多种,根据频率和作用机理不同,屏蔽分为以下几种。

(1) 直流磁场屏蔽。直流磁场屏蔽的屏蔽效能取决于屏蔽材料的导磁系数 μ_0。

(2) 地磁屏蔽。地磁场接近于直流磁场,但实际上是在 $20\sim 50\text{Hz}$ 频率范围内漂动,因此对地磁屏蔽可看成对叠加有交流场的直流磁场屏蔽。

(3) 低频磁场屏蔽。从狭义角度来讲,低频磁场屏蔽是指甚低频(VLF)和极低频(ELF)磁场屏蔽。主要屏蔽机理是利用高导磁材料具有低磁阻的特性,使磁场尽可能通过磁阻很小的屏蔽壳体,而尽量不扩散到外部空间,屏蔽壳体对磁场起磁分路作用,其屏蔽效能主要取决于屏蔽材料的导磁系数 μ_0,随着频率的增加,材料的电导率 σ 也起一定作用。

(4) 电磁屏蔽。从广义上讲,所有屏蔽均属电磁屏蔽,但从狭义上讲,电磁屏蔽是指从几千赫兹到数十吉赫兹频率范围的屏蔽。电磁屏蔽的机理是电磁感应现象,在外界交变电磁场的作用下,通过电磁感应屏蔽壳体内产生感应电流,而感应电流在屏蔽空间又产生了与外界电磁场方向相反的电磁场,从而抵消了外界电磁场,产生屏蔽效果,因此电磁屏蔽较适用于高频,而低频时感应电流小,屏蔽效果较差。电磁屏蔽应保证屏蔽壳体各部分具有良好的电气连续,使感应电流能在壳体中畅通,以便产生足够大的感应电磁场来抵消外界电磁场,否则将影响屏蔽效果。

(5) 静电屏蔽。静电屏蔽用来防止静电耦合产生的感应,屏蔽壳体采用高电导率材料并良好接地,以隔断两个电路之间的分布电容耦合,达到屏蔽作用。静电屏蔽的屏蔽壳体必须接地。

3. 接地技术

接地是抑制电磁干扰、保证设备电磁兼容性、提高其可靠性的一种重要手段。正确的接地既能抑制干扰影响,又能抑制设备向外发射干扰;反之,错误的接地会引入严重干扰,甚至使机载设备无法正常工作。

1) 接地的定义与分类

接地是指在两点间建立导电的通路,把系统中的电子元器件互相连接起来,或把它们同时与某个称为"地"的参考点连接起来。

基于柔性分合闸技术的中压交流真空开关设备中的"地"有两种:大地、系统基准地。

接"大地"就是以地球的电位作为基准,并以大地作为零电位,把设备的金属外壳、线路选定点等通过接地线之类的接地装置与大地相连接(对设备而言,大地通常是指机体)。

"系统基准地"是指信号回路的基准导体(设备常以金属机壳、底座、铜带、粗铜线等作为基准导体),并设该基准导体电位为相对零电位,简称系统地,此时的接地就是指线路选定点

与基准导体间的连接。

基于柔性分合闸技术的中压交流真空开关设备的接地,按其作用又可以分为安全接地和信号接地两大类。

安全接地就是采用低阻抗的导体将用电设备的外壳连接到大地上,使操作人员不致因设备外壳漏电或故障放电而发生触电危险。

信号接地就是通过信号地为电流回流到信号源提供一个低阻抗通路。信号接地的目的除了用于防止内部高压回路与外壳相连以保证工作安全外,更重要的是为设备内部提供一个作为电位基准的理想导体作为接地面,以保证设备的工作稳定。

理想的基准导体(或称接地平面)是一个零电位、零阻抗的物理实体,可以作为各有关电路中所有信号电平的参考点,并且任何电流通过都不产生电压降。一个理想的接地平面,可以为系统中任何位置的电信号提供公共的电位参考点。或者说,在一个系统中,各个理想接地点之间不存在任何电位差。

理想的接地平面实际上是不存在的,因为即使电阻率接近零的超导体,其表面两点之间渡越时间的延迟也会呈现出某种电抗效应,所以理想的接地平面只是近似的。即使如此,这个概念仍然是很有用的,因为接地平面以及接到接地平面的接地线的实际电阻和电抗的数值,对设计要求兼容的电路和系统有重要影响。

一个接地系统的接地效果取决于系统中两点之间可能存在的电位差及通过该系统的电流大小。一个好的“地”,其电位与线路中任何功能部分的电位比较,都应可以忽略不计。

2) 信号接地

信号接地分为悬浮接地(简称浮地)、单点接地、多点接地和混合接地。

(1) 浮地。浮地是指设备地线在电气上与大地相绝缘,通过将电路或设备与公共地或可能引起环流的公共导线隔离开,以免除地线中存在的噪声电流耦合环,不让其在信号电路中流动,减小由地电流引起的电磁干扰。

(2) 单点接地。单点接地是指在一个线路中,只有一个物理点被定义为接地参考点,其余各个需要接地的点都直接接到这一点上。

(3) 多点接地。多点接地是指某一个系统中各个接地点都直接接到距其最近的接地平面上,以使接地引线的长度最短。这里说的接地平面可以是设备的底板,也可以是贯通整个系统的接地导线,在比较大的系统中还可以是设备的结构框架等。此外,如果可能,还可以用一个大型导电物体作为整个系统的公共地。

(4) 混合接地。混合接地是指单点接地和多点接地方式的组合,具体地讲,就是在低频情况下采用单点接地,而将那些只需高频接地的点利用旁路电容和接地平面连接起来。但在使用中应尽量防止出现旁路电容和引线电感构成的谐振现象。

单点接地的应用频率范围一般为300kHz以下,在有些场合也可用在3MHz以下;多点接地的应用频率范围一般为300kHz以上,但在很多场合其使用频率范围为500kHz～30MHz;单点和多点的混合接地应用频率范围为50kHz～10MHz。

4. 搭接技术

搭接是指两个金属物体之间通过机械或化学方法实现结构连接,以建立一条稳定的低阻抗电气通路的工艺过程。任何电气、电子系统中,无论一个小部件还是整套设备都需要在金属体之间进行相互搭接,以便提供电源和信号的回路。

1) 搭接目的

搭接的目的是在两个金属间建立低阻抗的电流通路,以避免在相互连接的两个金属间形成电位差。通过搭接可以降低机箱和系统壳体上的射频感应电势,防止静电荷的积聚,实现对射频干扰的抑制,保证系统电气性能的稳定,同时能够有效防止雷电放电的危害,保护设备和人身安全。

搭接技术应用于各种设备的金属机箱之间、设备机箱到接地平面之间、信号回路到地线和电缆屏蔽层到地线之间,也应用于接地平面与连接大地的地网和地桩之间、屏蔽体与大地之间。可以说,搭接使滤波、屏蔽等设计目标得以实现。

2) 搭接分类

搭接有着各种不同的分类方法,从搭接的方法上可分为永久性搭接和半永久性搭接两种,从搭接的形式上可分为直接搭接和间接搭接。

永久性搭接是利用两种结构铆接、熔焊、锡焊、压接等工艺方法,将两种金属物体保持固定的连接。在装备的全寿命期内应保持固定的安装位置,不要求拆卸进行检查、维修。永久性搭接在预定的寿命期内应具有稳定的低阻抗电气性能。

半永久性搭接是利用螺栓、螺钉、销键紧固装置等辅助零件使两种金属物体连接的方法。在需要进行检查、维修和替换部件的情况下,应采用半永久性搭接。

直接搭接是在互连的物体之间不使用辅助导体而直接由两种物体特定部位表面接触,建立一条导电良好的电气通路。一般通过焊接工艺在接合处建立起一种熔接的金属搭接,或者利用螺栓、铆钉在搭接表面间保持强大的压力来获得电气连续性。

间接搭接是利用中间过渡导体(搭接条或搭接片)把需搭接的两个金属构件连接在一起。在实际工程中,有许多场合需要使两种互连的物体在空间位置上必须分离或者保持相对运动,这就妨碍了直接搭接方式的实现,此时就需要采用间接搭接方式。

Chapter 2

第二章

基于柔性分合闸技术的
现代电力中压交流真空接触器设备

第一节　综　　述

一、组成与形状

　　TDS 系列智能集成中压交流真空接触器(以下简称产品)是基于柔性分合闸技术的现代电力中压交流真空接触器,由本体和前置器组成。使用时本体安装在一次回路中,前置器安装在便于观察、操作的安全的地方,二者之间采用光纤进行通信,在电气上相互隔离,如图 2-1 所示。

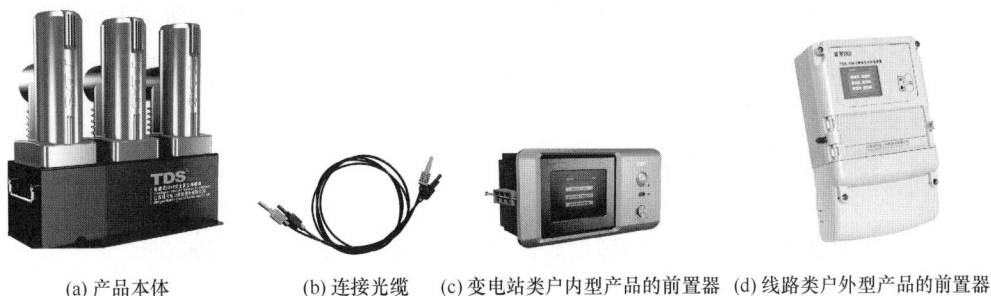

(a) 产品本体　　　　(b) 连接光缆　　(c) 变电站类户内型产品的前置器　(d) 线路类户外型产品的前置器

图 2-1　产品(12kV,630A)的组成

　　产品前面、后面、侧面的形状如图 2-2 所示。

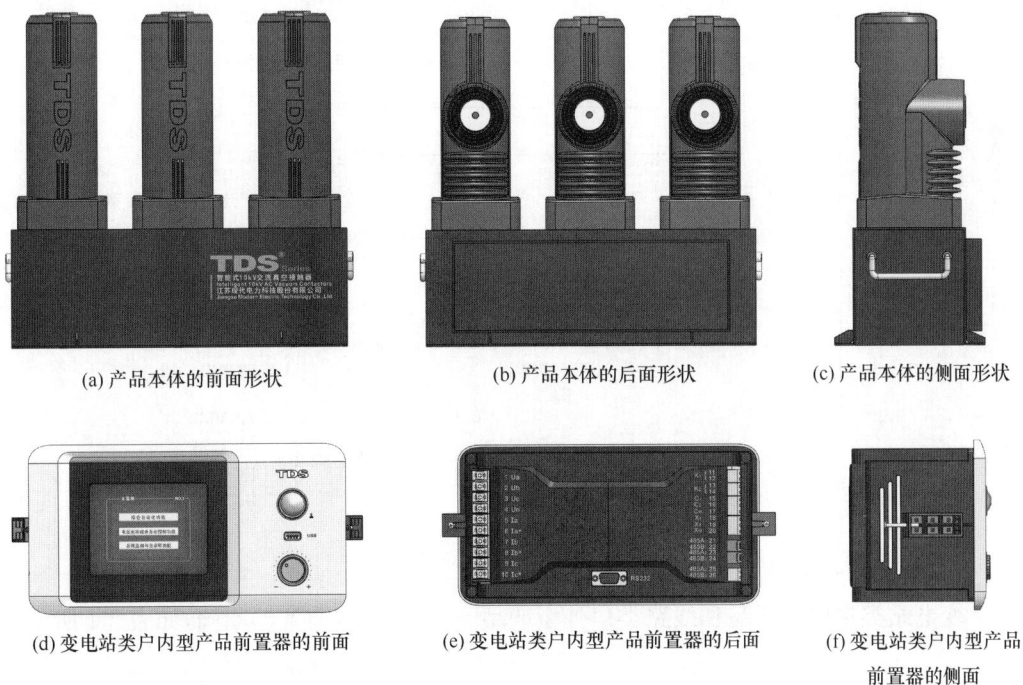

(a) 产品本体的前面形状　　　　　　(b) 产品本体的后面形状　　　　　　(c) 产品本体的侧面形状

(d) 变电站类户内型产品前置器的前面　　(e) 变电站类户内型产品前置器的后面　　(f) 变电站类户内型产品
　　　　　　　　　　　　　　　　　　　　　　　　　　　　　　　　　　　　　　　前置器的侧面

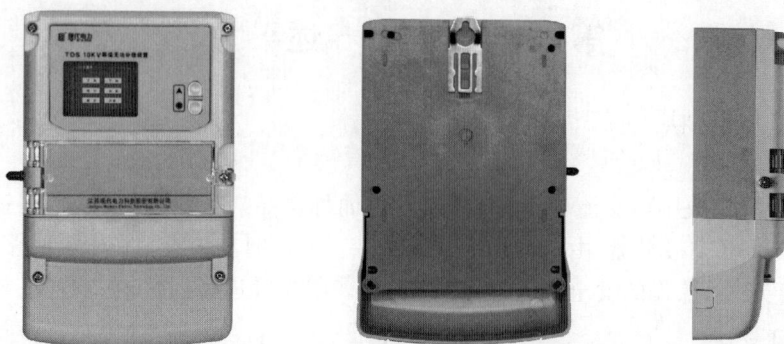

(g) 线路类户外型产品前置器的前面　　(h) 线路类户外型产品前置器的后面　　(i) 线路类户外型产品前置器的侧面

图 2-2　产品（12kV,630A）的形状

二、型号与类型规格

产品有企业型号，能比较全面地反映产品的类型规格，如图 2-3 所示。

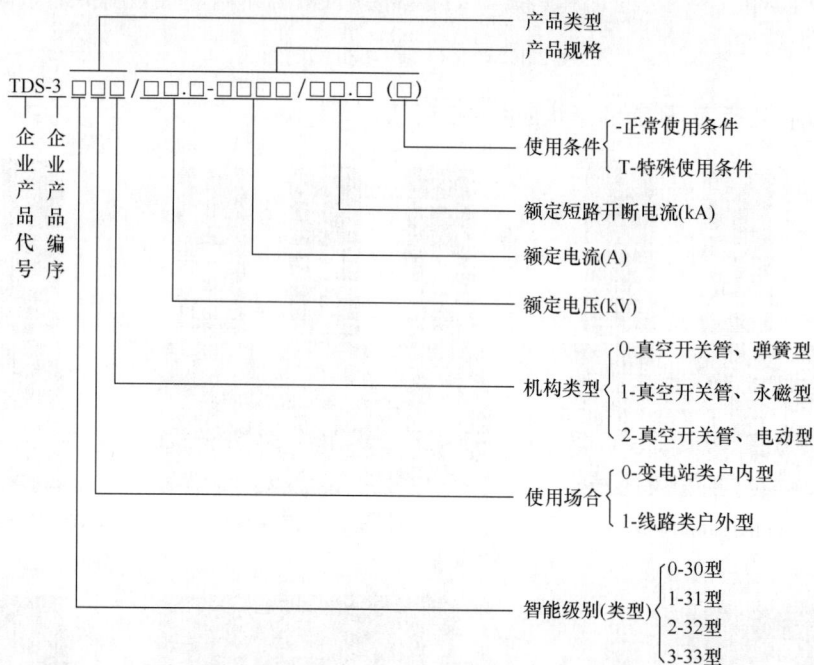

图 2-3　产品类型规格

变电站类户内型产品和线路类户外型产品的本体相同，前置器不同，如表 2-1 所示。

表 2-1　变电站类户内型产品与线路类户外型产品比较

序号	类型	型号	本体	前置器			
				形状	配置	安装	功能差异
1	变电站类户内型	TDS-3□0□			1台前置器可配置1台本体	嵌入式安装	可多台并机构成系统工作
2	线路类户外型	TDS-3□1□			1台前置器可配置2台本体	壁挂式安装	独机工作

三、技术与创新

产品是以中压交流真空接触器灭弧室为基础的新型12kV交流真空接触器，其关键和核心技术包括大惯量微行程运动闭环自动控制技术，大冲量碰撞减振技术，一次开关、电压传感器、电流传感器与二次自动化装置一体化集成技术，微电子装置在高电压大电流环境下的电磁兼容技术，以及在线监测、诊断与评估技术等。

产品创新了中压交流真空接触器开关触头运动的闭环自动控制技术及其软碰撞的驱动技术，突破了现有中压交流真空接触器开关触头开环控制模式，使其开关触头具有分合闸运动时间短、时点可控、过程无弹跳的"微行程精确导控"特点，可实现只有电力电子器件才能实现的高精度选相分闸与合闸。

产品创新了一次开关、电压传感器、电流传感器与二次自动化装置一体化集成及其电磁兼容技术，突破了现有中压交流真空接触器成套设备（中压并联电容器装置）由功能电器元件简单堆积的模式，使所用电器元件及其接线因此大为减少，同时体积减小和成本降低。

产品创新了中压交流真空接触器开关设备机械运动动态与静态特性、电气运行稳态与瞬态特性以及进线侧配电、出线侧负载的全面在线监测与诊断技术，突破了现有中压交流真空接触器设备电气特性和负载特性的有限监测模式，中压交流真空接触器设备因此可由定期检修转变为状态检修。

四、使用中可替代的功能电器

产品应用于中压并联电容器装置中，1台产品可以替代如下功能电器（图2-4）。
（1）通用中压交流真空接触器1台。
（2）中压三相1%电抗率的抗涌流电抗器1台。

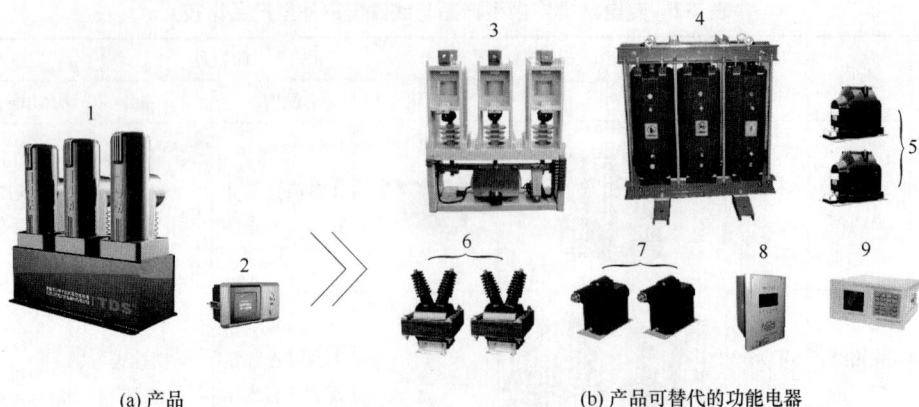

(a) 产品   (b) 产品可替代的功能电器

图 2-4   1 台产品及其可替代的功能电器

1-产品本体;2-产品前置器(变电站类户内型);3-中压通用交流真空接触器;
4-中压三相 1%电抗率的电抗器;5-中压电压取样互感器;6-中压放电电压互感器;
7-中压电流取样互感器;8-中压并联电容器综合保护测控装置;9-中压无功自动补偿控制器

（3）中压电压取样互感器 2 台。

（4）中压放电电压互感器 2 台。

（5）中压电流取样互感器 2 台。

（6）具有控制、测量、保护、信号、远动、自诊断和在线监测功能的中压并联电容器综合自动化装置 1 台。

（7）中压无功自动补偿控制器 1 台。

由产品组成的中压并联电容器装置具有如下特点：

（1）性能优异；

（2）结构简洁；

（3）生产简易；

（4）维护简便；

（5）体积缩小；

（6）资源节省；

（7）成本降低；

（8）运行时电耗降低、温度下降。

五、在变电站类户内型中压无功自动补偿装置中的应用

变电站类户内型产品和表 2-2 所示的配套部件可组成变电站类户内型中压无功自动补偿装置。图 2-5 是使用于电网谐波不超标场合的变电站类户内型中压无功自动补偿装置的结构（无电抗器）；图 2-6 是使用于电网谐波超标场合的变电站类户内型中压无功自动补偿装置的结构（有 7%电抗器）。

表 2-2　变电站类户内型中压无功自动补偿装置主要部件配置

序号		名称		实物	数量（容量）			
					1号机柜	2号机柜	3号机柜	4号机柜
1	1-1	主体部件	TDS智能集成中压交流真空接触器本体		1台	1台	1台	1台
	1-2		TDS智能集成中压交流真空接触器前置器		1台	1台	1台	1台
2	2-1	配套部件	中压并联电容器组		□□□□ kvar	□□□□ kvar	□□□□ kvar	□□□□ kvar
	2-2		中压电抗器（三相、7%）		1台	1台	1台	1台
	2-3		刀闸		1台	1台	1台	1台

(a) 外观

(b) 内部局部

(c) 内部结构(一)　　　　　(d) 内部结构(二)

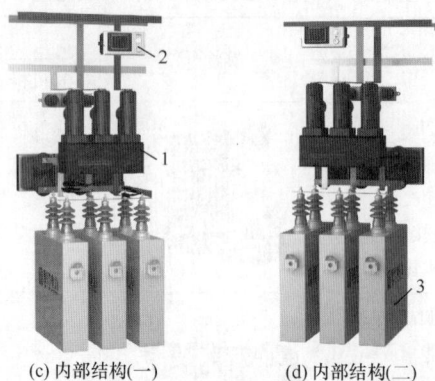

图 2-5　变电站类户内型中压无功自动补偿装置(无电抗器)结构示意图

1-TDS 智能集成中压交流真空接触器本体；2-TDS 智能集成中压交流真空接触器前置器；3-中压并联电容器组

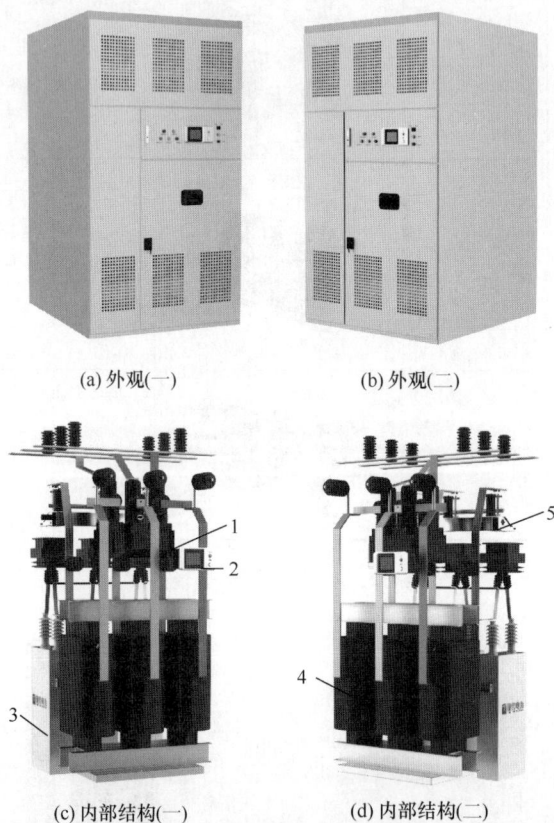

(a) 外观(一)　　　　　(b) 外观(二)

(c) 内部结构(一)　　　　　(d) 内部结构(二)

图 2-6　变电站类户内型中压无功自动补偿装置(有 7％电抗器)结构示意图

1-TDS 智能集成中压交流真空接触器本体；2-TDS 智能集成中压交流真空接触器前置器；
3-中压并联电容器组；4-中压电抗器(三相，7％)；5-刀闸

六、在线路类户外型中压无功自动补偿装置中的应用

线路类户外型产品和表 2-3 所示的配套部件可组成线路类户外型中压无功自动补偿装置,如图 2-7 所示。

表 2-3　线路类户外型中压无功自动补偿装置主要部件配置

序号		名称	实物	数量
1	主体部件	1-1	TDS 智能集成中压交流真空接触器本体		2 台
		1-2	TDS 智能集成中压交流真空接触器前置器		1 台
2	柜内配套部件	2-1	中压并联电容器组		2 台(容量比 1:2)
		2-2	中压配电电压互感器		1 台(功率≥50W)
		2-3	中压避雷器		6 台
3	柜外配套部件	3-1	开口式电流互感器		2 台
		3-2	户外跌落式熔断器		3 台

(a) 外观(一)　　　　　　　　　　(b) 外观(二)

(c) 内部结构(一)　　　　　　　　　(d) 内部结构(二)

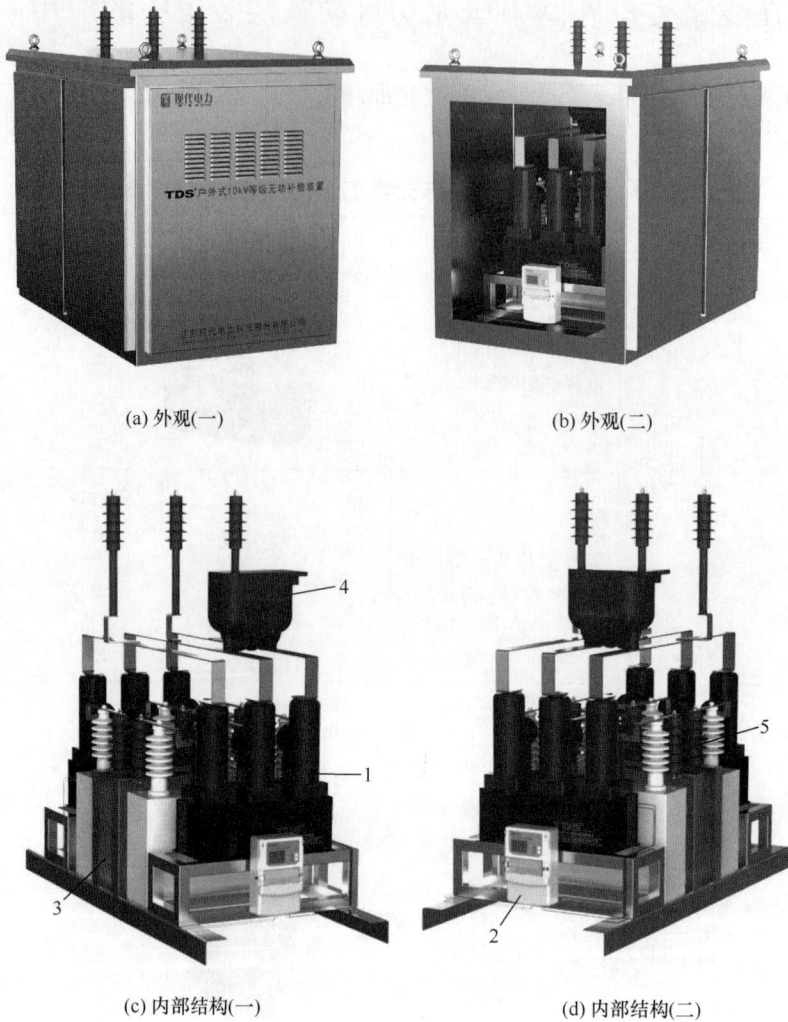

图 2-7　线路类户外型中压无功自动补偿装置结构示意图

1-TDS智能集成中压交流真空接触器本体；2-TDS智能集成中压交流真空接触器前置器；

3-中压并联电容器组；4-中压配电电压互感器；5-中压避雷器

七、使用中与通用产品的比较

产品主要用于中压无功自动补偿装置，采用本产品作为控制开关与采用通用交流真空接触器、通用交流真空断路器和电力电子开关的中压无功补偿装置的比较如表 2-4 所示。

表 2-4　中压无功自动补偿装置采用本产品为控制开关与采用其他开关的比较(12kV,630A)

比较 项目	控制开关类型	通用交流真空接触器	通用交流真空断路器	电力电子开关	本产品	注
开关工作原理		机械触点随机分合	机械触点随机分合	SVC(无触点)相控分合	机械触点相控分合	
一次设备	上级开关(断路器)	√	—	√	√	①
	配电 PT	√	√	√	—	②
	负载 CT	√	√	√	—	
	1%抗涌流电抗器	√	√			③
	放电 PT	√	√			④
二次设备	并联电容器综合保护测控装置	√	√			⑤
	中压无功自动补偿控制器	√	√		—	⑥
	结构、接线	复杂	复杂	特复杂	简洁	
	空间占用(体积)	大	大	特大	小	
可靠性	抗电压冲击能力(倍额定电压)	>3.5	>3.5	>2.5	>3.5	
	抗电流冲击能力(倍额定电流)	>10	>10	>2.0	>10	
	运行环境要求	低	低	高	低	
开关性能	合闸时间/ms	>60	>60	≤10	≤25	
	合闸弹跳	√	√	—	—	
	分闸时间/ms	>40	>40	≤10	≤15	
	分闸反弹	√	√			
	分相分合闸	—	—	√	√	
控制性能	电压"近零"合闸	—	—	√	√	
	电流"近零"分闸			√	√	
	合闸涌流	大	大	小	小	
	分闸燃弧	严重	严重	—	轻	
	操作过电压	严重	严重	轻	轻	
无功补偿性能	分合或合分间隔时间	>3min	>3min	≤20ms	≤100ms	
	精度	低	低	高	中	
	动态补偿	—	—	√	√	
运行维护	真空开关管故障率	高	高	—	低	⑦
	中压并联电容器故障率	高	高	—	低	
	故障诊断与处理	困难	困难	特困难	容易	

控制开关类型 比较 项目		通用交流 真空接触器	通用交流 真空断路器	电力电子 开关	本产品	注
经济性	制造费用	低	低	特高	低	
	运行费用(耗电费)	高	高	特高	低	
	无功补偿经济效益	低	低	高	高	⑧
	性价比	低	低	低	高	

① 接触器和 SVC 均没有开断故障大电流的能力,因此其电源端要接上级开关(断路器)。

② 本产品内含配电 PT 和负载 CT,不需要另外配置。

③ 本产品具有"近零投切"功能,不需要串接 1%抗涌流电抗器。

④ 本产品内含放电电阻,一般不需要放电 PT。

⑤ 本产品具有测量、保护、控制、信号、远动等功能,所以不需要配置综合保护测控装置。

⑥ 本产品(变电站类户内型)前置器经串行通信总线连接后,自动产生一台主机作为无功自动补偿的控制器,其余为从机,主机故障后从从机中产生一台新的主机,因此不需要配置无功自动补偿控制器。

⑦ 本产品具有"近零投切"功能,合闸涌流和分闸燃弧情况很小,因此真空开关管和中压并联电容器的故障率下降,使用寿命延长。

⑧ 本产品组成的中压无功补偿装置中的中压并联电容器可以快速、频繁投切,提高了无功补偿的精度和速度,因此无功补偿经济效益得到提高。

八、出厂报告

产品的出厂报告反映了产品的主要功能和技术指标,经出厂检验是保证出厂产品质量的重要措施。

本产品的出厂报告是由国内首创的中压交流真空接触器的综合出厂试验台自动检验并自动生成的,下面是出厂报告。

(一)本体出厂报告

1. 类型与额定值检查

型号:TDS-3100/12-630		
智能级别(类型):31 型	环境类型:变电站类户内型	额定频率:50Hz
额定电压:12kV	额定电流:630A	短路开断电流:5.04kA
额定短路关合电流:6.3kA	额定雷击耐受电压:75kV	一次电压/二次电压:0.1kV/mV
一次电流/二次电流:6.3A/mA	额定二次工作电压:≃220V	额定二次工频耐受电压:3kV(1min)

2. 一次性能检验

项目	A相断口	B相断口	C相断口	AB相间	BC相间	CA相间	A、B、C相对地
绝缘($2000V,\geqslant 20M\Omega$)	√	√	√	√	√	√	√
耐压($42kV,1min$)	√	√	√	√	√	√	√
主导电回路电阻($\leqslant 100\mu\Omega$)	√	√	√	—	—	—	—
耐流(5倍额定电流,$1min$)	√	√	√	—	—	—	—

3. 二次介电强度与 EMC 检验

项目	绝缘($2000V,\geqslant 20M\Omega$)	耐压($3kV,1min$)	EMC
电源线与外壳	√	√	√

4. 功能检验

保护功能	电压型保护	电流型保护	失电分闸保护		弹跳保护	拉弧保护	保护录波
			中压失电	二次电源失电			
	√	√	√	√	√	√	√

测量功能	配电电压	负载电流	测量曲线	负载无功电量			
				总	A相	B相	C相
	√	√	√	√	√	√	√

控制功能	固定分合闸						近零分合闸					
	分闸			合闸			分闸			合闸		
	A相	B相	C相	A相	B相	C相	A相	B相	C相	A相	B相	C相
	√	√	√	√	√	√	√	√	√	√	√	√

信号功能	分合闸状态信号	保护类型信号	报警类型信号	自诊断结论信号
	√	√	√	√

通信功能	遥控		遥测	遥信	遥功能调整	遥定值调整	遥软件升级
	分闸	合闸					
	√	√	√	√	√	√	√

开关机械部件监测功能	分合闸行程	合闸超程	分合闸时间	刚分速度	刚合速度	分闸反弹	合闸弹跳	拉弧	分合闸录波
	√	√	√	√	√	√	√	√	√

开关电气部件监测功能	分合闸线圈通断	分合闸线圈电流		控制器温升
		分闸线圈电流	合闸线圈电流	
	√	√	√	√

5. 自动化参数检验

测量误差	项目	A相电压	B相电压	C相电压	A相电流	B相电流	C相电流	负载功率
	标准	≤0.5%	≤0.5%	≤0.5%	≤0.5%	≤0.5%	≤0.5%	≤1%
	实测	0.4%	0.4%	0.45%	0.4%	0.43%	0.42%	0.8%
	结论	合格	合格	合格	合格	合格	合格	合格

保护误差	项目	过电流		电流速切		零序电流		过温度		过/欠电压	
		电流	时间	电流	时间	电流	时间	温度	时间	电压	时间
	标准	≤1%	≤1ms	≤10%	≤1ms	≤1%	≤1ms	≤1%	≤1ms	≤1%	≤1ms
	实测	0.9%	0.8ms	5%	0.9ms	0.9%	0.9ms	0.9%	0.9ms	0.9%	0.9ms
	结论	合格	合格	合格	合格	合格	合格	合格	合格	合格	合格

6. 二次电源拉偏检验

二次电源电压	80%额定电压	100%额定电压	120%额定电压
结论	√	√	√

7. 开关参数检验

项目	标准	实测			结论
		A相	B相	C相	
行程/mm	8.5±0.3	8.43	8.5	8.6	合格
超程/mm	1.5±0.5	1.9	2	2.1	合格
开距/mm	6.5±0.5	6.4	6.5	6.5	合格
分闸时间/ms	≤10	9.7	9	9.8	合格
合闸时间/ms	≤25	24	23	24.3	合格
刚分速度/(m/s)	0.8±0.3	0.75	0.72	0.73	合格
刚合速度/(m/s)	0.4±0.1	0.43	0.44	0.46	合格
平均分闸速度/(m/s)	0.7±0.3	0.6	0.65	0.6	合格
平均合闸速度/(m/s)	0.3±0.1	0.35	0.33	0.35	合格
合闸弹跳	0	0	0	0	合格
分闸反弹	0	0	0	0	合格

分闸曲线
——-行程
——-电压
------电流

A相　　　B相　　　C相

续表

项目	标准	实测			结论
		A 相	B 相	C 相	
合闸曲线 ——行程 ——电压 ------电流	A相　　B相　　C相				

8. 备案索要

条码	制造时间:2014 年 5 月	校验时间:2015 年 5 月 8 日
	出厂编号:311405012	检验人员:□□□　　审核人员:□□□

(二) 前置器出厂报告

1. 类型与额定值检查

型号:TDS-3100			
智能级别(类型):31 型	环境类型:变电站类户内型	额定频率:50Hz	额定二次工作电压:≃220V

2. 硬件检查

液晶 显示屏	USB 接口	分闸 控制 输入端	合闸 控制 输入端	故障 输入 控制端	切换 开关	按键	人体 感应器	保护 控制 输出端	分闸 状态 输出端	合闸 状态 输出端
√	√	√	√	√	√	√	√	√	√	√

3. 介电强度与 EMC 检验

项目	工作电源		二次电压 输入		二次电流 输入		控制输出		信号输入		通信接口	
	外壳	其他	外壳	其他	外壳	其他	外壳	其他	外壳	其他	外壳	其他
绝缘 (2000/1000V,≥20MΩ)	√	√	√	√	√	√	√	√	√	√	√	√
耐压(2kV,1min)	√	√	√	√	√	√	√	√	√	√	√	√
EMC	√	√	√	√	√	√	√	√	√	√	√	√

4. 电源拉偏与通信检验

电源拉偏			通信				
80%	100%	120%	光纤	网络	RS-485	RS-232	GPRS
合格	合格	合格	合格	合格	合格	合格	合格

5. 自动化功能检验

人机交互功能	主接线	分闸指示	合闸指示	手动分闸	手动合闸	远方/本地切换	实时数据	人体感应
	√	√	√	√	√	√	√	√

综合自动化功能	本体实时信息	统计信息	事件信息	手动控制	保护输出	参数设置			
						成套参数设置	通信参数设置	保护参数设置	机构参数设置
	√	√	√	√	√	√	√	√	√

电压无功综合自动控制功能	九域图	配电实时信息	无功补偿统计信息	事件统计信息	手动控制	参数设置	
						自动控制参数设置	时间控制参数设置
	√	√	√	√	√	√	

在线监测与自诊断功能	工况曲线			自诊断信息			手动控制	参数设置
	合闸曲线	分闸曲线	保护曲线	保护自诊断信息	控制自诊断信息	机构自诊断信息		
	√	√	√	√	√	√	√	√

安全操作	接触器安全操作	成套设备安全操作
	√	√

6. 自动化参数检验

测量误差	项目	电压	电压谐波	电流	电流谐波	有功功率	无功功率	功率因数
	标准	≤0.5%	≤2%	≤0.5%	≤2%	≤1%	≤1%	≤0.01
	实测	0.48%	1.8%	0.49%	1.7%	0.85%	0.9%	0.9%
	结论	合格	合格	合格	合格	合格	合格	合格

保护误差	项目	谐波型保护		电压型保护		电流型保护	
		谐波	时间	电压	时间	电流	时间
	标准	≤2%	≤1ms	≤0.5%	≤1ms	≤1%	≤1ms
	实测	1.8%	0.8ms	0.4%	0.5ms	0.7%	0.8ms
	结论	合格	合格	合格	合格	合格	合格

7. 备案索要

条码	制造时间：2014 年 5 月	校验时间：2014 年 5 月 5 日	
	出厂编号：311405015	检验人员：□□□	审核人员：□□□

第二节　工　作　原　理

一、本体工作原理

产品的本体使用时串接在中压电网与中压并联电容器组回路中，控制中压并联电容器组与中压电网的连接与隔断。本体由一次三极开关、配电电压取样传感器、负载电流取样传感器和二次控制器（本体控制器）组成，三极开关由三个独立的驱动机构驱动，三个驱动机构受同一个控制器控制，如图 2-8 所示。

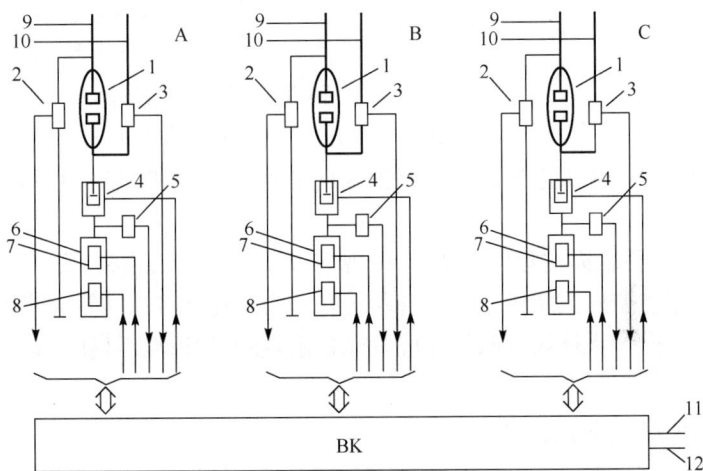

图 2-8　产品本体工作原理示意图

A、B、C-三极开关及其驱动机构；BK-本体控制器；1-中压交流真空接触器开关管；
2-配电电压取样电路；3-负载电流取样电路；4-绝缘与耗能机构；5-行程传感器；
6-开关驱动机构；7、8-开关驱动机构中的合闸、分闸线圈；9、10-开关一次引出端；
11-控制器电源；12-与前置器的通信接口

控制器 BK 从配电电压取样电路、负载电流取样电路、行程传感器获取开关的电气信息和机械信息，智能控制合闸线圈、分闸线圈和绝缘与耗能机构，使开关分合闸具有微行程精确导控特点，同时实现综合保护测控、电气与机械在线监测与诊断等智能化功能。

二、前置器工作原理

产品前置器是产品的人机联系组件，安装在安全且便于观察、操作的地方。前置器与安装在一次高电压、大电流回路中的本体之间采用光纤通道进行信息交换，二者在电气上完全隔离。

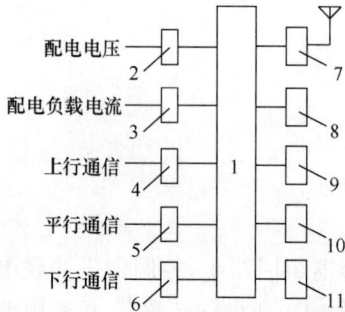

图 2-9　产品前置器工作原理示意图
1-微处理器电路；2-配电电压取样及电源电路；3-配电负载电流取样电路；4、5、6-上行、平行、下行通信接口电路；7-GPRS模块；8-液晶显示屏；9-保护输出电路；10-旋转式按键；11-人体感应传感器

前置器有大面积触摸式彩色液晶显示屏、按键等元部件，其电路核心是微处理器电路，如图 2-9 所示。

微处理器电路从配电电压取样电路、配电负载电流取样电路获得配电与负荷无功变化信息，从而确定无功补偿方案，并通过下行通信接口电路对本体发令使其合闸或分闸，中压并联电容器组因此投运或退运以调节无功。平行通信接口及其平行通信用于多台产品联机构成系统工作。上行通信接口及其上行通信用于进入变电站后台系统工作。GPRS模块用于无线远程监控或组成大系统工作。

产品的开关性质属于接触器，能关合、承载及开断正常回路条件下的电流以及在过载条件下的电流，不能开断短路性故障大电流，因此配置了保护输出电路，用于在故障产生大电流时输出保护接点信号，使可开断短路性大电流的上级断路器开关跳闸。

产品采用大面积触摸式彩色液晶屏，可观察以图形、曲线、表格、文字、数字等形式显示的运行工况，通过旋转式按键干预设备的运行。为了提高液晶屏等的使用寿命，面板上有人体感应传感器，当人体接近时液晶屏发光显示，在人体远离后延时熄灭。

三、柔性分合闸原理

针对产品的开关触头运动具有行程小、驱动机构惯量大的特点，以及要求分合闸运动时间短、时点可控、过程无弹跳，采用一种时序控制与预测控制相结合的复合闭环控制方法。设计适当的控制时序和函数，以及用电流预测控制算法，抵消电感对电流变化的迟滞作用，在触头接近闭合点时的时序函数及预测控制，使大惯量和大冲量的开关分合闸具有"柔性"特点。

产品有三极开关，三极开关共用一个控制器，对三极开关分别控制。开关"柔性"分合闸技术的控制模型如图 2-10 所示。

开关"柔性"分合闸技术的控制电路结构如图 2-11 所示。

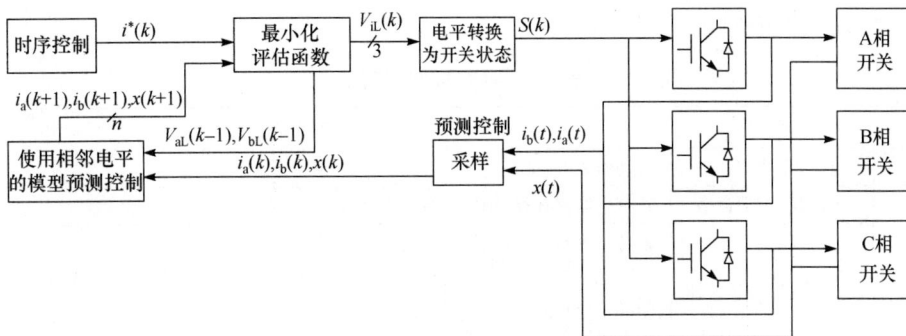

图 2-10　开关"柔性"分合闸技术的控制模型示意图

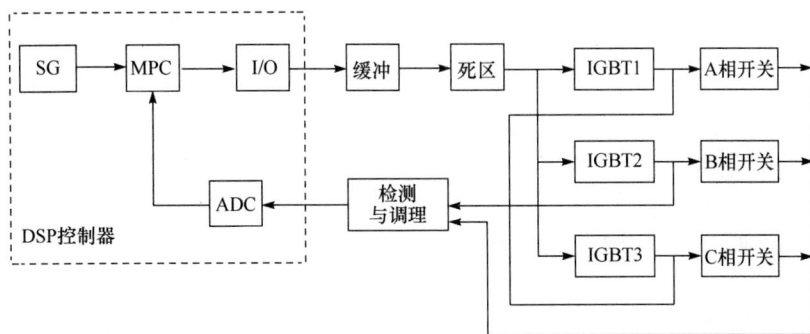

图 2-11　开关"柔性"分合闸技术的控制电路结构示意图

四、VQC 原理

产品虽然不能调节配电电压,但将中压配电电压引入无功补偿判据,由于补偿的无功容量非连续性,采用如图 2-12 所示的九域法为基础的控制策略。

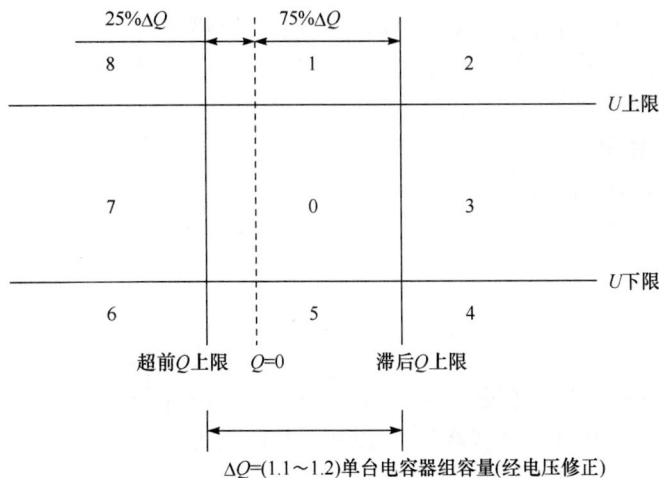

图 2-12　引入配电电压的无功补偿九域图

VQC 控制策略如表 2-5 所示。

表 2-5　VQC 控制策略表

区域	状态	控制策略
0	电压、无功均合格	不动作
1	电压高、无功合格	若有电容器在投,则切一台电容器
2	电压高、无功欠补	若有电容器在投,则切一台电容器
3	电压合格、无功欠补	若有电容器可投,则进行投切电容器引起电压变化预测,如果投电容器不会引起过电压,则投一台电容器,否则不投
4	电压低、无功欠补	若有电容器可投,则投一台电容器
5	电压低、无功合格	若有电容器可投,则进行投切电容器引起电压变化预测,如果投电容器使电压升高,则投一台电容器,否则不投
6	电压低、无功过补	若有电容器可切,则进行投切电容器引起电压变化预测,如果切电容器使电压进一步下降,则不切电容器,否则切电容器
7	电压合格、无功过补	若有电容器可切,则进行投切电容器引起电压变化预测,如果切电容器引起电压过低,则不切电容器,否则切电容器
8	电压高、无功过补	若有电容器可切,则切一台电容器

五、关键技术与技术特点

(一) 关键技术

1) "柔性"分合闸技术

(1) 分闸时间短,动触头与静触头分离过程中无反弹。

(2) 合闸时间短,动触头与静触头闭合碰撞接触时无弹跳。

(3) 在动、静触头两端交流电压(分闸)近零时合闸。

(4) 在通过动、静触头交流电流(合闸)近零时分闸。

2) 智能集成技术

(1) "一次"与"二次"的集成。

(2) "一次"中开关与配电电压传感器、负载电流传感器的集成。

(3) "二次"中综合保护测控与在线监测的集成;产品在线监测与其成套在线监测的集成。

3) 高可靠性技术

(1) 稳态电磁兼容技术。

(2) 瞬态抗扰技术。

(二) 技术特点

(1) 动静触头闭合、断开时点的可控性。产品使用微行程精确制导控制技术,对真空开关管内动触头的运动进行精确制导控制,使其能够在任意设定的电气点上闭合或者断开。在所接负载为并联电力电容器时,可以实现精准的近零投切功能。

(2) 动静触头闭合、断开运动的快速性、柔软性。产品通过对真空开关管内动静触头的闭合、断开微运动过程中驱动力的调整实现闭环式运动自动控制,使其速度快、时间短,同时避免了弹跳和抖动,减小和降低了发生拉弧、燃弧现象的概率和程度,并使其机械、电气寿命延长。

(3) 失电断开性。产品运行时发生中压失电或者控制电源失电,开关可以自动分闸,处于断开状态,在负载为并联电容器时,避免来电时对电网、电容器组及开关自身的损坏。

(4) 控制的分相性。产品可以分相控制,因而可以分相控制中压并联电力电容器组,实现中压无功不平衡补偿。

(5) 多功能性。产品同时具有控制、测量、保护、信号、远动、在线监测及自诊断等综合自动化功能。

(6) 高智能性。产品的智能性不仅体现在微行程制导自动控制功能、综合自动化功能,而且体现在在线监测功能和自诊断、自学习功能。

产品能够在线监测真空开关管中动触头的运动过程,合闸与分闸瞬间的弹跳、反弹,以及拉弧、燃弧现象,并进行质量评价。

产品在线监测的同时,进行自诊断和自学习,自行调整控制参数,使运行工况达到理想状态,如出现弹跳现象,可通过自动调整触头闭合或断开瞬间的动触头运动速度解决。

(7) 工况的透明性。产品以数字、文字、曲线和动态图形等形式显示运行工况,运行工况透明,使用、维护方便。

(8) 节资源、节能性。产品中采用与开关一体化的微型配电电压取样传感器、负载电流取样传感器代替常规的电压互感器、电流互感器,以及所具有的近零投切功能,在控制中压并联电容器组负载时可以不需要串接抑制涌流的电抗器和用于并联电容器组放电的电压互感器(放电 PT),因此节省了制造电压互感器、电流互感器和电抗器所需的大量铜材等有色金属资源,同时没有这些元件工作时所产生的很大的能耗。

(9) 成套的简易型。一次开关、配电电压取样传感器、负载电流取样传感器、二次自动化装置一体化、整体性结构,由此组成的成套设备极为简易,同时降低了成套设备成本。

(10) “即插即用”性。产品用于控制中压并联电容器组时,多台使用自动联机形成一个中压无功自动补偿装置工作,实现中压无功自动补偿的“即插即用”,增加或减小无功补偿的级数和容量方便。

(11) 管理的远方性。产品基于 IP 通信方式和云计算,可与设备的管理单位和制造单位互动,实现产品的状态检修和软件升级等远程管理。

第三节　主　要　功　能

一、柔性分合闸功能

(1) 分闸过程无反弹。
(2) 合闸过程无弹跳。
(3) 分闸时点在交流电流波形相位上可控。
(4) 合闸时点在交流电压波形相位上可控。
(5) 分闸可控制在交流电流波形近零点(过零点之前)。
(6) 合闸可控制在交流电压波形近零点。

二、综合保护测控功能

1）测量与计量功能

（1）配电电压、电流、有功功率、无功功率、功率因数测量。

（2）负载电流、阻抗、阻值（如并联电容器组电容量）测量。

（3）配电电压谐波、负载电流谐波测量。

（4）负载有功、无功电量计量。

2）保护功能

（1）过压、欠压、失压、电压不平衡保护。

（2）电流速切保护（输出接点信号）。

（3）过电流、过负荷、电流不平衡保护。

（4）过谐波保护。

3）控制功能

（1）分闸、合闸手动控制。

（2）分闸、合闸自动控制。

（3）分闸、合闸远动控制。

（4）分合闸手动、自动、远动控制程序闭锁。

4）信号功能

（1）分闸、合闸状态信号。

（2）保护类型信号。

（3）报警类型信号。

（4）自诊断与评估信号。

三、VQC 功能

1）设置

（1）密码、设备编号、日期、时钟设置。

（2）并联电容器组数量与其容量设置。

（3）受控物理量设置，延时时间、动作时间设置。

（4）电压上下限值及其时段设置、滞后无功功率（功率因数）上下限值及其时段设置、日控次数限值设置、满载电流值设置。

2）自动控制

（1）采用以九域法为基础的模糊控制理论，并具有自学习功能，以最少的控制次数获取最高的电压合格率和最佳的节能效果，避免并联电容器组投退振荡。

（2）利用其他信息进行校验、纠错、自诊断等处理，保证控制的准确和被控设备的安全。

（3）在具有多组并联电容器组的情况下，容量相同的按循环投切原则，容量不同的按无功缺额选择投切。

（4）运行方式自适应，即根据情况自动调整相应的控制方式。

3）闭锁

发生下列情况之一闭锁自动控制。

（1）控制对象处于停运或检修状态时闭锁相应设备的操作指令。

（2）控制对象发出故障信号或保护动作跳闸时闭锁相应设备的操作命令。

（3）系统电压低于额定电压的80%或者高于额定电压的120%时闭锁操作指令。

（4）装置在自诊断异常时闭锁操作指令并报警。

（5）人工操作和自动操作互为闭锁，现场手动操作或者遥控后在规定动作时间间隔内闭锁同一控制对象的操作指令。

（6）在日控次数累计超限时闭锁操作指令。

（7）装置"停运"时闭锁操作指令。

4）闭锁解除

发生下列情况之一解除闭锁状态。

（1）按装置复位键后解锁。

（2）主站端通过遥控指令让装置投运后解锁。

（3）现场手动操作控制对象一次或者主站端远方遥控操作控制对象一次后解锁。

（4）日控次数越限闭锁后，待增加日控次数或清除控制记录或者时钟0时后解锁。

（5）设备保护信号和故障信号造成的闭锁，待这些信号消失后解锁。

四、自诊断与评估功能

（1）产品负载变化（如中压并联电容器组容量衰减程度）诊断与评估。

（2）产品开关主要机械性能变化诊断与评估。

（3）配电电压取样电路、负载电流取样回路故障诊断与评估。

（4）产品分闸、合闸回路故障诊断与评估。

（5）产品控制器通信、数据库故障诊断与评估。

五、远动与组网功能

1）远动

（1）遥测。

（2）遥信。

（3）遥控。

（4）遥定值修改。

（5）遥功能调整。

（6）遥软件升级。

2）组网

有多种通信接口、通信规约和通信速率支持，可和配用电自动化系统或地区电网电压无功优化控制系统等外设结合，或成为其一部分或组成一个新系统协调一致地工作。

第四节 主 要 参 数

一、工作环境参数

1) 正常使用环境

(1) 环境温度:环境温度不超过 40℃,且在 24h 内测得的平均值不超过 35℃;环境温度最低为－5℃、－15℃和－25℃三类。

(2) 环境湿度:在 24h 内测得的相对湿度平均值小于等于 95%,在 24h 内测得的水蒸气压力的平均值小于等于 2.2kPa;月相对湿度平均值小于等于 90%,月水蒸气平均值小于等于 1.8kPa。

(3) 环境污染:周围没有明显受到尘埃、烟、腐蚀性或可燃性气体、蒸气和烟雾等的污染。

(4) 海拔:海拔不高于 1000m。

2) 特殊使用环境

由生产单位与用户协商。

二、工作电源参数

1) 一次电源

(1) 电压:额定电压(±10%)。

(2) 频率:48.5~51.5Hz 。

(3) 波形:正弦波,总畸变率≤5%。

2) 二次电源

(1) 电压:额定电压(±15%)。

(2) 频率:0~51.5Hz(交直流)。

(3) 功率:≤20VA。

三、安全参数

(1) 产品本体符合 GB/T 11022—2011《高压开关设备和控制设备标准的共用技术条件》中第 5.3 条规定。

(2) 产品前置器符合 DL/T 478—2010《继电保护和安全自动装置通用技术条件》中第 4.10.3 条规定。

四、柔性分合闸参数

(1) 分闸时间:≤15ms。

(2) 合闸时间:≤25ms。

(3) 分闸反弹:无。

（4）合闸弹跳：无。

（5）分闸相控误差：≤5°。

（6）合闸相控误差：≤5°。

五、接触器技术参数

1）接触器电气参数

接触器主要电气参数（额定电压 12kV 产品）如表 2-6 所示。

表 2-6　接触器主要电气参数（额定电压 12kV 产品）

序号	项目		单位	数值		
				250A	400A	630A
1	额定电压		kV	12	12	12
2	额定频率		Hz	50	50	50
3	额定绝缘水平	额定雷击冲击耐受电压峰值	kV	75/85	75/85	75/85
		1min 工频耐压	kV	42	42	42
4	额定电流		A	250	400	630
5	额定短路关合电流		kA	2.5	4	6.3
6	额定最大开断电流		kA	2	3.2	5
7	额定短时耐受电流（4s）		kA	2.5	4	6.3
8	额定峰值耐受电流（1s）		kA	6.3	10	16
9	额定短路开断电流		kA	2	3.2	5
10	二次回路工频耐受电压（1min）		V	2000	2000	2000
11	主导电回路电阻		$\mu\Omega$	≤200	≤150	≤100

2）接触器机械参数

接触器主要机械参数（额定电压 12kV 产品）如表 2-7 所示。

表 2-7　接触器主要机械参数（额定电压 12kV 产品）

序号	项目	单位	数值		
			250A	400A	630A
1	触头开距	mm	6.5±0.5	6.5±0.5	6.5±0.5
2	接触行程	mm	1.5±0.5	1.5±0.5	1.5±0.5
3	平均合闸速度	m/s	0.3±0.1	0.3±0.1	0.3±0.1
4	平均分闸速度	m/s	0.7±0.3	0.7±0.3	0.7±0.3
5	分闸时间（额定电压）	ms	≤15	≤15	≤15
6	合闸时间（额定电压）	ms	≤25	≤25	≤25
7	触头分闸反弹幅值	mm	0	0	0
8	触头合闸弹跳时间	ms	0	0	0
9	机械寿命	万次	100	100	100

六、综合保护测控参数

1. **本体综合保护测控参数**

1) 测量与计量误差

(1) 配电电压测量:≤0.5％(在80％～120％额定电压范围内)。

(2) 负载电流测量:≤0.5％(在≤120％额定电流范围内)。

(3) 负载功率测量:≤1.0％。

(4) 负载电量计量:≤1.0％。

2) 保护误差

(1) 过压、欠压、电压不平衡保护:≤0.5％。

(2) 电流速切保护:≤10％。

(3) 过电流、过荷、电流不平衡保护:≤1.0％。

(4) 时间:≤1ms。

3) 控制准确率

(1) 分闸控制:100％。

(2) 合闸控制:100％。

4) 信号准确率

(1) 分闸、合闸状态信号:100％。

(2) 保护类型信号:100％。

(3) 报警类型信号:100％。

2. **前置器综合保护测控参数**

1) 测量误差

(1) 配电电压测量:≤0.5％(在80％～120％额定电压范围内)。

(2) 负载电流测量:≤0.5％(在≤120％额定电流范围内)。

(3) 配电功率测量:≤1.0％。

(4) 配电功率因数测量:≤0.01。

(5) 配电谐波测量:≤2.0％。

2) 保护误差

(1) 过压、欠压、电压不平衡(后备)保护:≤0.5％。

(2) 过电流、过荷、电流不平衡保护:≤1.0％。

(3) 电流速切保护:≤50％。

(4) 电压谐波保护:≤2.0％。

(5) 时间:≤1ms。

3) 控制准确率

(1) 分闸控制:100％。

(2) 合闸控制:100％。

(3) 分合闸手动、自动、远动控制程序闭锁控制:100％。

(4) 速切保护出口控制:100％。

4）信号准确率

（1）分闸、合闸状态信号：100％。

（2）自诊断信号：100％。

七、VQC 参数

1）控制物理量

（1）无功功率。

（2）无功电流。

（3）功率因数。

（4）电压。

（5）时间。

（6）复合型（2 个及 2 个以上物理量组合）。

2）物理量取样误差

（1）无功功率取样：≤1.0％。

（2）无功电流取样：≤1.0％。

（3）功率因数取样：≤0.01。

（4）电压取样：≤0.5％。

（5）时间：≤1ms。

3）动态补偿参数

（1）动态补偿响应时间：≤2.0s。

（2）动态补偿灵敏度：≤最小并联电容器组容量的 60％。

（3）动态补偿动作误差：≤2.0％。

八、自诊断与评估参数

（1）电气工况自诊断与评估准确率：≥95％。

（2）机械工况自诊断与评估准确率：≥95％。

（3）控制工况自诊断与评估准确率：≥95％。

九、远动与组网参数

（1）通信接口：RS-485、RS-232、GPRS、光纤、网络。

（2）通信规约：IEC 61850。

（3）远动可靠性：100％。

（4）组网成功率：100％。

十、设备结构参数

1）本体结构参数

（1）质量：48kg。

(2) 外形尺寸:520mm(W)×505mm(H)×240mm(D),如图 2-13(a)所示。

(3) 安装尺寸:6×ϕ12mm,(230mm+230mm)×225mm,如图 2-13(b)所示。

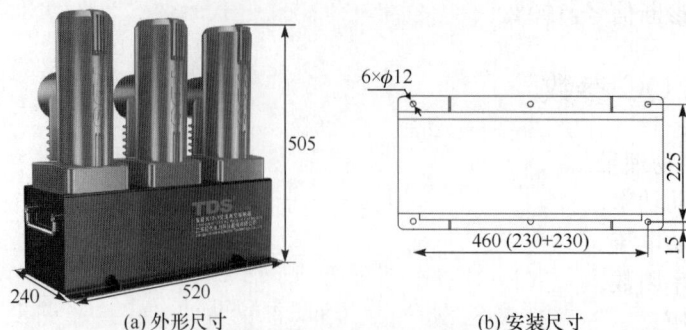

(a) 外形尺寸   (b) 安装尺寸

图 2-13 产品本体结构尺寸(单位:mm)

2) 变电站类户内型(TDS-3□0□)前置器结构参数

(1) 质量:2kg。

(2) 外形尺寸:270mm(W)×140mm(H)×125mm(D),如图 2-14(a)所示。

(3) 安装尺寸:258mm×128mm,如图 2-14(b)所示。

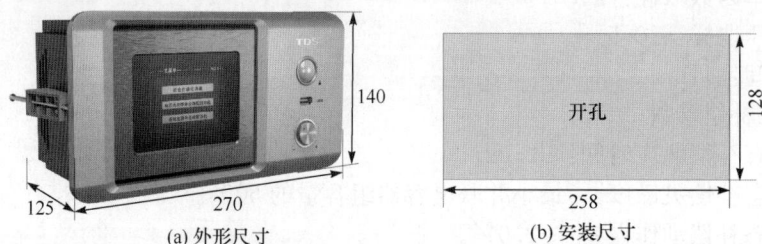

开孔

(a) 外形尺寸   (b) 安装尺寸

图 2-14 变电站类户内型(TDS-3□0□)前置器结构参数(单位:mm)

3) 线路类户外型(TDS-3□1□)前置器结构参数

(1) 质量:1.5kg。

(2) 外形尺寸:173mm(W)×265mm(H)×78mm(D),如图 2-15(a)所示。

(3) 安装尺寸:3×ϕ5mm,225mm×150mm,如图 2-15(b)所示。

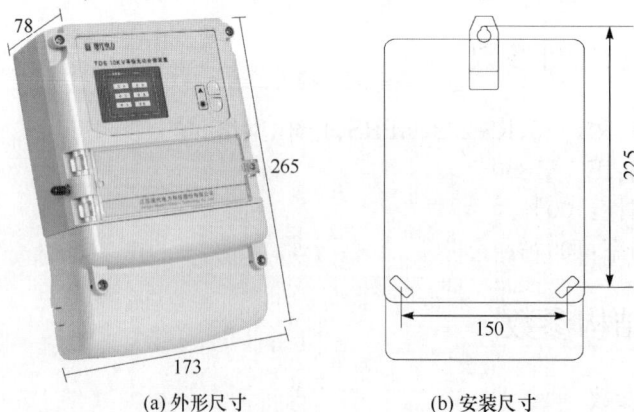

(a) 外形尺寸   (b) 安装尺寸

图 2-15 线路类户外型(TDS-3□1□)前置器结构参数(单位:mm)

第五节 应 用 设 计

一、一次电气符号

1）一次电气图形符号

产品的一次电气图形符号用图 2-16 所示符号表示，该符号与现有标准符号相比增加了字母 Z，表示智能集成特征。

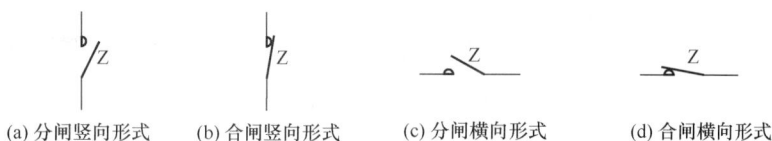

(a) 分闸竖向形式　　(b) 合闸竖向形式　　(c) 分闸横向形式　　(d) 合闸横向形式

图 2-16　产品一次电气图形符号

2）一次电气文字符号

产品的一次电气文字符号在现有交流接触器一次文字符号 KM 后加上 Z，即 KMZ，表示智能集成特征（本体用 KMZB 表示，前置器用 KMZQ 表示）。

二、二次接线端子

1）本体二次接线

产品本体上的二次接线为二次电源线和与前置器的通信线，在本体上的位置如图 2-17(a) 所示，二次电源线采用四芯接插件，其中二芯接电源，一芯接地，如图 2-17(b) 和(c) 所示。与前置器的通信采用光纤，有做好插头的两根光纤配件，如图 2-17(d) 所示。

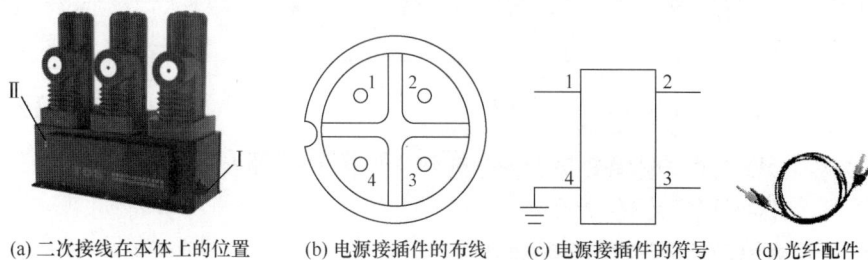

(a) 二次接线在本体上的位置　(b) 电源接插件的布线　(c) 电源接插件的符号　(d) 光纤配件

图 2-17　产品本体的二次接线

Ⅰ-电源线接插座位置；Ⅱ-通信光纤接插座位置；1、2-电源输入；3-接地；4-空

2）变电站类户内型（TDS-3□0□）前置器接线端子

变电站类户内型（TDS-3□0□）前置器接线端子如图 2-18 所示。

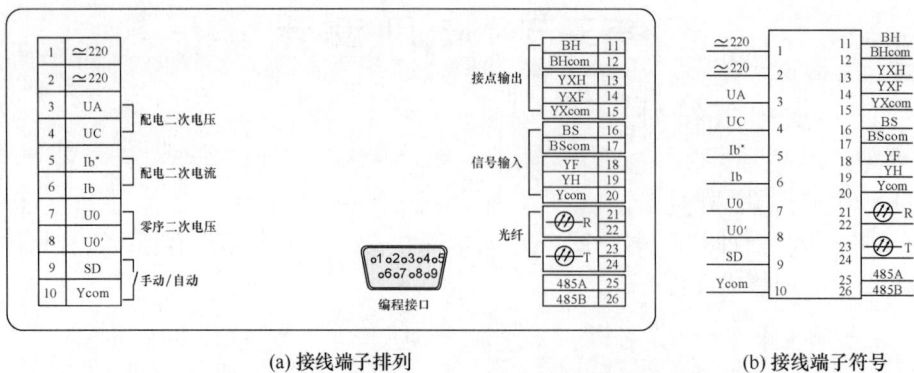

(a) 接线端子排列　　　　　　　　　　　　(b) 接线端子符号

图 2-18　变电站类户内型(TDS-3□0□)前置器接线端子排列与符号

图 2-18 中端子 1、2 为交流 220V(或 110V)电源接入端;端子 3、4 为配电二次电压 U_a、U_c 接入端;端子 5、6 为配电二次电流 I_b^*、I_b 接入端;端子 7、8 为零序二次电压 U_0^*、U_0 接入端;端子 9、10 为手动/自动控制接入端;端子 11、12 为保护控制接出端,接入跳上级开关的回路中;端子 13、14、15 为开关分、合状态信号接出端,可外接指示灯等;端子 16、17 为故障接入端,可闭锁本台开关动作;端子 18、19、20 为外部合闸、分闸控制接入端。

3) 线路类户外型(TDS-3□1□)前置器接线端子

线路类户外型(TDS-3□1□)前置器接线端子如图 2-19 所示。

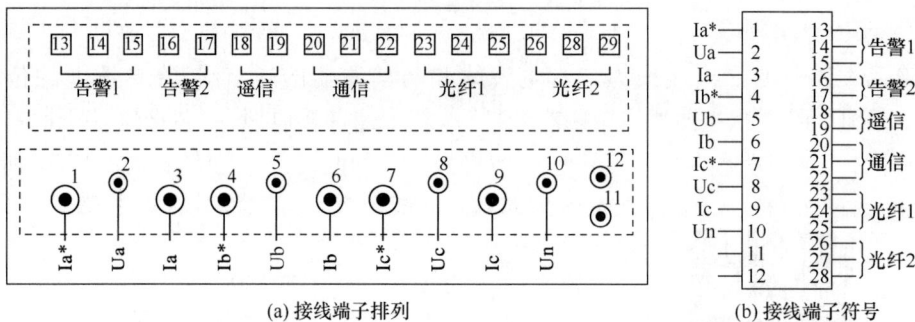

(a) 接线端子排列　　　　　　　　　　　　(b) 接线端子符号

图 2-19　线路类户外型(TDS-3□1□)前置器接线端子排列与符号

三、一次电气设备订货图设计

1) 一次电气设备订货图设计要点

产品应用时要进行应用一次电气设备订货图设计,从一次电气设备订货图可以看出主要一次功能和产品与其一次配套电器的相互连接方式。由于产品功能相当于集成了一些一次功能电器,所以产品应用一次电气设备订货图所需一次配套电器数量少,因此一次电气设备订货图简单。

一次电气设备订货图与产品应用要求有关,应根据应用要求确定一次配套电器,然后进行一次电气设备订货图设计,应用要求与一次配套电器如表 2-8 所示。

表 2-8 应用要求与一次配套电器

应用要求	无功最大缺额	无功变化程度	较大无功缺额持续时间	较小无功缺额持续时间	谐波较大		无功超前较大	隔离与短路	雷击保护
					主要5次谐波	主要3次谐波			
一次配套电器	中压并联电容器总容量	中压并联电容器组数	最大并联电容器组容量	最小并联电容器组容量	7%滤波电抗器	13%滤波电抗器	中压电抗器	刀闸	避雷器

产品的额定电流根据所接并联电容器组容量确定,产品的额定电流一般应超过所接并联电容器组额定电流的 20% 以上。

2)变电站类户内型中压无功自动补偿装置的一次电气设备订货图设计

图 2-20 是变电站类户内型中压无功自动补偿装置的一次电气设备订货图设计实例。

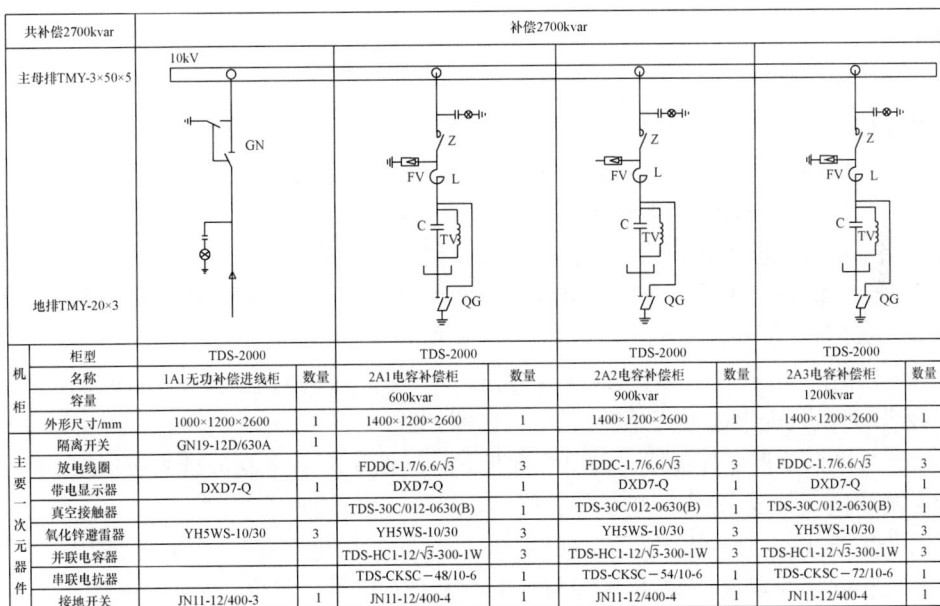

机柜		柜型	TDS-2000		TDS-2000		TDS-2000		TDS-2000	
		名称	1A1无功补偿进线柜	数量	2A1电容补偿柜	数量	2A2电容补偿柜	数量	2A3电容补偿柜	数量
		容量			600kvar		900kvar		1200kvar	
		外形尺寸/mm	1000×1200×2600	1	1400×1200×2600	1	1400×1200×2600	1	1400×1200×2600	1
主要一次元器件		隔离开关	GN19-12D/630A							
		放电线圈			FDDC-1.7/6.6/√3	3	FDDC-1.7/6.6/√3	3	FDDC-1.7/6.6/√3	3
		带电显示器	DXD7-Q	1	DXD7-Q	1	DXD7-Q	1	DXD7-Q	1
		真空接触器			TDS-30C/012-0630(B)	1	TDS-30C/012-0630(B)	1	TDS-30C/012-0630(B)	1
		氧化锌避雷器	YH5WS-10/30	3	YH5WS-10/30	3	YH5WS-10/30	3	YH5WS-10/30	3
		并联电容器			TDS-HC1-12/√3-300-1W	3	TDS-HC1-12/√3-300-1W	3	TDS-HC1-12/√3-300-1W	3
		串联电抗器			TDS-CKSC—48/10-6	1	TDS-CKSC—54/10-6	1	TDS-CKSC—72/10-6	1
		接地开关	JN11-12/400-3	1	JN11-12/400-4	1	JN11-12/400-4	1	JN11-12/400-4	1

图 2-20 变电站类户内型中压无功自动补偿装置的一次电气设备订货图设计实例

3)线路类户外型中压无功自动补偿装置的一次电气设备订货图设计

图 2-21 是线路类户外型中压无功自动补偿装置的一次电气设备订货图设计实例。

共补偿1800kvar	安装点1补偿900kvar	安装点2补偿900kvar
10kV线路	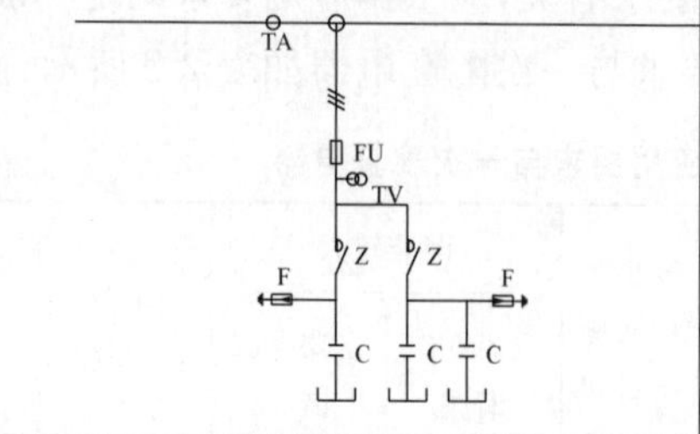 TA FU TV F Z Z F C C C	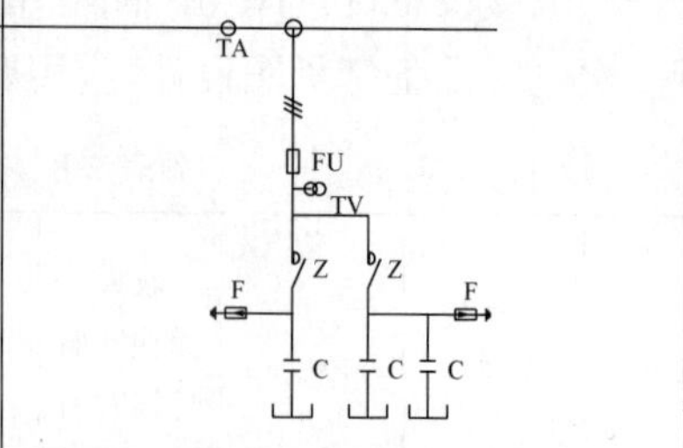 TA FU TV F Z Z F C C C

机柜	名称	电容补偿柜1	数量	电容补偿柜2	数量
机柜	柜型	TDS-2000		TDS-2000	
机柜	容量	900(600+300)kvar	1	900(600+300)kvar	1
机柜	外形尺寸/mm	1600×1200×1500	1	1600×1200×1500	1
主要一次元器件	电压互感器	JDZ10/220	1	JDZ10/220	1
主要一次元器件	电流互感器	LZKW-10/400	1	LZKW-10/400	1
主要一次元器件	真空接触器	TDS-30C/012-0630(B)	3	TDS-30C/012-0630(B)	3
主要一次元器件	氧化锌避雷器	YH5WS-10/30	6	YH5WS-10/30	6
主要一次元器件	并联电容器	TDS-HC1-11-300-3W	3	TDS-HC1-11-300-3W	3

图 2-21　线路类户外型中压无功自动补偿装置一次电气设备订货图设计实例

四、二次电气原理图设计

1）二次电气原理图设计要点

产品应用的二次电气原理图要根据一次电气设备订货图设计。

用于变电站户内的由多列机柜组成的中压无功自动补偿装置的二次电气原理图由各列机柜的二次电气原理图组合而成，各列机柜的二次原理图相同（并联电容器组容量不同不会改变二次电气原理图），由以下三部分连接组成。

（1）与机柜外接线。与机柜外接线主要有配电电压互感器次级线、配电电流互感器次级线、上级总开关外接保护接点线、与外设通信线等。

（2）机柜间接线。机柜间接线主要有柜间 RS-485 联机通信线（并联）、配电电压互感器次级线（并联）、配电电流互感器次级线（串联）等。

（3）与机柜面板元件接线。与机柜面板元件接线主要有手动分合闸按钮线、手动/自动分合闸切换开关线、分合闸指示灯接线等。

对于用于线路户外的中压无功自动补偿装置的二次电气接线图，由于使用一个机柜而没有机柜间接线，与机柜外接线和与机柜面板元件接线也很少。

2）变电站类户内型中压无功自动补偿装置的二次电气原理图设计

图 2-22 是变电站类户内型中压无功自动补偿装置的二次电气原理图设计实例。

3）线路类户外型中压无功自动补偿装置的二次电气原理图设计

图 2-23 是线路类户外型中压无功自动补偿装置的二次电气原理图设计实例。

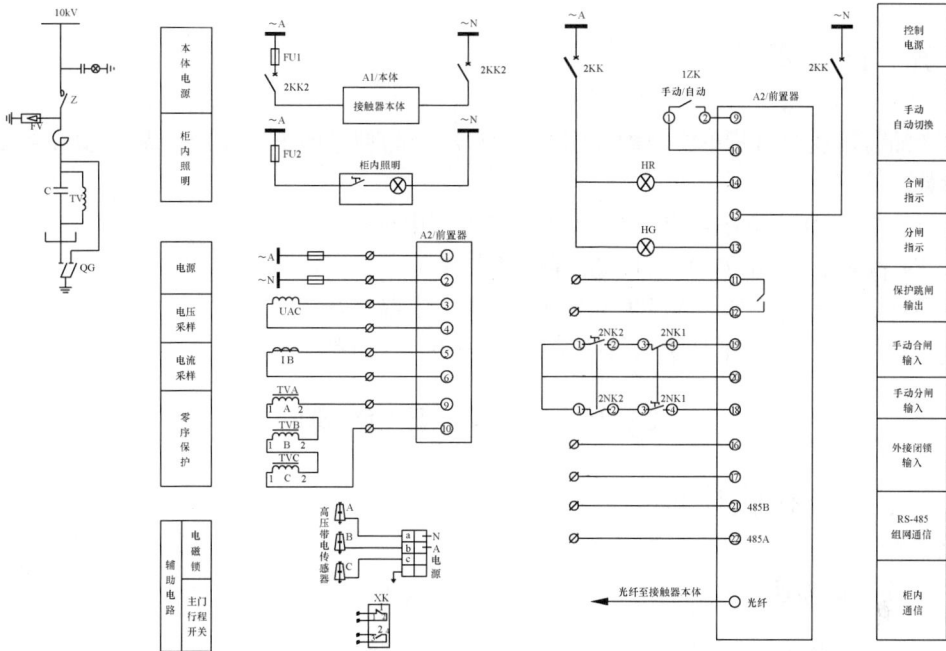

图 2-22　变电站类户内型中压无功自动补偿装置的二次电气原理图设计实例

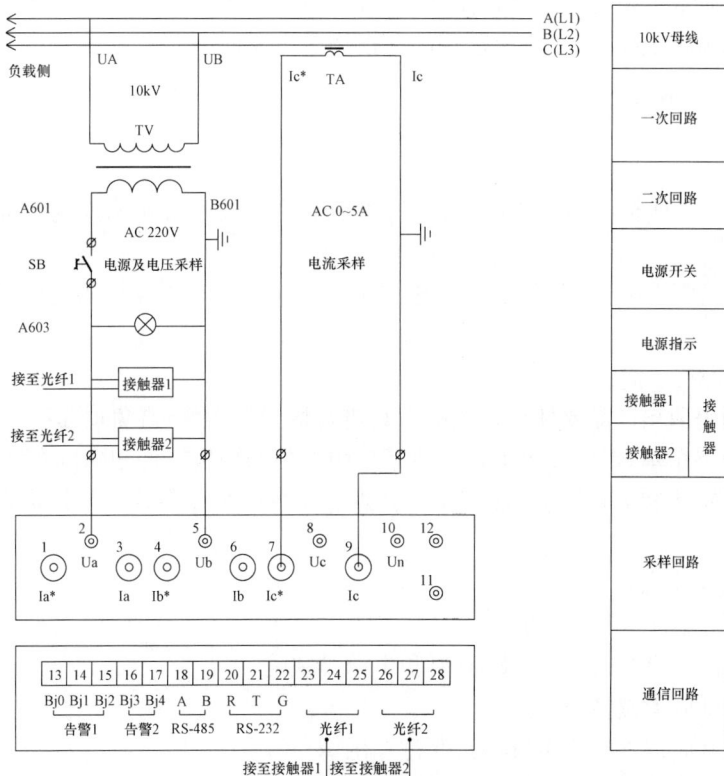

图 2-23　线路类户外型中压无功自动补偿装置的二次电气原理图设计实例

五、订货要点

产品订货要在订货单中正确标明产品型号,产品型号能准确反映产品类型和主要技术参数。

(1) 类型:在变电站类户内型/线路类户外型中选择。

(2) 额定电压:在 7.2kV、12kV 等规格中选择。

(3) 额定电流:在 250A、400A、630A 等规格中选择。

(4) 使用条件:在正常使用条件、特殊使用条件中选择。

第六节　使　用　说　明

一、用户接收检查

(一) 产品移动

(1) 产品本体需要较长距离的转移,所以应将其装入生产厂家使用的包装箱内并在箱内固定,在转移过程中不应倒置、侧卧并应避免剧烈震动和碰撞。

(2) 产品本体在人工搬移时应着力在产品下部的机构操作箱和底盘上,不能在极柱、极柱伸臂和面盖板上使劲,以避免这些部件损伤而影响使用。

(二) 产品外观检查

1) 收件检查

(1) 包装箱外所标示的发货单位、收货单位和产品的型号规格应与产品订货合同相应内容一致。

(2) 包装箱应无破损、无变形和雨淋、受潮痕迹,若有问题应与运输单位交涉或与生产单位联系。

2) 开箱检查

从包装箱内取出产品要使用合适的工具进行恰当的操作,避免损坏箱中的产品,开箱后首先应找到装箱单,根据装箱单找到装箱单中所列的随机文件和随机配件。

检查产品本体和前置器上的铭牌,所示型号规格和所标参数应与订货合同中的相应内容一致。

产品外观应注意:

(1) 结构件不应变形、损伤;

(2) 外表面不应有起泡、裂纹、流痕和生锈等缺陷;

(3) 焊接件应无裂缝、脱焊;

(4) 金属紧固件不应脱落、松动、变色及生锈;

(5) 本体上的接插件应无损伤;

(6) 前置器面板上的液晶显示屏、红外传感器应完好无损,旋转按键应完好、操作自

如,后板两侧的接线座应完好、无脱落、无损伤。

(三) 产品通电检查

1) 前置器通电检查

产品前置器经外观检查之后进行通电检查,接上额定电压的电源,触摸式彩色液晶显示屏应:

(1) 有彩色数字、文字、图形显示及有背光;

(2) 除标准数字、文字、图形之外,无杂斑、光点、暗点出现;

(3) 用手指触摸标示菜单的方框,界面应有相应变化;

(4) 用手轻压屏面,显示应不受影响;

(5) 人体离开 30s 后背光应熄灭,人体接近后又恢复。

2) 整机通电检查

(1) 将产品本体和前置器的电源线均接上,本体与前置器之间的光纤通信线也接上,然后对产品的本体和前置器通电。

(2) 在前置器上手动分闸、合闸界面中按操作提示进行分闸、合闸操作,应听到本体分闸、合闸声响。

(四) 产品储存与保养

产品如较长时间不用应妥善储存与保养。

(1) 产品本体储存时应加塑料膜等物包裹,前置器应放入供应方发货用包装盒内。

(2) 产品储存安放离地高度应大于 0.5m,环境应干燥,温度应适宜(-25~40℃),且无震、无有害气体侵蚀。

(3) 产品中的真空开关管的储存时间限制为 20 年。

(4) 定期(间隔不能太长)关注产品储存环境,维护良好条件,使产品得到较好保养。

二、变电站类户内型产品使用

(一) 人机联系

1. 前置器的面板

产品本体为一次设备,安装在高电压、大电流的一次回路中,人体不能接近,上面没有可观察和可操作的部件。

产品的人机联系使用前置器,前置器属于二次设备,应安装在安全和便于观察、操作的地方,本体的运行工况通过与前置器光纤通信在前置器界面中反映,并可在前置器面板上进行操作来干预本体的运行工况。

彩色液晶屏采用彩色图形、曲线、表格、汉字、字母、数字等形式显示产品本体和前置器的运行工况信息,并在操作引导下进行操作。

旋转式按键有转动和压动两种操作,转动一般用于移动标示,压动一般用于执行。

RS-232 通信插口用于信息下载、软件调整和升级。

人体感应器用于感应人体,在人体接近时液晶显示器发亮显示,人体离开后延时熄灭,以延长液晶显示屏等元部件的使用寿命。

前置器面板如图 2-24 所示。

图 2-24　前置器面板

1-彩色液晶显示屏;2-旋转式按键;3-RS-232 通信插口;4-人体感应器;5-安装固定件

2. 前置器的界面

前置器主要界面如下。

(1)主菜单界面,显示产品三个功能大类:综合自动化功能、电压无功综合自动控制功能、在线监测与自诊断功能,如图 2-25 所示。

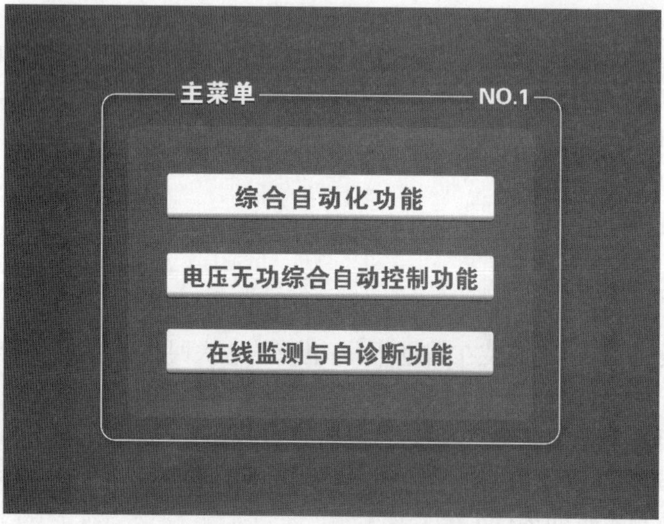

图 2-25　主菜单界面

(2)综合自动化功能实时信息的产品所在回路界面,显示产品所在主接线图和配电电压、电流、电压谐波、电流谐波、负载电流等实时数据,以及产品分合闸状态、分合闸当日次数和设备实时状况等,如图 2-26 所示。

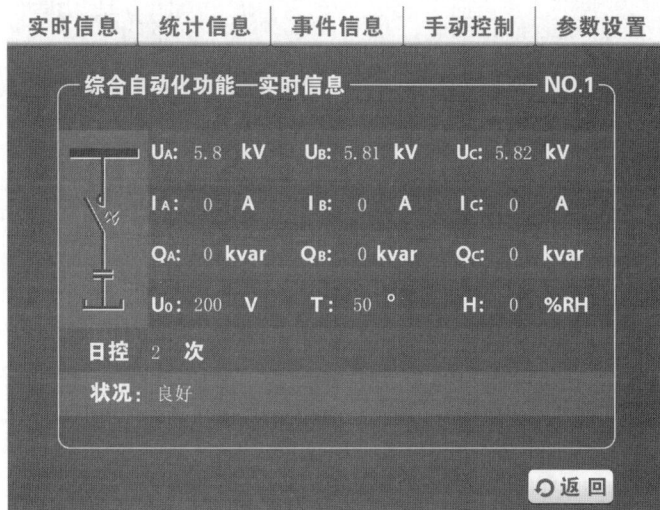

图 2-26　综合自动化功能实时信息的产品所在回路界面

(3)电压无功综合自动控制功能实时信息的系统主接线界面,显示多台使用时组成一个电压无功综合自动控制系统时的配电和各支路的主要工况,如图 2-27 所示。

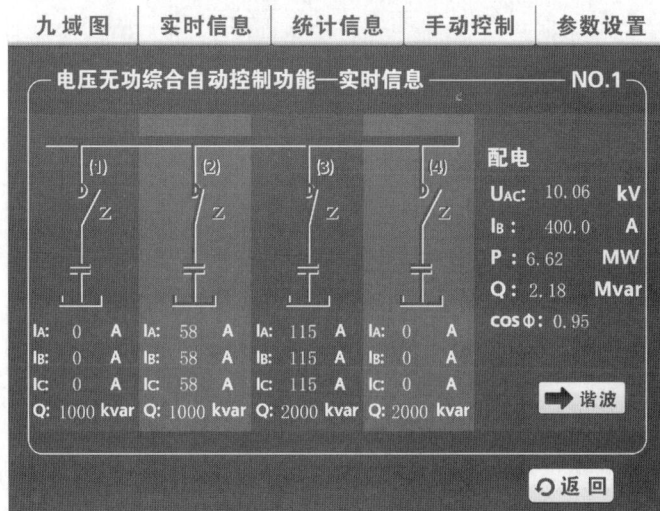

图 2-27　电压无功综合自动控制功能实时信息的系统主接线界面

(4)电压无功综合自动控制功能实时信息的谐波测量界面,显示配电电压各次谐波、电流各次谐波实时数据,如图 2-28 所示。

(5)电压无功综合自动控制功能的九域图界面,九域图中有一个以配电电压为纵坐标、配电无功为横坐标形成的点,该点随着配电电压、无功的变化在电压、无功九域图中移动,直观地显示电压无功综合自动控制动态情况,如图 2-29 所示。

| 九域图 | 实时信息 | 统计信息 | 手动控制 | 参数设置 |

电压无功综合自动控制功能—实时信息(谐波) ——— NO.1

	总	3次	5次	7次	9次	9次以上
电压谐波（%）	2.4	2.00	0.49	1.25	0.00	0.00
电流谐波（%）	6.05	5.02	1.25	3.15	0.00	0.00

返回

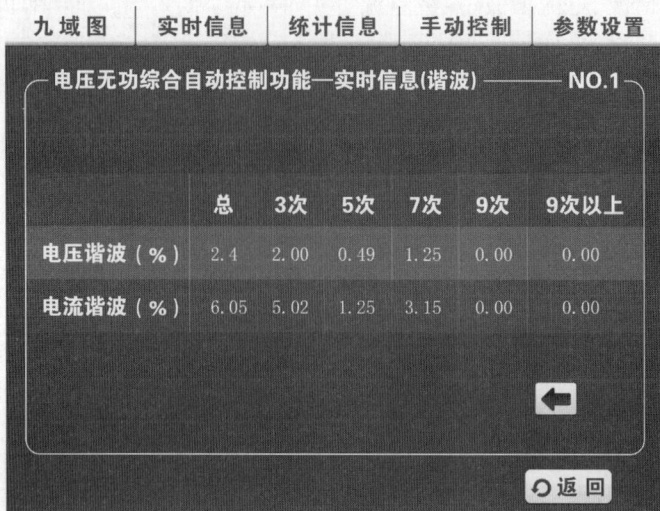

图 2-28　电压无功综合自动控制功能实时信息的谐波测量界面

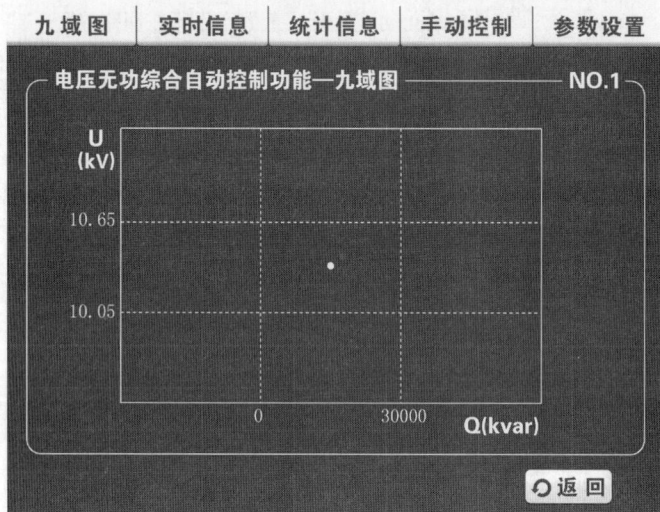

| 九域图 | 实时信息 | 统计信息 | 手动控制 | 参数设置 |

电压无功综合自动控制功能—九域图 ——— NO.1

U
(kV)

10.65

10.05

0　　30000　Q(kvar)

返回

图 2-29　电压无功综合自动控制功能的九域图界面

（6）在线监测与自诊断功能的工况曲线（分闸）界面，以曲线形式显示分闸瞬间的配电电压、负载电流等电气参数和产品中开关运动机构参数，具有"录波"性质，用于分闸（特别是故障分闸情况）电气状况分析和产品机构状况分析，如图 2-30 所示。

（7）在线监测与自诊断功能的工况分析（合闸）界面，以曲线形式显示合闸瞬间的配电电压、负载电流等电气参数和产品中开关运动机械参数，具有"录波"性质，用于合闸电气状况分析和产品机构状况分析，如图 2-31 所示。

（8）登录窗口界面，产品还有其他电气工况信息和机构信息，用于在发生异常情况时分析，为了不影响正常情况下的使用，这些信息需要在登录窗口界面中输入正确密码后方能查看，如图 2-32 所示。

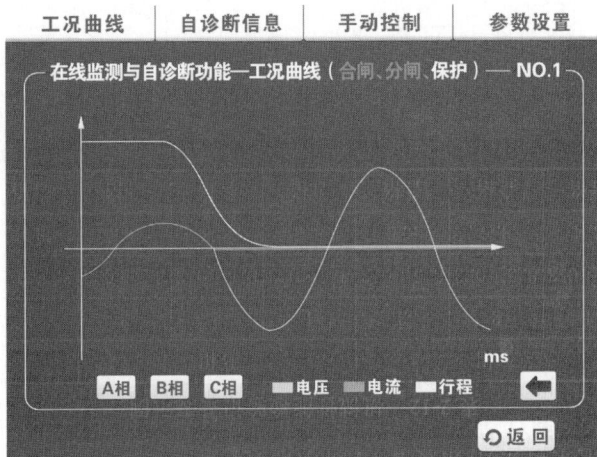

图 2-30　在线监测与自诊断功能的工况曲线(分闸)界面

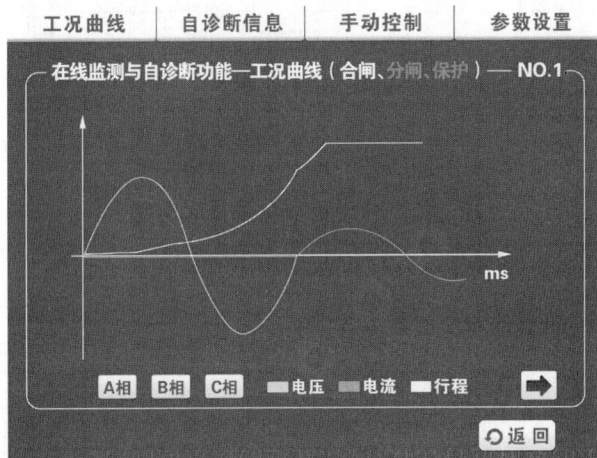

图 2-31　在线监测与自诊断功能的工况曲线(合闸)界面

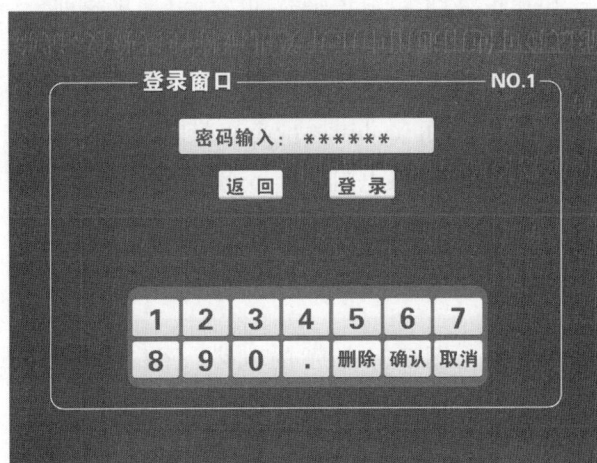

图 2-32　登录窗口界面

(二) 性能试验

在产品前置器上正确设置参数之后,可进行设备的性能试验。设备性能试验需要将产品的本体和前置器通过串行通信线连接,二者均应通电进行。产品的性能试验检查一般需要如表 2-9 所示的仪器设备。

表 2-9　产品性能试验设备

序号	名称	特性	试验项目
1	三相标准电源	通用型	一次测量试验
2	继电保护试验仪	通用型	一次保护试验
3	一次绝缘表	2000V	一次绝缘试验
4	一次耐压试验仪	0~50kV/100kV	一次耐压试验
5	二次绝缘表	2000V/500V	二次绝缘试验
6	二次耐压试验仪	0~5kV	二次耐压试验
7	升流器	0~10000A	二次测量、保护试验
8	接触电阻测试仪	通用型	接触电阻
9	中压开关机械特性测试仪	通用型	机构运动特性试验

1. 电气性能试验

产品中有一次开关、电压传感器、电流传感器和二次自动化装置,均要进行相应的电气试验,每个方面的试验项目与常规设备的试验项目基本相同。自动化装置除综合保护测控装置功能之外还有机械监测功能等,需要进行机械特性试验。

产品由一次开关、电压传感器、电流传感器和二次自动化装置一体化集成,在进行开关、传感器和自动化装置三方面试验时应注意其试验方法的特殊性。

1) 一次开关电气试验

产品在投运之前对其中一次开关的电气试验的项目和方法与常规设备相同,试验项目中有绝缘耐压试验和触头闭合接触电阻测量,分别使用绝缘、耐压试验仪和接触电阻测试仪。

在进行每个极柱的两个一次接线端间和其对地间绝缘、耐压试验时,应考虑其中电压传感器的影响。

电压传感器的影响等效为图 2-33 所示的电路。图中,每个等效电阻的阻值约为 20MΩ。

2）电压传感器电气试验

电压传感器的电气试验主要为传输误差检验。由于产品内的电压传感器与开关装配在一起，所以一次电压应从开关极柱的进线端和出线端接入，使用中压电压试验台，如检验要求不高，可用通用中压耐压测试仪。

电压传感器的二次侧额定电压为100V，三相三个电压传感器的三组输出端子位于三个极柱与机体的交接处，电压传感器二次输出端子与电流传感器二次输出端子相邻，如图2-34所示。

电压传感器检验时在一次中压侧接中压可调电源，在二次低压侧接精度达到要求的交流电压表，检验记录如表2-10所示。

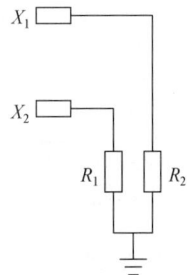

图 2-33　电压传感器在极柱中的等效电路
X_1、X_2-极柱的一次接线端；
R_1、R_2-等效电阻

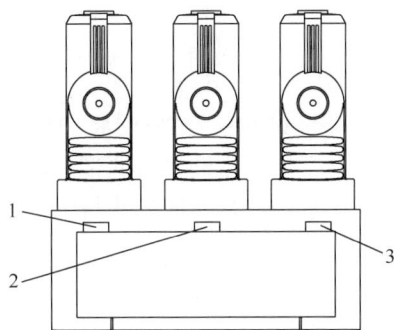

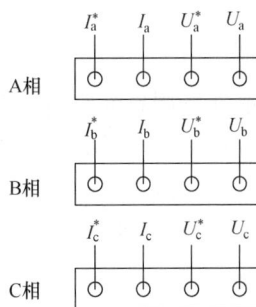

(a) 电压、电流传感器二次输出端子在产品上的位置　　(b) 电压、电流传感器二次输出端子的排列

图 2-34　电压、电流传感器二次输出端子
1-A相二次输出端子；2-B相二次输出端子；3-C相二次输出端子

表 2-10　电压传感器检验记录表示例

序号	项目		相别								
			AB 相			BC 相			AC 相		
1	一次电压/%（额定电压）		80	100	120	80	100	120	80	100	120
2	二次电压	准确值/V	80	100	120	80	100	120	80	100	120
3		实测值/V	79.80	99.85	119.83	79.81	99.92	119.78	79.81	99.95	119.82
4		绝对误差/V	0.2	0.15	0.17	0.19	0.08	0.22	0.19	0.05	0.18
5	相对误差/%		0.2	0.15	0.17	0.19	0.08	0.22	0.19	0.05	0.18
6	相对误差指标/%		≤0.25	≤0.25	≤0.25	≤0.25	≤0.25	≤0.25	≤0.25	≤0.25	≤0.25
7	结论		合格	合格	合格	合格	合格	合格	合格	合格	合格

3）电流传感器电气试验

与电压传感器电气试验方法相似，使用升流器从产品极柱的进线端和出线端输入一

次电流,使用精度达到要求的交流电流表测量二次侧电流,检验记录如表 2-11 所示。

表 2-11 电流互感器检验记录表示例(A 相)

项目		1	2	3	4	5	6	7	8
一次电流/%(额定电流)		10	20	50	80	100	200	300	400
二次电流	准确值/mA	10	20	50	80	100	200	300	400
	实测值/mA	9.8	19.79	49.81	80.1	100.21	197.5	297.0	396.1
	绝对误差/mA	0.2	0.21	0.19	0.1	0.21	2.5	3.0	3.9
相对误差/%		0.2	0.21	0.19	0.1	0.21	2.5	3.0	3.9
相对误差指标/%		≤0.25	≤0.25	≤0.25	≤0.25	≤0.25	≤5.0	≤5.0	≤5.0
结论		合格	合格	合格	合格	合格	合格	合格	合格

B 相、C 相电流传感器检验方法与此相同。

2. 机械性能试验

产品的机械性能试验可使用通用中压开关机械特性试验仪,试验时将中压开关机械特性试验仪的机械运动传感器安装在被试产品的分合闸操作驱动机构底部,如图 2-35 所示,然后对被试产品进行分合闸操作,将前置器上所显示的机械性能参数与中压开关机械特性试验仪上所标示的数值进行比较,应在规定的误差范围内。

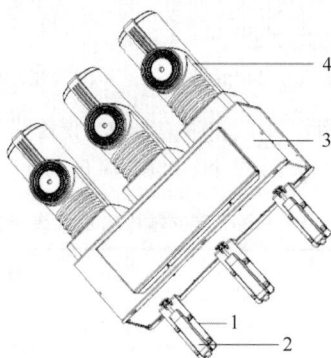

图 2-35 中压开关机械特性试验仪的传感器安装
1-机械特性试验仪的传感器;2-固定支架;3-产品机体;4-产品极柱

机械性能检验记录可采用如表 2-12 所示形式。

表 2-12 机械性能检验记录表示例

项目		A 相			B 相			C 相		
		1	2	3	1	2	3	1	2	3
行程/mm	指标	8.5±0.3	8.5±0.3	8.5±0.3	8.5±0.3	8.5±0.3	8.5±0.3	8.5±0.3	8.5±0.3	8.5±0.3
	实测	8.4	8.6	8.6	8.5	8.6	8.5	8.6	8.5	8.6
	结论	合格	合格	合格	合格	合格	合格	合格	合格	合格

续表

项目		A相			B相			C相		
		1	2	3	1	2	3	1	2	3
超程/mm	指标	1.5±0.5	1.5±0.5	1.5±0.5	1.5±0.5	1.5±0.5	1.5±0.5	1.5±0.5	1.5±0.5	1.5±0.5
	实测	1.9	2.0	2.0	2	1.8	1.8	1.8	1.9	2.0
	结论	合格	合格	合格	合格	合格	合格	合格	合格	合格
刚合速度/(m/s)	指标	0.4±0.1	0.4±0.1	0.4±0.1	0.4±0.1	0.4±0.1	0.4±0.1	0.4±0.1	0.4±0.1	0.4±0.1
	实测	0.43	0.46	0.46	0.44	0.46	0.44	0.46	0.44	0.46
	结论	合格	合格	合格	合格	合格	合格	合格	合格	合格
刚分速度/(m/s)	指标	0.7±0.3	0.7±0.3	0.7±0.3	0.7±0.3	0.7±0.3	0.7±0.3	0.7±0.3	0.7±0.3	0.7±0.3
	实测	0.55	0.7	0.7	0.6	0.7	0.6	0.7	0.6	0.7
	结论	合格	合格	合格	合格	合格	合格	合格	合格	合格
合闸弹跳	指标	0	0	0	0	0	0	0	0	0
	实测	0	0	0	0	0	0	0	0	0
	结论	合格	合格	合格	合格	合格	合格	合格	合格	合格
分闸反弹	指标	0	0	0	0	0	0	0	0	0
	实测	0	0	0	0	0	0	0	0	0
	结论	合格	合格	合格	合格	合格	合格	合格	合格	合格

3. 电气测量误差检验

使用三相标准电源将其交流三相电压(额定值 100V)和交流三相电流(额定值 100mA)输出分别接至产品上对应电压、电流测试连接端子,在产品前置器上进行电压、电流变比设置,然后调节试验电源的电压、电流输出,将产品前置器上显示的一次电压、电流数值与三相标准电源输出的电压、电流折算成对应的一次电压、电流数值进行比较,然后计算测量误差是否合格。检验记录如表 2-13 所示。

表 2-13　电气测量误差检验记录表示例(额定电压 10kV、额定电流 100mA)

项目		电压			电流					
		1	2	3	1	2	3	4	5	6
试验电源输出	输出/(V,mA)	80	100	120	10	20	50	80	100	120
	变比	额定电压/100V			额定电流/100mA					
	计算值/(kV,A)	8	10	12	10	20	50	80	100	120
产品显示值/(kV,A)		8.01	9.985	11.98	9.81	19.82	50.12	80.21	100.2	119.77
绝对误差/(kV,A)		0.01	0.015	0.02	0.19	0.18	0.12	0.21	0.20	0.23
相对误差/%		0.1	0.15	0.2	0.19	0.18	0.12	0.21	0.20	0.23
相对误差指标/%		≤0.25	≤0.25	≤0.25	≤0.25	≤0.25	≤0.25	≤0.25	≤0.25	≤0.25
结论		合格	合格	合格	合格	合格	合格	合格	合格	合格

4. 保护误差试验

使用通用继电保护试验仪,将其交流三相电压(二次额定值 100V)和交流三相电流(二次额定值 100mA)输出分别接至产品上对应电压、电流测试连接端子,在产品前置器上进行电压、电流变比设置和保护电压、电流定值及保护时间定值设置,然后调节继电保护试验仪的输出电压或输出电流,使保护动作检验保护误差。检验记录如表 2-14 和表 2-15 所示。

表 2-14 电压型保护误差检验记录表示例(额定电压 10kV)

项目		过电压			欠电压			三相不平衡电压
		U_A	U_B	U_C	U_A	U_B	U_C	U_0
定值设置	电压/kV	11	11	11	5.2	5.2	5.2	0.5
	时间/ms	400	400	400	400	400	400	400
保护动作	实测 电压/kV	10.97	10.98	10.99	5.19	5.21	5.2	0.49
	实测 时间/ms	399	401	401	399	401	399	399
	实测误差 电压/%	0.3	0.2	0.1	0.1	0.1	0.0	0.1
	实测误差 时间/ms	1	1	1	1	1	1	1
	误差指标 电压/%	≤0.5	≤0.5	≤0.5	≤0.5	≤0.5	≤0.5	≤0.5
	误差指标 时间/ms	≤1	≤1	≤1	≤1	≤1	≤1	≤1
结论		合格	合格	合格	合格	合格	合格	合格

表 2-15 电流型保护误差检验记录表示例(额定电流 630A)

项目		过电流(Ⅰ)			过电流(Ⅱ)			三相不平衡电流	电流速切		
		I_A	I_B	I_C	I_A	I_B	I_C	I_0	I_A	I_B	I_C
定值设置	电流/A	120	120	120	150	150	150	5	300	300	300
	时间/ms	150	150	150	100	100	100	200	50	50	50
保护动作	实测 电流/A	120.10	120.20	120.40	150.30	150.37	150.27	5.0085	301.14	301.20	301.35
	实测 时间/ms	150.60	150.15	150.15	99.5	100.3	100.2	201.00	50.30	50.30	50.10
	误差 电流/%	0.083	0.17	0.83	0.20	0.25	0.18	0.17	0.38	0.40	0.45
	误差 时间/ms	0.60	0.15	0.15	0.50	0.30	0.20	1.00	0.30	0.30	0.10
	误差指标 电流/%	≤0.5	≤0.5	≤0.5	≤0.5	≤0.5	≤0.5	≤0.5	≤1.0	≤1.0	≤1.0
	误差指标 时间/ms	≤1	≤1	≤1	≤1	≤1	≤1	≤1	≤1	≤1	≤1
结论		合格	合格	合格	合格	合格	合格	合格	合格	合格	合格

5. 近零分合闸误差检验

使用三相标准电源或继电保护试验仪从产品本体电压、电流测试连接端子输入允许范围内的电压、电流,进行分合闸操作,用双踪示波器同时观察电压、电流的分合闸瞬间波形,检验记录如表 2-16 所示。

表 2-16　近零分合闸误差检验记录表示例

项目		1			2			3		
		A相	B相	C相	A相	B相	C相	A相	B相	C相
合闸	指标/(°)	≤5								
	实测/(°)	4.0	3.6	3.2	3.9	3.7	3.0	3.8	3.5	2.9
	结论	合格	合格	合格	合格	合格	合格	合格	合格	合格
分闸	指标/(°)	≤5								
	实测/(°)	2.5	2.7	1.8	2.3	2.5	1.9	2.6	2.5	2.0
	结论	合格	合格	合格	合格	合格	合格	合格	合格	合格

6. 机械参数测量误差检验

打开产品本体底部的盖板,将中压开关机械特性测试仪的机械运动传感器安装在被试产品的操作驱动机构的底部(图 2-35),然后进行分合闸操作,将中压开关机械参数测试仪上测得的数据与前置器上所显示的对应数据进行比较,计算误差。检验记录如表 2-17所示。

表 2-17　机械参数测量误差检验记录表示例

项目			1			2			3		
			A相	B相	C相	A相	B相	C相	A相	B相	C相
合闸	时间/ms	测试仪测值	23.10	24.30	24.05	22.05	23.08	24.10	24.11	24.19	22.55
		产品测值	23.10	24.20	24.10	22.10	23.10	24.06	24.16	23.99	22.49
		测量误差	0.00	0.10	0.05	0.05	0.02	0.04	0.05	0.20	0.06
		误差指标	≤0.1								
		结论	合格	合格	合格	合格	合格	合格	合格	合格	合格
	速度/(m/s)	测试仪测值	0.30	0.30	0.30	0.30	0.30	0.29	0.30	0.30	0.30
		产品测值	0.29	0.30	0.30	0.30	0.30	0.30	0.30	0.30	0.30
		测量误差	0.01	0.00	0.00	0.00	0.00	0.01	0.00	0.00	0.00
		误差指标	≤0.1								
		结论	合格	合格	合格	合格	合格	合格	合格	合格	合格

续表

项目			1			2			3		
			A相	B相	C相	A相	B相	C相	A相	B相	C相
合闸	行程/mm	测试仪测值	8.50	8.45	8.50	8.45	8.45	8.55	8.45	8.45	8.50
		产品测值	8.40	8.41	8.35	8.40	8.41	8.51	8.43	8.50	8.53
		测量误差	0.10	0.04	0.15	0.05	0.04	0.04	0.02	0.05	0.03
		误差指标	≤0.2								
		结论	合格	合格	合格	合格	合格	合格	合格	合格	合格
	超程/mm	测试仪测值	1.80	1.90	1.80	1.90	1.80	1.70	1.80	1.70	1.70
		产品测值	1.90	1.80	1.90	2.00	1.80	1.90	1.90	1.80	1.70
		测量误差	0.10	0.10	0.10	0.10	0.00	0.20	0.10	0.10	0.00
		误差指标	≤0.2								
		结论	合格	合格	合格	合格	合格	合格	合格	合格	合格
分闸	时间/ms	测试仪测值	13.14	12.51	13.58	13.23	14.41	13.21	12.91	13.21	14.16
		产品测值	13.21	12.46	13.56	13.18	14.46	13.16	12.97	13.15	14.20
		测量误差	0.07	0.05	0.02	0.05	0.05	0.05	0.06	0.06	0.04
		误差指标	≤0.1								
		结论	合格	合格	合格	合格	合格	合格	合格	合格	合格
	速度/(m/s)	测试仪测值	0.72	0.68	0.66	0.71	0.68	0.74	0.73	0.70	0.63
		产品测值	0.71	0.70	0.70	0.69	0.70	0.71	0.73	0.69	0.67
		测量误差	0.01	0.02	0.04	0.02	0.02	0.03	0.00	0.01	0.04
		误差指标	≤0.1								
		结论	合格	合格	合格	合格	合格	合格	合格	合格	合格
	行程/mm	测试仪测值	8.51	8.53	8.46	8.45	8.51	8.33	8.44	8.55	8.31
		产品测值	8.51	8.51	8.53	8.52	8.52	8.51	8.38	8.53	8.44
		测量误差	0.00	0.02	0.07	0.07	0.01	0.18	0.06	0.02	0.13
		误差指标	≤0.2								
		结论	合格	合格	合格	合格	合格	合格	合格	合格	合格
	超程/mm	测试仪测值	1.90	1.67	1.85	1.63	1.72	1.72	1.81	1.66	1.71
		产品测值	1.82	1.65	1.81	1.62	1.71	1.73	1.85	1.62	1.78
		测量误差	0.08	0.02	0.04	0.01	0.01	0.01	0.04	0.04	0.07
		误差指标	≤0.2								
		结论	合格	合格	合格	合格	合格	合格	合格	合格	合格

7. 失电分闸控制检验

把三相标准电源的电压（模拟一次高电压）输出接至产品本体上的电压测试连接端子，接通工作电源进行合闸操作，断开三相标准电源的输出电压，或者断开工作电源，产品开关均应分闸,检验记录如表 2-18 所示。

表 2-18　失电分闸控制检验记录示例

项目		A 相			B 相			C 相		
		1	2	3	1	2	3	1	2	3
中压端	断电	√	√	√	√	√	√	√	√	√
二次工作电源	断电	√	√	√	√	√	√	√	√	√
结论		合格	合格	合格	合格	合格	合格	合格	合格	合格

8. 联机和 VQC 检验

1) 联机检验

用三相标准电源(80～120V,0～1A,0.5 级)1 台、电容器(三相,100V,20～100mA)2～4 台和被试产品按图 2-36 接线。三相标准电源输出电压(在允许范围内),各台电容器的电流不相同(在允许范围内),观察各台产品前置器上的一次系统图界面,检验记录如表 2-19 所示,如显示正确则在相应的检验空格中标记"√"。

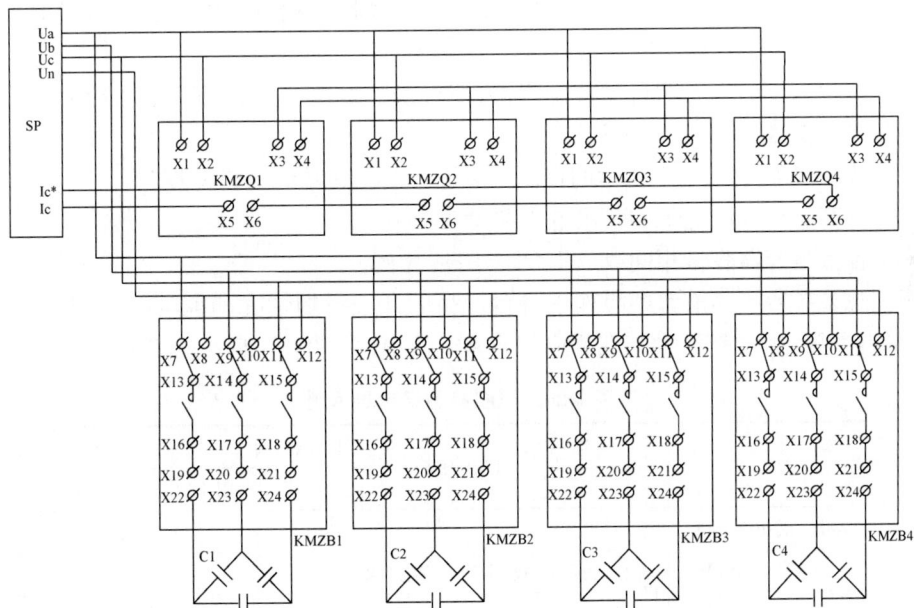

图 2-36　联机与 VQC(4 台产品)检验接线示意图

SP-三相标准电源;C1～C4-与各台产品相接的电容器;KMZB1～KMZB4-4 台产品的本体;

KMZQ1～KMZQ4-4 台产品的前置器;X1、X2-产品前置器上的配电二次电压接线端子;

X3、X4-产品前置器上的联机通信接线端子;X5、X6-产品前置器上的配电二次电流接线端子;

X7～X12-产品本体上的电压测试连接端子;X13～X18-产品本体上的三极开关进线、出线端子;

X19～X24-产品本体上的电流测试连接端子

表 2-19　产品联机(4 台产品)检验记录表示例

项目		第1台			第2台			第3台			第4台		
		系统图	开关状态	负载电流	系统图	开关状态	负载电流	系统图	开关状态	负载电流	系统图	开关状态	负载电流
4台均通电	合第1台开关	√	√	√	√	√	√	√	√	√	√	√	√
	合第1,2台开关	√	√	√	√	√	√	√	√	√	√	√	√
	合第1,2,3台开关	√	√	√	√	√	√	√	√	√	√	√	√
	开关全合	√	√	√	√	√	√	√	√	√	√	√	√
	退第1台开关	√	√	√	√	√	√	√	√	√	√	√	√
	退第1,2台开关	√	√	√	√	√	√	√	√	√	√	√	√
	退第1,2,3台开关	√	√	√	√	√	√	√	√	√	√	√	√
	开关全退	√	√	√	√	√	√	√	√	√	√	√	√
对其中1台停工作电源		√	√	√	√	√	√	√	√	√	√	√	√
对其中2台停工作电源		√	√	√	√	√	√	√	√	√	√	√	√

2) VQC(电压无功综合自动控制)检验

用三相标准电源(80～120V,0～1A)1 台、电容器(三相,100V,20～100mA)2～4 台和被试产品 2～4 台按图 2-36 接线。

(1) 配电电压引入无功自动控制判据,即根据配电电压和无功两个物理量自动控制接有电容器的开关的投运与切除。

(2) 按图 2-12 和表 2-5 所示的控制策略进行电压无功综合自动控制。

(3) 调节三相标准电源的输出电压和无功功率。

(4) 各台电容器容量相同或成 1∶2∶4∶4 比例。

(5) 观察各台产品前置器界面中各台产品的开关投切情况和配电电压、无功变比情况,记录并判断,如动作正确则在相应的检验空格中标记"√",如表 2-20 所示。

表 2-20　VQC 检验记录表示例

区域	状态	控制策略	结论		
			第1次	第2次	第3次
0	电压、无功均合格	不动作	√	√	√
1	电压高、无功合格	若有电容器在投,则切一台电容器	√	√	√
2	电压高、无功欠补	若有电容器在投,则切一台电容器	√	√	√
3	电压合格、无功欠补	若有电容器可投,则进行投切电容器引起电压变化预测,如果投电容器不会引起过电压,则投一台电容器,否则不投	√		√
4	电压低、无功欠补	若有电容器可投,则投一台电容器	√	√	√

区域	状态	控制策略	结论		
			第1次	第2次	第3次
5	电压低、无功合格	若有电容器可投,则进行投切电容器引起电压变化预测,如投电容器使电压升高,则投一台电容器,否则不投	√	√	√
6	电压低、无功过补	若有电容器可切,则进行投切电容器引起电压变化预测,如切电容器使电压进一步下降,则不切电容器,否则切电容器	√	√	√
7	电压合格、无功过补	若有电容器可切,则进行投切电容器引起电压变化预测,如切电容器引起电压过低,则不切电容器,否则切电容器	√	√	√
8	电压高、无功过补	若有电容器可切,则切一台电容器	√	√	√

9. 自诊断检验

1) 负载电容器容量自诊断检验

用三相标准电源(100V,0～1A,0.2级)1台、可调电阻器(200Ω/10W,模拟负载电容器)3台、交流电流表(0～150mA,0.2级)3台按图2-37所示接线。

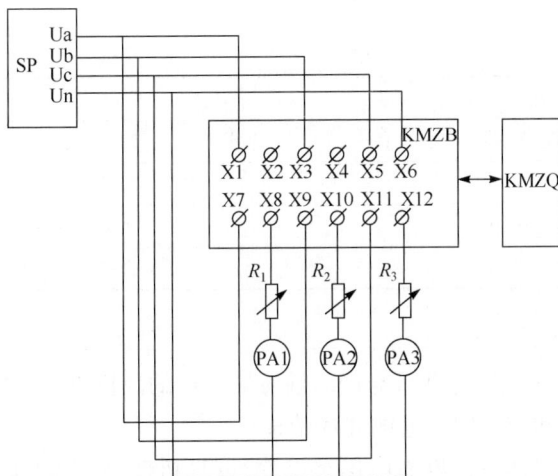

图 2-37　负载电容器容量自诊断检验接线示意图

SP-三相标准电源;KMZB-产品本体;KMZQ-产品前置器;R_1～R_3-可变电阻器;

PA1～PA3-交流电流表;X1～X6-产品本体上的电压测试连接端子;

X7～X12-产品本体上的电流测试连接端子

（1）产品的本体和前置器均通电并通信连接。

（2）三相标准电源输出 100V 电压。

（3）调节可调电阻器回路电流至一定数值，将此数值折算至相应电容器容量（μF），再折算到在额定电压下的无功功率，然后设置到产品前置器设置界面中的负载功率设置栏中。

（4）取两个时间点（在产品前置器设置界面中通过修改时间），调节可变电阻器阻值变大（回路电流变小），观察前置器相关界面及数据，进行记录、计算与判断，如表 2-21 所示。

表 2-21 负载电容器容量自诊断记录表示例

项目	时间	起始时间：□□□□年 □□月□□日	第1次检查时间：□□□□年 □□月□□日	第2次检查时间：□□□□年 □□月□□日
电容量测量	准确值/μF	26.32	26.32	26.32
	测量值/μF	25.72	25.66	25.77
	测量误差/%	2.3	2.5	2.1
	误差指标/%	≤5	≤5	≤5
	结论	合格	合格	合格
电容量衰减（20%额定容量）	准确值/μF	21.06	21.06	21.06
	测量值/μF	20.57	20.53	20.62
	测量误差/%	2.3	2.5	2.1
	误差指标/%	≤5	≤5	≤5
	结论	合格	合格	合格
电容量衰减至50%时间预测	准确时间/d	—	7300	7300
	测量时间/d	—	7200	7350
	测量误差/%	—	1.37	2.05
	误差指标/%	—	≤5	≤5
	结论	—	合格	合格

2）开关机构自诊断检验

用一台装有相应测试软件并可与产品前置器通信的计算机进行检验。

（1）产品的本体和前置器均通电并通信连接。

（2）在产品的前置器设置界面中逐个设置行程、超程、分合闸速度、分合闸时间参数的限值。

（3）计算机通信控制产品合闸、分闸各 100 次，每次动作间隔 30s，每次动作的行程、超程、分合闸速度、分合闸时间参数发至计算机并制表打印，对每种参数去除非正常值、确定初值和计算每百次变化率，并计算至超限值分合闸的次数，在产品前置器上读取相应数值，并记录、对比和判断，如表 2-22 所示。

表 2-22　产品开关机构自诊断记录表示例

项目		行程	超程	合闸速度	分闸速度	合闸时间	分闸时间
限值		8.2～8.8mm	1.7～2.3mm	0.2～0.4m/s	0.6～0.8m/s	20～25ms	8～10ms
计算值	初始值	8.41mm	1.93mm	0.29m/s	0.68m/s	22.40ms	9.0ms
	变化率/%	0.0002	0.0002	0.00015	0.00015	0.0012	0.00082
	预测次数/次	195000	185000	73300	80000	216700	122000
产品预测次数/次		200000	190000	75000	82000	220000	125000
误差/%		2.5	0.26	2.3	2.5	1.6	2.45
误差指标/%		10.0	10.0	10.0	10.0	10.0	10.0
结论		合格	合格	合格	合格	合格	合格

3）自动化装置自诊断检验

（1）使产品的配电电压取样回路或负载电流取样回路中的相关器件损坏或者偏离正常参数，产品的本体与前置器均通电并通信连接，前置器上应有相应故障提示。

（2）使产品合闸、分闸控制回路中的相关器件损坏或者偏离正常参数，产品的本体与前置器均通电并通信连接，前置器上应有相应故障提示。

（3）使产品的通信硬件或数据库损坏，产品的本体与前置器均通电并通信连接，前置器上应有相应故障提示。

（4）试验结果记录和判断。

自动化装置自诊断检验记录表示例如表 2-23 所示。

表 2-23　自动化装置自诊断检验记录表示例

项目				配电电压取样回路故障			负载电流取样回路故障			合闸控制回路故障			分闸控制回路故障			通信故障			数据库故障		
	1	2	3	1	2	3	1	2	3	1	2	3	1	2	3	1	2	3			
故障提示	√	√	√	√	√	√	√	√	√	√	√	√	√	√	√	√	√	√			
结论	合格	合格	合格	合格	合格	合格	合格	合格	合格	合格	合格	合格	合格	合格	合格	合格	合格	合格			

10. 通信检验

（1）在检验用计算机上安装采用 IEC 61850 通信规约的专用检验软件，依次把网络、光纤、GPRS、RS-232 通信接口与产品前置器上的对应通信接口有线或无线连接。

（2）产品的本体和前置器均通电并通信连接。

（3）在检验用计算机上读取产品的测量数据。

（4）在检验用计算机上进行合闸、分闸控制。

（5）在检验用计算机上读取产品的合闸、分闸状态信号。

（6）在检验用计算机上设置产品定值。

（7）在检验用计算机上设置产品功能。

（8）在检验用计算机上修改或升级产品的软件。

（9）在检验用计算机上和产品前置器上进行信息对比，并记录和判断。

通信检验记录表示例如表 2-24 所示。

表 2-24 通信检验记录表示例

项目		遥测量	遥控制	遥信号	遥定值设置	遥功能设置	遥软件修改或升级
试验	1	√	√	√	√	√	√
	2	√	√	√	√	√	√
	3	√	√	√	√	√	√
	4	√	√	√	√	√	√
	5	√	√	√	√	√	√
结论		合格	合格	合格	合格	合格	合格

11. 绝缘与耐压检验

1）产品本体绝缘与耐压检验

产品本体上开关进线端、出线端和工作电源进线接插件端子要进行绝缘与耐压检验，检验要求如表 2-25 所示。

表 2-25 产品本体绝缘与耐压(12kV 产品)检验要求

项目		绝缘	工频耐压
开关	进线端、出线端间（分闸）	>10MΩ(2000V)	48kV/1min(泄漏电流≤3mA)
	进线端对地		42kV/1min(泄漏电流≤2.5mA)
	出线端对地		
	工作电源端子对地	>10MΩ(1000V)	2kV/1min(泄漏电流≤0.5mA)

2）产品前置器绝缘与耐压检验

产品前置器的所有接线端子对地和各种端子之间要进行绝缘与耐压检验，通信端子用 500V 兆欧表和 1000V 耐压仪分别进行绝缘与耐压检验，其他用 1000V 兆欧表与 2000V 耐压仪进行检验，如表 2-26 所示。

表 2-26 产品前置器绝缘与耐压检验表示例

项目	～220V	U_A、U_C	I_b^*、I_b	U_o、I_o	SD、Ycom	BH、BHcom	YXH、YXF、YXcom	BS、BScom	YF、YH、Ycom	485A、485B	地
～220V	—	1	1	1	1	1	1	1	1	2	1
U_A、U_C	—	—	1	1	1	1	1	1	1	2	1
I_b^*、I_b	—	—	—	1	1	1	1	1	1	2	1
U_o、I_o	—	—	—	—	1	1	1	1	1	2	1
SD、Ycom	—	—	—	—	—	2	1	1	1	2	1
BH、BHcom	—	—	—	—	—	—	1	1	1	2	1

项目	~220V	U_A、U_C	I_b^*、I_b	U_o、I_o	SD、Ycom	BH、BHcom	YXH、YXF、YXcom	BS、BScom	YF、YH、Ycom	485A、485B	地
YXH、YXF、YXcom	—	—	—	—	—	—	—	1	1	2	1
BS、BScom	—	—	—	—	—	—	—	—	1	2	1
YF、YH、Ycom	—	—	—	—	—	—	—	—	—	2	1
485A、485B	—	—	—	—	—	—	—	—	—	—	2
地	—	—	—	—	—	—	—	—	—	—	—

注：1—绝缘检验为>10MΩ(1000V)，耐压检验为2000V/1min。

2—绝缘检验为>10MΩ(500V)，耐压检验为1000V/1min。

（三）安装

1. 产品本体安装

1）机械安装

产品本体在电气上串接在中压电源与中压并联电容器组回路中，安装位置和与其他设备的连接要确保电气安全，在电气上绝缘的导电体之间要有不低于规范要求的安全距离。

产品本体在机柜内安装，应将本体上有本体控制器盖板的面对向柜门，便于该盖板的装卸和盖板内部件的调换。

产品本体的外形尺寸和安装尺寸见图2-13。

产品机械安装要有足够坚固的支架和紧固件，紧固件的尺寸、配套和装配应符合相应规范。

2）电气接线

产品本体极柱上的进线端和出线端的外接导体应采用载流量足够的铜排或铝排，如用铝排必须将其连接端铜材化，以确保连接处的电性能稳定。与极柱连接的导电排上的连接孔在与极柱连接之前应与极柱上的连接孔自然相对，连接时不能强力拉紧接线。同时，导电排应制作成适度弯曲使其有一定弹性，减小本体分合闸时产品的振动对设备的影响。

产品本体上的工作电源连接采用接插件，有接有屏蔽线缆的接插头配件，将接插头与本体上的接插座接紧。屏蔽线缆中有电源线两根、接地线一根，分别接至机柜的对应接线端子上，金属屏蔽层应接到机柜的壳体上。

2. 产品前置器安装

1）机械安装

产品前置器安装在安全并且便于观察和操作的机柜前面板上。前置器采用嵌入式安装方式，安装开孔尺寸如图2-14所示。

安装时将前置器放入开孔内，然后在机柜后将其两侧固定件上的螺栓上紧即可。

2）电气接线

前置器的电气接线宜用塑包多芯导线，电流回路选用 2.5mm² 规格，其他回路可用 1.5mm² 规格，接地线应为黄绿双色线，其他线可用黑色。

电气接线应按电气接线图进行，除了应保证接线正确之外，还应注意以下几点。

（1）导线长度要有一定裕度，不可拉紧。

（2）导线端部要把多股线绞紧，加加线鼻子或冷压端头，在压紧时应使芯线无损。

（3）导线的弯曲半径应大于导线直径的 2 倍以上。

（4）导线穿越金属孔或在过门处，应缠上胶带或绝缘螺旋带。

（5）导线悬挂超过 300mm 时要加线卡固定。

（6）每个接线端子应只接一根导线，只有当该端子为接两根导线而专门设计的才允许接两根导线。

（7）单股导线用螺栓固定时，导线应曲圆，曲圆内径应比接线螺栓直径大 0.5～1.0mm，曲圆方向应与螺栓旋转方向一致。

（8）同一接点接两根硬线时，硬线之间要加平垫，当两根导线为一根硬线和一根软线时，应软线在下，其间可不加平垫。

（四）成套检验

1. 安装检验

1）机械安装检查

（1）产品机械安装的支撑件应牢固，产品与安装支撑件之间连接应紧固。

（2）相互之间绝缘的带电体和对地电气安全距离应达到规范要求。

2）电气接线检查

（1）对照电气接线图，接线应正确。

（2）检查每个接线端子的紧固件的规格及其配套件应符合规范、质量上乘、紧固良好，每根导线无损伤，线端与线鼻子、冷压端头连接可靠。

2. 绝缘与耐压检验

1）成套一次系统绝缘与耐压检验

产品安装并接线之后，与机柜连接线和与其他设备成套，应按相关规范、标准进行一次系统绝缘与耐压检验。在检验过程中，自动化装置应停电，涉及负载并联电容器组相间绝缘与耐压时，应将与负载并联电容器组的连接解开，使负载并联电容器组避开相关试验。

2）成套二次系统绝缘与耐压检验

产品安装接线之后，成套二次系统绝缘与耐压检验时自动化装置应停电，按相关规范、标准进行。

3. 接线检验

产品安装接线后要进行接线正确性检验，接线检验的试验端应从外设引入接线端，单机柜的从机柜的接线排端子上，多机柜则从与外设接线引入的机柜上的接线排端子处。

检验操作和观察在试验端和产品前置器端,如表 2-27 所示。

表 2-27　接线检验方法

序号	内容		注意点	试验端		前置器端操作、观察
	名称	端子符号		部位①	操作、观察	
1	工作电源	～220V			接～220V 电源	液晶屏发光显示
2	配电电压	U_A、U_C	二线不能接反		三相标准电源 U_{AC}（～100V）接上	有 U_{AC} 显示
3	负载电流	I_b^*、I_b	二线不能接反		三相标准电源 U_{AC}（～100V）、I_b（～5A）接上	有 U_{AC}、I_b 显示；有 $\cos\phi$ 显示,应与三相标准电源的输出数值一致
4	手动/自动转换	SD、Ycom			开路（无导线连接）	不可手动分合闸,可远动与自动分合闸
					导线连接	可手动分合闸,不可远动和自动分合闸
5	报警接点输出	BH、BHcom			接上电阻表,在前置器有报警信号时电阻显示为零	修改报警参数,有报警信号输出
6	合闸状态信号输出	YXH、YXcom			接上电阻表,在前置器有合闸信号时电阻显示为零	合闸操作,有合闸信号输出
7	分闸状态信号输出	YXF、YXcom			接上电阻表,在前置器有分闸信号时电阻显示为零	分闸操作,有分闸信号输出
8	外设故障输入	BS、BScom			导线短路	有相关响应
9	合闸控制输入	YF、Ycom			用导线连接一下	有外控合闸提示信号
10	分闸控制输入	YH、Ycom			用导线连接一下	有外控分闸提示信号
11	下行通信（光纤）	R、T	二线不能接反	—	—	分合闸操作,本体发出分合闸声响
12	平行通信	485A、485B	二线不能接反		与另一台产品前置器的 485A、485B 端相连,两台均工作	在电压无功综合自动控制功能的实时信息界面上出现另一台产品信息

① 试验端部位因被试成套设备情况而异,由检验者在检验时据实填写。

（五）投入运行

1. 投入运行前检查

产品在投入实际运行之前要完成如下检查。

（1）检查每个机械安装固定件和接线固定件及其安装是否符合规范。

（2）检查每个器件、元件和部件及其安装支撑件上应无污秽、杂物。

（3）检查柜内及其所有角落应无安装接线材料遗物和工具。

（4）柜内、柜外进行清尘、清扫处理。

2. 投入运行过程

1）接通自动化装置电源和配电二次电压

将产品本体和前置器均接通工作电源，同时接通前置器的配电二次电压（配电电压互感器次级输出），进行如下检查。

（1）前置器的液晶屏发光显示正常，红外感应功能（人体接近后发光显示，人体离开后延时熄灭）正常。

（2）在参数设置界面中检查和修正设置内容，应全面、准确。

（3）在电压无功综合自动控制的实时信息界面中有配电电压数值显示，应与实际数值相符。

（4）进行手动合闸、分闸控制，在综合自动化功能的实时信息界面中开关符号的分合闸状态应准确变化。

2）接通一次中压电源

把上级开关（断路器）合闸，接通一次中压电源，进行如下检查。

（1）在综合自动化功能的实时信息界面中有配电相电压 U_A、U_B、U_C 数值显示，应与实际值相符。

（2）进行手动分合闸操作，在综合自动化功能的实时信息界面中核对所有数值，应与实际值相符，主接线图案上开关符号的分合闸状态应准确变化。

（3）进行手动分合闸操作过后，观察在线监测与自诊断功能的工况曲线（分闸、合闸）界面中分合闸的电压、电流和行程曲线，应合闸无弹跳、分闸无反弹。

3）自动控制方式运行

在产品前置器上操作，使产品进入自动控制方式运行，在电压无功综合自动控制功能的九域图界面中观察标示实时电压、无功数值的圆点，随电压、无功数值的变化而移动，其移动符合表 2-5 所示的规律。

4）联机组成系统运行

如有多台产品，应先分别对各台产品投运检查，在各台产品单独运行正常之后，将各台产品间的并行通信（RS-485）接通，逐台观察电压无功综合自动控制的实时信息界面，应有所有参与联机产品的运行工况（分合闸状态、负载电流、无功等）显示，并与实际工况相符。

5）正式投入运行

上述过程结束后，产品可正式投入运行。影响产品正常运行的主要外部电气条件如下。

（1）自动化装置工作电源。

（2）配电电压互感器、电流互感器次级输出。

（3）配电电源。

（4）配电电压谐波。

（5）上级开关的短路故障分断能力。

三、线路类户外型产品使用

（一）人机联系

1）前置器的面板

产品本体为一次设备，安装在高电压、大电流的一次回路中，人体不能接近，上面没有可观察和可操作的部件。

产品的人机联系使用前置器，前置器属于二次、三次设备，应安装在安全和便于观察、操作的地方，本体的运行工况通过与前置器光纤通信在前置器界面中反映，并可在前置器面板上进行操作而干预本体的运行工况。

前置器面板如图 2-38 所示。

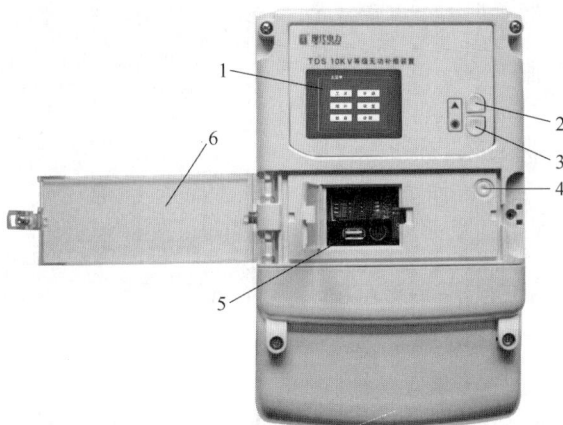

图 2-38　前置器面板

1-液晶显示屏；2、3、4-按键；5-USB 接口；6-可打开的翻盖

显示屏采用图形、曲线、表格、汉字、字母、数字等形式显示产品本体和前置器的运行工况信息并在操作引导下操作。

按键 2 一般用于移动标示，按键 3 一般用于执行，按键 4 用于参数设置的数字位选择。

USB 接口用于信息数据的保存和软件调整或升级。

2）前置器的界面

前置器主要界面如图 2-39～图 2-44 所示。

（1）主菜单界面显示了产品的六个功能，即工况、手动、统计、设置、综自、诊断，如图 2-39所示。

（2）工况中有配电信息界面，显示产品所在配电电压、电流、功率因数、有功功率、无功功率和频率等实时数据，以及自动控制延时和设备实时状况，如图 2-40 和图 2-41 所示。

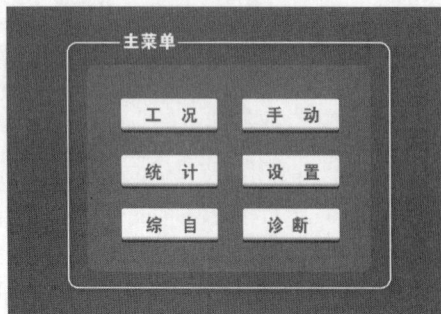

图 2-39　主菜单界面

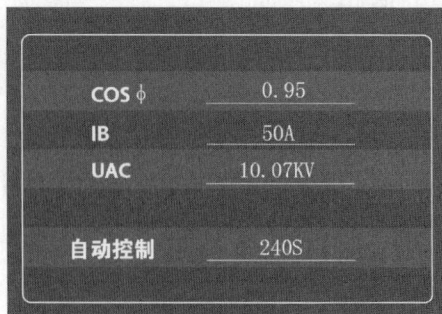

图 2-40　工况的配电信息界面

（3）工况中有装置信息界面，显示 GPRS 装置状态、前置器与本体的通信状态等装置状态信息、时间、版本号等，如图 2-42 所示。

图 2-41　工况的配电信息界面

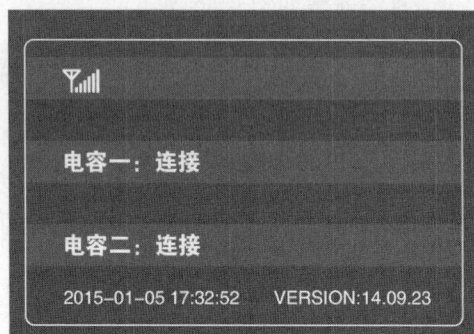

图 2-42　工况的装置信息界面

（4）综自中有并联电容器 1 和并联电容器 2 界面，显示产品所控制的并联电容器的电压与电流、本体控制器的温度、开关的状态，以及本体保护信号等实时信息，如图 2-43 所示。并联电容器 2 的界面与此相似。

（5）诊断中有并联电容器 1 和并联电容器 2 界面，显示所在回路自诊断信息，如图 2-44所示。并联电容器 2 的界面与此相似。

	A	B	C
U	5.8	5.79	5.81
V	5.8	5.79	5.81
Y	10.07	10.06	10.08
I	35	34	35
T	50	50	50
ST	NO	NO	NO

图 2-43　综自的并联电容器 1 界面

	A	B	C
KJ	00.0	00.0	00.0
HZSD	00.0	00.0	00.0
FZSD	00.0	00.0	00.0
HZPY	00.0	00.0	00.0
FZPY	00.0	00.0	00.0
TANT	000	000	000
RANH	000	000	000

图 2-44　诊断的并联电容器 1 界面

（二）性能检验

在产品前置器上正确设置参数之后，可进行设备的性能检验。设备性能检验需要将产品的本体和前置器通过光纤线连接，二者均应通电进行。

线路类户外型产品的性能检验与变电站类户内型产品性能检验的内容、方法基本相同，二者的主要异同如表 2-28 所示。产品前置器绝缘和耐压检验要求如表 2-29 所示。

表 2-28　线路类户外型产品与变电站类户内型产品性能检验的主要异同

序号	项目		异同	变电站类户内型产品	线路类户外型产品
1	一次电气性能检验	一次开关电气试验	相同	第六节二、(二)1.1)	
2		电压传感器电气试验	相同	第六节二、(二)1.2)	
3		电流传感器电气试验	相同	第六节二、(二)1.3)	
4	机械性能试验		相同	第六节二、(二)2.	
5	电气测量误差检验		相同	第六节二、(二)3.	
6	保护误差检验		相同	第六节二、(二)4.	
7	近零分合闸误差检验		相同	第六节二、(二)5.	
8	机械测量误差检验		相同	第六节二、(二)6.	
9	失电分闸控制检验		相同	第六节二、(二)7.	
10	联机试验		差异	第六节二、(二)8.1)	无
11	VQC检验		差异	第六节二、(二)8.2)	使用两台电容器，容量比1∶2
12	自诊断检验		相同	第六节二、(二)9.	
13	通信检验		相同	第六节二、(二)10.	
14	本体绝缘与耐压检验		相同	第六节二、(二)11.1)	
15	前置器绝缘与耐压检验		差异	第六节二、(二)11.2)	表 2-29

表 2-29　产品前置器绝缘和耐压检验要求

项目	$I_a^* I_a$	$I_b^* I_b$	$I_c^* I_c$	U_a	U_b	U_c	告警1 13~15	告警2 16、17	遥信 18、19	通信 20~22	光纤1,2 23~29	地
$I_a^* I_a$	—	1	1	1	1	1	1	1	1	2	2	1
$I_b^* I_b$	—	—	1	1	1	1	1	1	1	2	2	1
$I_c^* I_c$	—	—	—	1	1	1	1	1	1	2	2	1
U_a	—	—	—	—	1	1	1	1	1	2	2	1
U_b	—	—	—	—	—	1	1	1	1	2	2	1
U_c	—	—	—	—	—	—	1	1	1	2	2	1

续表

项目	I_a^* I_a	I_b^* I_b	I_c^* I_c	U_a	U_b	U_c	告警1 13~15	告警2 16、17	遥信 18、19	通信 20~22	光纤1、2 23~29	地
告警1 13~15	—	—	—	—	—	—	—	1	1	2	2	1
告警2 16、17	—	—	—	—	—	—	—	—	1	2	2	1
遥信 18、19	—	—	—	—	—	—	—	—	—	2	2	1
通信 20~22	—	—	—	—	—	—	—	—	—	—	2	2
光纤1、2 23~29	—	—	—	—	—	—	—	—	—	—	—	2
地	—	—	—	—	—	—	—	—	—	—	—	

注:1-绝缘检验为>10MΩ(1000V),耐压检验为2000V/1min。

2-绝缘检验为>10MΩ(500V),耐压检验为1000V/1min。

(三) 安装

1. 产品本体安装

本体安装与变电站类户内型产品本体的安装相同,应注意的是,由于线路类户外型产品一般安装在体积较小的户外式箱体内,箱内温度、湿度条件恶劣,因此机械安装和电气接线均应考虑环境因素,如隔离的带电体之间的安全距离要增大、紧固件要耐腐蚀性高等。

2. 产品前置器安装

1) 机械安装

产品前置器一般置于户外式设备箱内,靠近箱门便于观察的安全部位。安装方式采用壁挂方式,安装尺寸如图2-15所示。

2) 电气接线

产品前置器的电气接线要点与变电站类户内型产品前置器的电气接线要点相同,但应注意,连接点应有更高的耐潮、耐霉和耐腐蚀性能。

(四) 成套检验

1. 安装检验

1) 机械安装检查

(1) 产品机械安装的依附件应牢固、耐潮、耐腐蚀,产品与安装依附件之间连接应紧固、耐潮、耐腐蚀。

（2）相互绝缘的带电体之间和对地电气安全距离应达到有关潮湿环境中的规范要求。

2）电气接线检查

（1）对照电气接线图，接线应正确。

（2）检查每个接线端子的紧固件的规格及其配套件应符合规范、质量上乘、紧固良好，每根导线无损伤，线端与线鼻子、冷压端头连接可靠。

2. 绝缘与耐压检验

1）成套一次系统绝缘与耐压检验

产品安装并接线之后，与机柜和其他设备成套，应按户外环境的相关规范、标准进行一次系统绝缘与耐压检验。在检验过程中，自动化装置应停电，涉及负载并联电容器相间绝缘和耐压时，应将与负载并联电容器的连接解开，使负载并联电容器避开相关试验。

2）成套二次系统绝缘与耐压检验

产品安装接线之后，成套二次系统绝缘与耐压检验时自动化装置应停电，按相关规范、标准进行。

3. 接线检验

产品安装接线后要进行接线正确性检验，接线检验的试验端为从外设引入的接线端，如机柜的接线排端子上，检验操作和观察在试验端和产品前置器端，如表 2-30 所示。

表 2-30　接线检验方法

序号	内容		注意点	试验端		前置器端操作、观察
	名称	端子符号		部位[①]	操作、观察	
1	配电电压	U_A、U_C	二线不能接反		三相标准电源 U_{AC}（～220V）接上	有 U_{AC} 显示
2	负载电流	I_b^*、I_b	当 $\cos\phi$ 显示为超前时，应将二线对调		三相标准电源 U_{AC}（～200V）、I_b（～5A）接上	有 U_{AC}、I_b 显示；有 $\cos\phi$ 显示，应与三相标准电源的输出数值一致
3	下行通信（光纤）	R、T	二线不能接反	—	—	分合闸操作，对应产品的本体发出分合闸声响

① 试验端部位因被试成套设备情况而异，由检验者在检验时据实填写。

（五）投入运行

1. 投入运行前检查

产品在投入实际运行之前要完成如下检查。

（1）检查每个机械安装固定件和接线固定件及其安装是否符合规范。

（2）检查每个器件、元件和部件及其安装支撑件上应无污秽、杂物。

（3）检查柜内及其所有角落应无安装接线材料遗物和工具。

（4）柜内、柜外进行清尘处理。

2. 投入运行过程

1）接通自动化装置电源和配电二次电压

将产品本体和前置器均接通工作电源，同时接通前置器的配电二次电压（配电电压互感器次级电压），进行如下检查。

（1）前置器的液晶屏发光显示正常。

（2）在参数设置界面中检查和修正设置内容，应全面、准确。

2）接通一次中压电源

把上级开关（刀闸或熔断器）合闸，接通一次中压电源，进行如下检查。

（1）在综自的并联电容器 1、并联电容器 2 界面中有配电相电压 U_A、U_B、U_C 数值显示，应与实际值相符。

（2）进行手动分合闸操作，在综自的并联电容器 1、并联电容器 2 界面中核对所有数值，应与实际值相符，开关分合闸状态应准确变化以及确定无保护信号。

（3）确认保护参数下发到本体中。

（4）在工况的配电信息界面有配电电压数值显示，应与实际数值相符。

3. 自动控制方式运行

在产品前置器上操作，使产品进入自动控制方式运行，控制策略符合表 2-5 所示的规律。

4. 正式投入运行

上述过程结束以后，产品可正式投入运行。影响产品正常运行的主要外部条件如下。

1）自然环境条件

（1）最高温度、最低温度。

（2）受潮情况与空间湿度。

（3）积尘、受蚀程度。

（4）外物（如昆虫、动物）侵入程度。

2）电气环境条件

（1）自动化装置工作电源。

（2）配电电压互感器、电流互感器次级输出。

（3）中压配电电源。

（4）中压配电电压谐波。

（5）上级开关短路分段能力。

四、运行维护

(一) 变电站类户内型产品运行维护

1）自然环境维护

（1）维护产品运行环境中没有明显尘埃、烟雾、腐蚀性气体、可燃性气体以及没有昆虫和鼠类等小动物。

（2）维护产品运行环境中的温湿度在规定范围内。

2）电气环境维护

（1）维护一次、二次系统（如避雷器等）瞬态过电压保护元件的可靠性，避免产品受雷击等瞬态过电压损坏。

（2）关注产品对配电、负荷的监测数据和诊断，维护良好的配电条件和合理的负荷配置。

3）设备运行工况维护

（1）关注产品对分闸与合闸（特别是电流型保护分闸）时拉弧、燃弧等电气瞬态参数的监测与诊断，如有不良情况要及时采取措施（如通知生产方）进行维护。

（2）关注产品对分闸与合闸过程中动触头运动行程、超程等静态机械参数及时间、速度等动态机械参数的监测与诊断，如有不良情况要及时采取维护措施（可与生产方联系）。

(二) 线路类户外型产品运行维护

线路类户外型产品运行维护与变电站类户内型产品运行维护相似，应特别注意户外自然环境的影响。

第三章

基于柔性分合闸技术的
现代电力中压交流真空断路器设备

第一节　综　　述

一、组成与形状

TDS系列智能集成中压交流真空断路器（以下简称产品）是基于柔性分合闸技术的现代电力中压交流真空断路器，由本体和前置器组成。使用时本体安装在一次回路中，前置器安装在便于观察、操作的安全地方，二者采用光纤进行信息交换，在电气上相互隔离，如图3-1所示。产品前面、后面、侧面的形状如图3-2所示。产品本体的外形尺寸和安装尺寸与通用型产品相同。

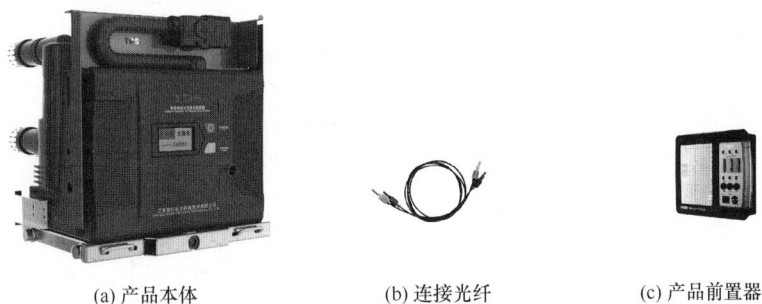

(a) 产品本体　　　　　　(b) 连接光纤　　　　　　(c) 产品前置器

图3-1　产品（12kV，≤1250A）的组成

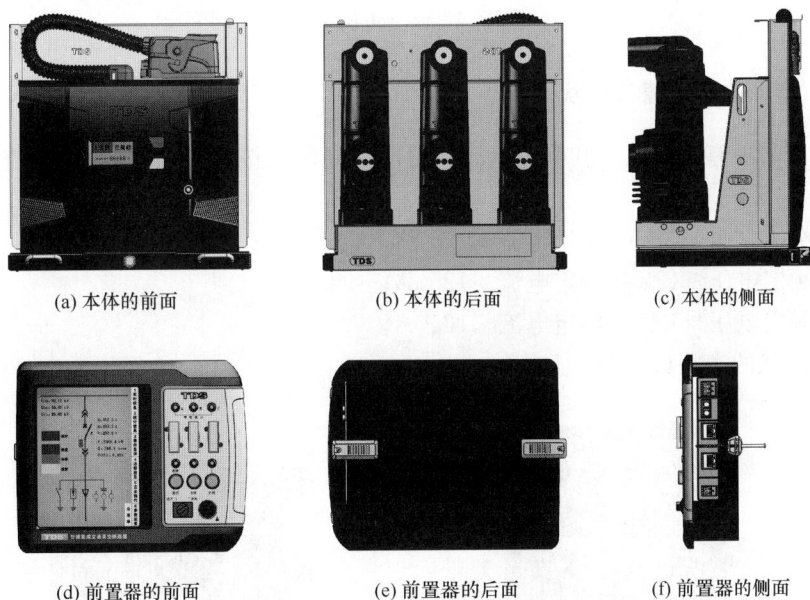

(a) 本体的前面　　　　　(b) 本体的后面　　　　　(c) 本体的侧面

(d) 前置器的前面　　　　(e) 前置器的后面　　　　(f) 前置器的侧面

图3-2　产品（12kV，≤1250A）的形状

二、型号与智能级别

(一) 产品的型号

产品铭牌标示产品的企业型号,产品的企业型号能够比较全面地反映产品的类型与主要特征。本体的型号由三部分组成,分别为产品的企业特征、产品的类型及产品的规格,如图 3-3 所示。

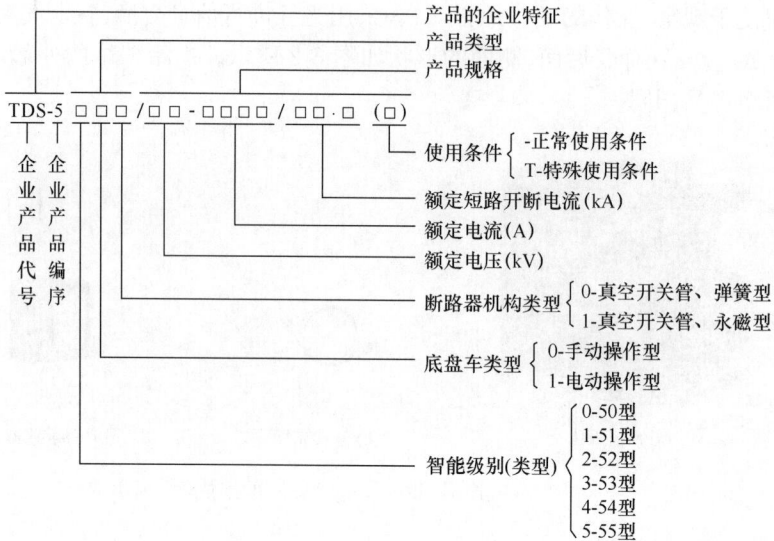

图 3-3　产品本体型号

(二) 产品的额定值与形状

产品型号中有额定电压和额定电流。目前产品形状按额定电压、额定电流不同分为三种:

(1) 额定电压≤12kV,额定电流≤1250A;

(2) 额定电压≤12kV,额定电流>1250A;

(3) 额定电压>12kV,额定电流≤1250A。

三种形状的产品如图 3-4 所示。

(a) 额定电压≤12kV、额定电流≤1250A　　　　(b) 额定电压≤12kV、额定电流>1250A

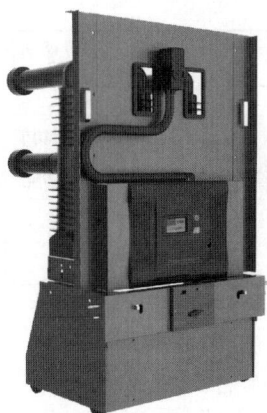

(c) 额定电压40.5kV、额定电流≤1250A

图 3-4　三种形状的产品（大小按比例）

（三）产品的智能级别

产品型号中的智能级别与功能有关，如表 3-1 所示。

表 3-1　产品型号中的智能级别与功能

序号	功能符号	功能简称	功能	0	1	2	3	4	5
				50	51	52	53	54	55
1	BHCK	保护测控	综合保护测控（录波）功能	√	√	√	√	√	√
2	WSLJ	外设连接	与外设连接功能	√	√	√	√	√	√
3	DDJL	电度计量	电度计量功能	√	√	√	√	√	√
4	MNP	模拟屏	模拟屏功能	√	√	√	√	√	√
5	YB	压板	压板功能	√	√	√	√	√	√
6	ZYJC	中压监测（无线）	无线中压带电监测功能			√	√	√	√
7	CBWD	插拔温度（无线）	无线插拔端温度监测功能			√	√	√	√
8	SJTJ	事件统计	事件统计功能			√	√	√	√
9	BHXK	保护相控	保护相控功能				√	√	√
10	JGYD	机构运动	断路器机构运动监测功能				√	√	√
11	CTYD	触头运动	断路器触头运动监测与录波功能				√	√	√
12	CTJK	成套监控	成套设备监控功能				√	√	√
13	CKCZ	程控操作	程控操作功能				√	√	√
14	WFCZ	五防操作	五防操作功能				√	√	√

序号	功能符号	功能简称	属性／功能	智能级别／类型	0 50	1 51	2 52	3 53	4 54	5 55
15	JCZD	集成诊断	集成断路器工况分析与诊断功能						√	√
16	CTZD	成套诊断	成套设备工况分析与诊断功能						√	√
17	FHFX	负荷分析	负荷分析与评估功能							√
18	PDFX	配电分析	配电分析与评估功能							√

注：(1)智能"0"、"1"级无录波功能。

(2)"√"表示有该项功能，"√"表示有该项部分功能。

(3)详细功能见表 3-8 产品的综合功能。

产品前置器的型号由两部分组成，分别为产品的企业特征和产品类型，如图 3-5 所示。

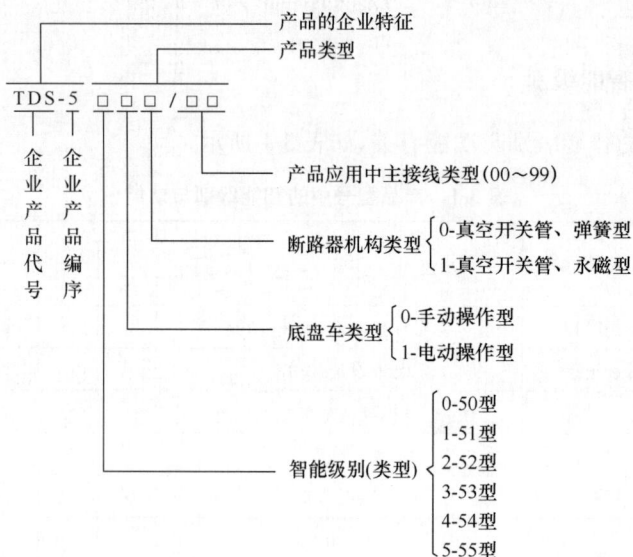

图 3-5　产品前置器型号

产品前置器型号中智能级别与功能的关系和本体型号中智能级别与功能的关系相同，如表 3-1 所示。产品本体和前置器型号中，前部的"TDS-5□□□"相同才能配套使用。

三、类型与额定参数

1) 产品类型

产品类型除智能级别外还有以下两个方面。

(1) 断路器机构类型：产品采用触头在高真空度的泡内分、合的真空开关管及弹簧储能式驱动机构或永磁式驱动机构。

（2）底盘车类型：产品下面装有底盘车，在柜内进行推进、退出移动，底盘车有手动和电动操作两种，电动操作的产品可实现冷备用的程控操作。

2）额定参数

产品铭牌标有产品的主要额定参数。

（1）额定操作顺序：产品的额定特性与产品的额定操作顺序有关，有"O-t-CO-t'-CO"和"CO-t''-CO"两种形式。前者 $t=0.3$s 用于快速自动重合闸的产品（无电流时间），t' 可取 5s、60s、180s；后者一般 $t''=15$s，不用于快速自动重合闸的断路器。"O"表示一次分闸操作；"CO"表示一次合闸操作后立即（无任何故意延时）进行分闸操作。

（2）额定频率：国内非特殊场合均为 50Hz。

（3）额定电压：产品所在系统的最高电压，表示产品所在电网的"系统最高电压"的最大值。

（4）额定电流：产品在规定的使用和性能特性下应能够持续承载的电流有效值。

（5）额定短路开断电流：产品在规定的使用和性能条件下所能开断的最大短路电流。

（6）额定短路持续时间：产品在合闸位置能够承载额定短时耐受电流的时间。

（7）额定一次工频耐受电压：产品在 1min 时间所能耐受的正弦工频电压有效值。

（8）额定二次电源电压：产品中二次自动化装置的电源规定电压，有 $\simeq$220V、$\simeq$110V 两种，允许 $\pm10\%$ 的偏差。

（9）一次电流/二次测试电压变比：通过极柱的一次电流与其在测试端子上所产生的电压之间的比值，用于在不引入一次试验电流的情况下进行综合保护测控性能的检验。

（10）制造日期、出厂编号：产品本体、前置器的制造日期、出厂编号不尽相同。

四、技术与创新

产品是以中压交流真空断路器开关管为基础的新型中压交流真空断路器，其关键和核心技术包括大惯量微行程运动闭环自动控制技术，大冲量碰撞减振技术，一次开关、一次电流传感器与二次自动化装置一体化集成技术，微电子装置在高电压大电流环境中的电磁兼容技术，在线监测、诊断与评估技术等，这些技术的集成形成了产品。

产品创新了断路器开关触头运动的闭环自动控制技术及其软碰撞的驱动技术，突破了现有断路器开关触头开环控制模式，使断路器开关触头运动具有闭合或断开时间短、同期性好、时点可控、过程无弹跳等"柔性"特点，可实现只有电力电子器件才能实现的高精度的选相分闸与合闸。

产品创新了一次开关、电流传感器与二次自动化装置一体化集成及其电磁兼容技术，突破了现有断路器成套设备（智能交流金属封闭开关设备和控制设备）由众多功能电器元件简单堆积的模式，所用电器元件及其接线因此大为减少，同时体积减小和成本降低。

产品创新了断路器开关设备机械运动动态与静态特性、电气运行稳态与瞬态特性以及进线侧配电、出线侧负载的全面在线监测与诊断技术,突破了现有断路器设备电气特性和负载特性的有限监测模式,断路器设备因此可实现由定期检修转变为状态检修。

五、使用中可替代的功能电器

产品具有一次开关、电流传感器及二次综合自动化功能,可以替代如下通用功能电器(图 3-6):

(1)通用中压交流真空断路器 1 台;

(2)中压电流传感器 3 台;

(3)中压综合保护测控装置 1 台;

(4)多功能电度表 1 台;

(5)中压开关柜综合指示器 1 台;

(6)中压开关柜屏面分闸按钮、合闸按钮、远方/本地控制转换开关和功能压板等电气元件。

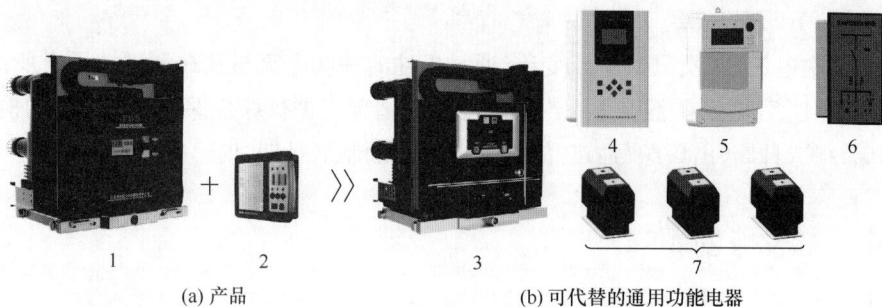

(a) 产品　　　　　　　　　　　　　　(b) 可代替的通用功能电器

图 3-6　1 台产品及其可替代的通用功能电器

1-产品本体;2-产品前置器;3-中压交流真空断路器 1 台;4-中压综合保护测控装置 1 台;
5-多功能电度表 1 台;6-中压开关柜状态综合指示器 1 台;7-中压电流传感器 3 台

六、在通用中压交流金属封闭开关设备和控制设备(通用中压开关柜)中的应用

产品和配套部件,如刀闸、带电显示器、门锁等(表 3-2)结合可以组装成通用中压交流金属封闭开关设备和控制设备(中压开关柜),由于 1 台产品可以替代图 3-6 所示的较多通用功能电器,所以设备简洁、制造容易、运行维护方便,并且性能更好。

表 3-2　通用中压交流金属封闭设备和控制设备主要部件配置

序号		名称	实物	数量
1	主体部件	TDS 智能集成中压交流真空断路器本体		1
		TDS 智能集成中压交流真空断路器前置器		1
2	配套部件	接地刀闸		1
		加热器		1
		风扇		2
		中压带电监测器		6
		柜门锁		2
		柜门关闭行程开关		2

由产品和配套部件组成的通用中压交流金属封闭开关设备和控制设备(通用中压开关柜)如图 3-7 所示。

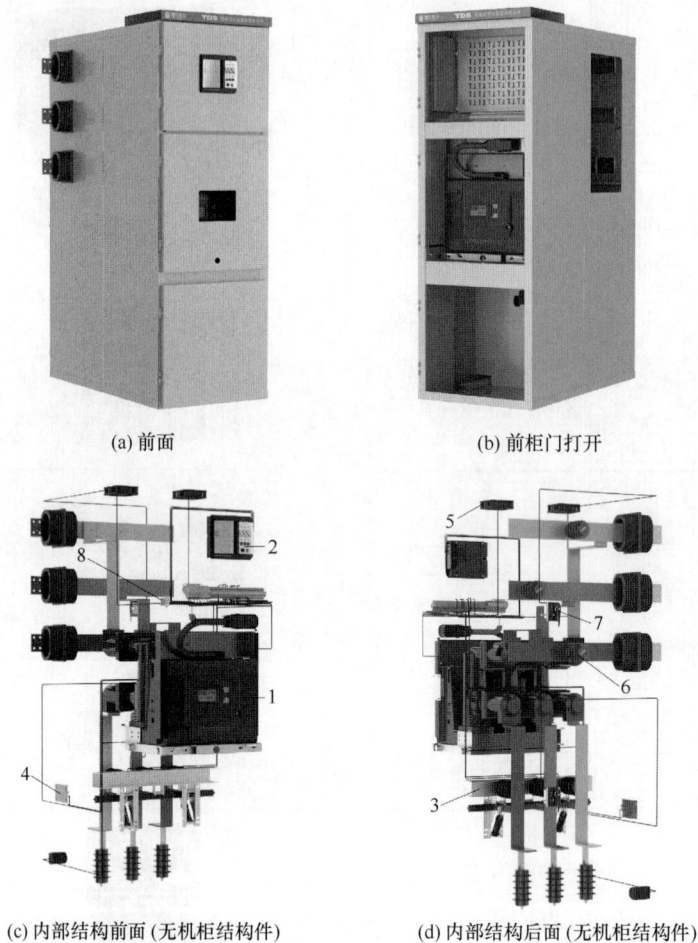

(a) 前面　　　　　　　　(b) 前柜门打开

(c) 内部结构前面(无机柜结构件)　　　(d) 内部结构后面(无机柜结构件)

图 3-7　由产品和配套部件组成的通用中压交流金属封闭开关设备和控制设备(通用中压开关柜)结构
1-产品本体;2-产品前置器;3-接地刀闸;4-加热器;5-风扇;6-中压带电监测器;7-柜门锁;8-柜门关闭行程开关

七、在智能中压交流金属封闭开关设备和控制设备(智能中压开关柜)中的应用

产品和本书组编单位生产的配用部件、配套部件(表 3-3)相结合可以组装成性能优良的 TDS 智能交流金属封闭开关设备和控制设备(智能中压开关柜),整体结构极为简洁,设计制造十分容易,运行维护非常方便。

由产品和配用、配套部件组成的智能交流金属封闭开关设备和控制设备(智能中压开关柜)如图 3-8 所示。

表 3-3 智能中压交流金属封闭设备和控制设备主要部件配置

序号		名称	实物	数量
1	主体部件	TDS 智能集成中压 交流真空断路器本体		1
		TDS 智能集成中压 交流真空断路器前置器		1
2	配用部件	TDS 机柜隔室测控装置		1
		TDS 无线中压带电监测器		6
		TDS 无线中压插拔端温度监测器		6
		TDS 温湿度监测器		2
		TDS 柜门监控器		2

续表

序号		名称		实物	数量
3	3-1	配套部件	接地刀闸(电动)		1
	3-2		加热器		2
	3-3		风扇		2

(a) 前面

(b) 前柜门打开

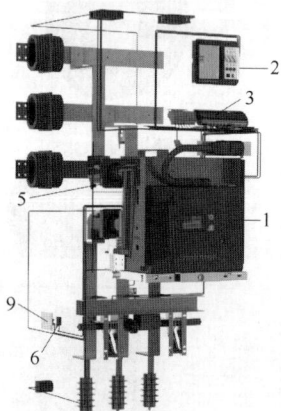

(c) 内部结构前面(无机柜结构件)

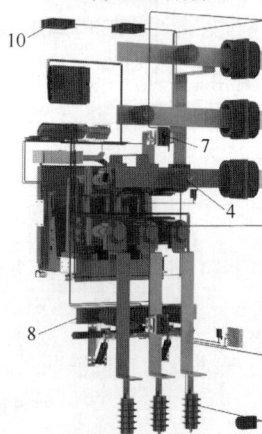

(d) 内部结构后面(无机柜结构件)

图 3-8 由产品和配用、配套部件组成的智能中压交流金属封闭开关设备和控制设备(智能中压开关柜)
1-产品本体;2-产品前置器;3-TDS 机柜隔室测控装置;4-TDS 无线中压带电监测器;5-TDS 无线中压插拔端温度监测器;6-TDS 温湿度监测器;7-TDS 柜门监控器;8-接地刀闸;9-加热器;10-风扇

八、使用中与通用产品的比较

本产品暂无国内同类产品，与可以替代的中压通用交流真空断路器、综自装置、智能电度表、中压开关柜状态综合指示器等的组合体比较如表 3-4 所示。

表 3-4　本产品(TDS-55 型)使用中与通用产品的比较

产品	比较　内容	通用产品(组合体)	本产品	注
一次功能	开关	√	√	
	负载 CT	—	√	
	控制	√	√	
综自功能	测量	√	√	
	保护	√	√	
	信号	√	√	
	通信(IEC 61850)	√	√	
	电流速切后备保护功能	—	√	①
	智能电度表功能	√	√	
	智能显示屏功能	√	√	②
	"五防"(逻辑)控制功能	—	√	③
录波功能	故障分闸电压录波	—	√	
	故障分闸电流录波	—	√	
	合闸动触头行程录波	—	√	
	分闸动触头行程录波	—	√	
相控功能	电流型保护相控跳闸	—	√	④
	电流型保护相控重合闸	—	√	
断路器操作机构监测功能	合闸线圈通断监测	√	√	⑤
	分闸线圈通断监测	√	√	
	合闸线圈电流监测	—	√	
	分闸线圈电流监测	—	√	
	弹簧储能时间监测	—	√	
	底盘车推进时间监测	—	√	
	底盘车退出时间监测	—	√	
	底盘车推进电机电流监测	—	√	
	底盘车退出电机电流监测	—	√	

产品		比较 内容	通用产品(组合体)	本产品	注
断路器开关动触头运动监测功能		合闸时间监测	—	√	⑥
		合闸速度监测	—	√	
		合闸行程监测	—	√	
		合闸超程监测	—	√	
		合闸同期性监测	—	√	
		分闸时间监测	—	√	
		分闸速度监测	—	√	
		分闸行程监测	—	√	
		分闸同期性监测	—	√	
诊断与评估功能	断路器	合闸动触头弹跳与燃弧诊断	—	√	⑦
		分闸动触头反弹与燃弧诊断	—	√	
		操作机构电气工况诊断	—	√	
		操作机构机械工况诊断	—	√	
	成套	刀闸工况诊断	—	√	
		带电监测装置工况诊断	—	√	
		接插端温度监测装置工况诊断	—	√	
		柜内外环境评估	—	√	
		智能化系统工况诊断	—	√	⑧
		负荷状况评估	—	√	⑨
		配电状况评估	—	√	⑩
主要技术指标	分合闸指标	合闸时间/ms	60~80	≤35	⑪
		分闸时间/ms	40~60	≤15	
		合闸同期性/ms	≤2.0	≤0.2	
		分闸同期性/ms	≤2.0	≤0.2	
		分合闸动触头弹跳	√	—	
	相控精度	电流型故障相控跳闸精度/(°)	—	≤5.0	
		电流型故障相控重合闸精度/(°)	—	≤5.0	
		电流速切时间/ms	≥60	≤35	⑫

产品　　比较　　内容	通用产品(组合体)	本产品	注
一次、二次整体性型式试验	—	√	⑬
故障率	高	低	
故障诊断	难	易	
故障处理	难	易	
实用性　成套制造	难	易	
本身费用	低	中	
成套费用	中	低	
运行管理	难	易	
性价比	低	高	

① 本产品具有由智能软件构成的综合性保护,同时有完全由硬件组成的电流速切后备保护,提高了电流速切保护可靠性,避免了越级跳闸。

② 本产品一般成套组柜应用,柜面上配有智能显示屏,具有一次系统动态图、运行工况参数指示、中压带电指示灯、分合闸操作按钮、远方/本地控制切换、重要功能压板等功能。

③ 本产品一般成套组柜应用,断路器与地刀、柜门等操作控制需要"五防"(逻辑)控制,避免设备破坏、人身安全事故的发生。

④ 在发生相地、相间(两相间)故障时,在故障相电流"过零"点跳闸,并在故障相上电压"过零"点重合闸,从而减小故障跳闸和重合闸对电网、负载和断路器本身的冲击损害。

⑤ 监测断路器操作机构的主要参数,这些参数全面反映断路器操作机构的电气和机械工况。

⑥ 监测断路器开关的主要参数,这些参数全面反映断路器开关动触头的运行质量和工况。

⑦ 本产品一般与刀闸、带电监测装置、接插端温度监测装置等成套组柜运用,可与这些设备、装置柔性连接,并对其工况优劣进行评估。

⑧ 本产品的智能化系统由若干部件和软件模块组成,在运行过程中对此进行工况诊断并提示,以便及早发现异常工况并及时处理。

⑨ 本产品在运行过程中对负荷的合理性进行监测评估并提示,使用户调整负荷结构以节约用电和安全用电。

⑩ 本产品在运行过程中对所接的配电网参数进行监测评估并提示,便于用户和供电部门协调,改善供电的质量及经济性、安全性。

⑪ 额定电压 12kV、额定电流 1250A 产品指标。

⑫ 电流速切时间是指从电流达到速切定值至切断电流的时间,该时间越短,对故障电网、负载和断路器本身的损害越小。

⑬ 可以进行一次、二次整体性型式试验,验证在一次额定开断电流、额定短路耐受电流和关合电流等强电磁场干扰情况下二次保护部分仍能够正常工作。

九、出厂报告

(一) 产品本体的出厂报告

产品出厂时需对其主要功能和技术指标进行检验,出厂报告是出厂检验的记录,是产品最重要的技术档案。

下示表格是产品出厂报告例。

1. 类型与额定值检验

型号:TDS-5300/12-1250/31.5		
智能级别:53	开关机构类型:弹簧型	底盘车类型:手动型
额定频率:50Hz	额定操作顺序:O-0.3s-CO-180s-CO	额定电压:12kV
额定电流:1250A	额定工频耐受电压:48kV/42kV	额定短路开断电流:31.5kA
额定二次工作电压:≃220V	额定二次工频耐受电压:2000V	一次电流/二次试验电压:6.00A/mV

2. 一次性能检验

项目	A相 触头间	B相 触头间	C相 触头间	AB 相间	BC 相间	CA 相间	A、B、C相 对地
绝缘(2000V,>10MΩ)	√	√	√	√	√	√	√
耐压(48kV/42kV,1min)	√	√	√	√	√	√	√
接触电阻(≤100μΩ)	28	28	28	—	—	—	—
耐流(5倍额定电流,1min)	√	√	√	—	—	—	—

3. 二次耐压与 EMC 检验

项目	电源线		控制输出线		输入信号线		通信接口线	
	与外壳	与其他线	与外壳	与其他线	与外壳	与其他线	与外壳	与其他线
耐压 (~2000V/500V)	√	√	√	√	√	√	√	√
EMC	√	√	√	√	√	√	√	√

4. 功能检验

保护 功能	电压型 保护	电流型 保护	电流速切 后备保护	低压低周 减载保护	外接 保护	电流型保护近零 分闸与重合闸	保护 录波
	√	√	√	√	√	√	√

测量 功能	电压	电压谐波	电流	电流谐波	功率	功率因数	频率	测量曲线	电量
	√	√	√	√	√	√	√	√	√

控制 功能	按键分闸	接点分闸	通信分闸	按键合闸	接点合闸	通信合闸
	√	√	√	√	√	√

续表

信号 功能	分合闸状态信号		保护类型信号		报警类型信号		自诊断结论信号		中压带电信号	
	√		√		√		√		√	
通信 功能	遥控		遥测		遥信		遥功能调整		遥定值调整	遥软件升级
	√		√		√		√		√	√
机械部件 监测功能	分合闸 行程	合闸 超程	分合闸 时间	分合闸 同期性	合闸 反弹	分闸 弹跳	分合闸 录波	底盘车推进、 退出时间	储能 时间
	√	√	√	√	√	√	√	—	√
电气部件 监测功能	状态 显示器		分合闸 线圈通断		分合闸 线圈电流		储能 电机电流		底盘车 电机电流	插拔端 温度
	√		√		√		√		—	√

5. 自动化参数检验

测量 误差 /%	项目	电压	电压谐波	电流 （二次）	电流 （一次）	电流谐波	有功功率	无功功率	功率因数
	标准	≤0.5	≤2.0	≤0.25	≤0.5	≤2.0	≤1.0	≤1.0	≤0.02
	实测	0.38	1.56	0.21	0.42	1.55	0.82	0.75	0.018
	结论	合格	合格	合格	合格	合格	合格	合格	合格

保护 误差	项目	过电流		电流速切		零序电流/电压		电流速切后备		过/欠电压		近零分合闸	
		电流	时间	电流	时间	电流/ 电压	时间	电流 （一次）	时间	电压	时间	分闸	重合闸
	标准	≤ 1.0%	≤ 2.0ms	≤ 10.0%	≤ 2.0ms	—	—	≤ 10.0%	≤ 2.0ms	≤ 0.5%	≤ 2.0ms	≤ 5°	≤ 5°
	实测	0.86%	1.2ms	3.5%	1.5ms	—	—	8.5%	1.4ms	0.32%	0.9ms	3.5°	4.2°
	结论	合格	合格	合格	合格	—	—	合格	合格	合格	合格	合格	合格

6. 二次电源拉偏检验

项目	80%额定电压		100%额定电压		120%额定电压	
	测量	保护	测量	保护	测量	保护
结论	合格	合格	合格	合格	合格	合格

7. 开关参数检验

参数		标准	实测			结论
			A 相	B 相	C 相	
参数	行程/mm	9.5±1.0	9.545	9.411	9.644	合格
	超程/mm	3.5±1.0	3.223	3.355	3.135	合格
	分闸时间/ms	≤15.0	14.525	14.650	14.4	合格
	合闸时间/ms	≤35.0	31.5	31.225	31.55	合格
	分闸速度/(m/s)	1.1±0.2	1.08	1.09	1.10	合格
	合闸速度/(m/s)	0.7±0.2	0.71	0.74	0.72	合格
	分闸同期性/ms	≤0.2	0.182			合格
	合闸同期性/ms	≤0.2	0.186			合格
分闸行程曲线	A相		B相		C相	
合闸行程曲线	A相		B相		C相	

8. 备案索要

条码	制造时间:2014 年 9 月	校验时间:2014 年 8 月 30 日	
	出厂编号:531409012	检验人员:□□□	审核人员:□□□

(二) 产品前置器的出厂报告

1. 类型与额定值检验

型号:TDS-5300/13		
智能级别:53	主接线类型:13	额定工作电压:～220V

2. 硬件检验

液晶显示屏	压板	分闸键	合闸键	切换开关	状态指示灯	带电指示灯	人体感应器
√	√	√	√	√	√	√	√

3. 耐压与 EMC 检验

项目	电源线		RS-485 口		RS-232 口		网络口	
	与外壳	与其他线	与外壳	与其他线	与外壳	与其他线	与外壳	与其他线
耐压(～2000V/500V,1min)	√	√	√	√	√	√	√	√
EMC	√	√	√	√	√	√	√	√

4. 电源拉偏与通信检验

电源拉偏(额定电压)/%			通信				
80	100	120	光纤	网络	RS-485	RS-232	GPRS
√	√	√	√	√	√	√	√

5. 功能检验

模拟屏	主接线	实时数据	压板	手动分闸	手动合闸	远方/本地切换	状态指示	中压带电指示	人体感应
	√	√	√	√	√	√	√	√	√

无线监测功能	中压带电监测						插拔端温度监测					
	A相进	B相进	C相进	A相出	B相出	C相出	A相上	B相上	C相上	A相下	B相下	C相下
	√	√	√	√	√	√	√	√	√	√	√	√

实时信息	电气量实时信息	非电气量实时信息	保护启动信息	报警启动信息	准点电气量信息
	√	√	√	√	√

统计信息	事件统计信息	准点电气量统计信息	电度量分时统计信息
	√	√	√

事件录波	电气量瞬变录波	机械运动录波	电气、机械混合录波
	√	√	√

诊断信息	断路器诊断信息	成套诊断信息	综自系统诊断信息	配电与负荷诊断信息
	√	—	√	—

安全操作	断路器安全操作		成套设备安全操作	
	程控操作	五防操作	程控操作	五防操作
	—	√	—	√

参数设置	系统参数设置	断路器参数设置	成套参数设置	保护参数设置	报警级别设置	安全操作逻辑设置
	√	√	√	√	√	√

6. 备案索要

条码	制造时间：2014 年 8 月	校验时间：2014 年 8 月 25 日	
	出厂编号：531408016	检验人员：□□□	审核人员：□□□

第二节 工 作 原 理

一、本体工作原理

产品的本体使用时串接在一次回路中，连接或者隔断电网，由中压交流真空断路器开关管、本体控制器等元部件组成，如图 3-9 所示。

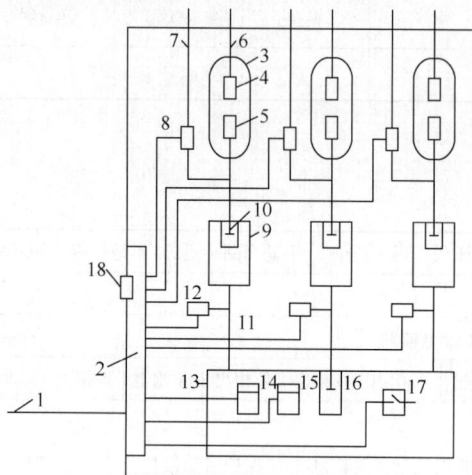

图 3-9 产品本体工作原理示意图

1-串行通信通道；2-本体控制器；3-交流真空断路器开关管；4-静触头；5-动触头；6、7-开关引出端；8-电流传感器；9-绝缘件；10-合闸耗能器；11-开关驱动连杆；12-机械运动传感器；13-开关操作机构箱；14-合闸线圈；15-分闸线圈；16-分闸耗能器；17-分合闸状态开关；18-本体液晶显示屏（显示分闸与合闸、储能与未储能状态及分合闸操作次数）

中压交流真空断路器开关管、电流传感器等是一次元件，分别用于执行开关分闸、合闸和感应负载电流；开关驱动连杆、分合闸耗能器、机械运动传感器等为开关传动机构与其感应元部件；分闸线圈、合闸线圈、分合闸状态开关等为开关驱动机构与其感应元部件；本体控制器、液晶显示屏等是智能部件，智能化的载体。

产品本体中有分闸与合闸线圈、储能电机、底盘车电机、状态继电器、控制电源、行程开关、接插件、接线端子等二次元器件以及本体控制器，这些二次元器件及本体控制器的连接如图 3-10 所示。

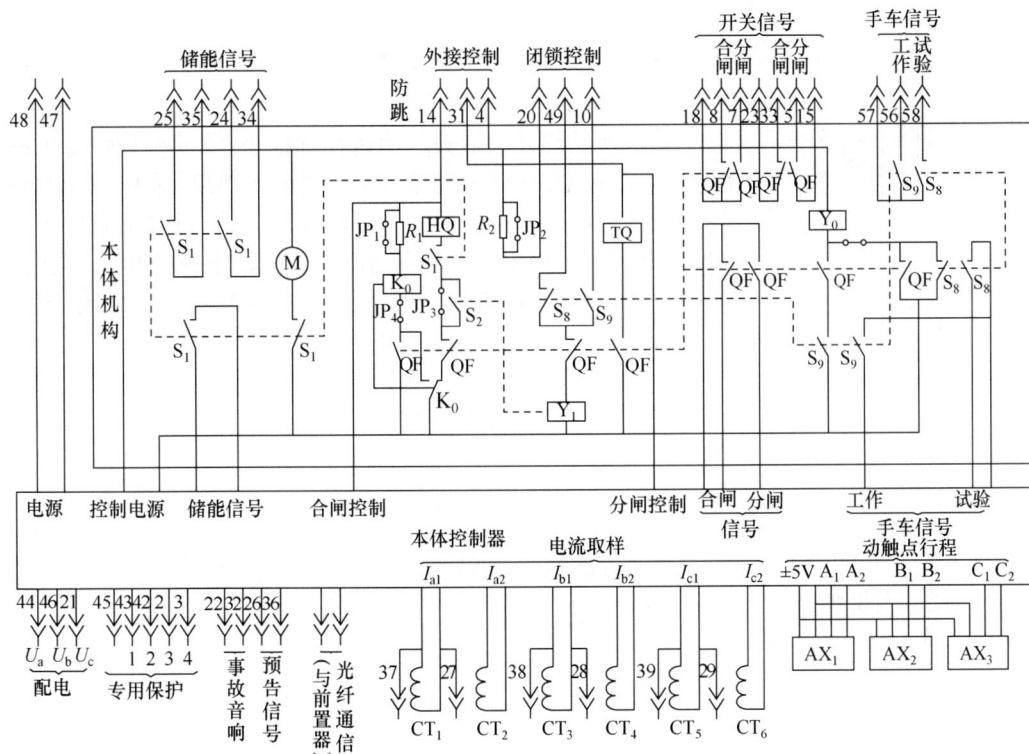

图 3-10　产品二次元器件连接（试验位置、未储能、分闸状态）

Y₀-底盘车闭锁电磁铁（可选）；Y₁-闭锁线圈（可选）；$R_1\sim R_2$-电阻；$JP_1\sim JP_4$-跳线；QF-辅助开关（分合操作时切换）；S_1-微动开关（合闸弹簧储能后切换）；S_2-微动开关（合闸闭锁电磁铁动作时切换）；S_8-微动开关（当 QFZB 在试验位置时切换）；S_9-微动开关（当 QFZB 在工作位置时切换）；HQ-合闸脱扣器；TQ-分闸脱扣器；M-储能电机；K_0-防跳继电器（可选）

图 3-10 所示接线采用～220V 电源和具有分合闸防跳与闭锁功能，如采用～110V 电源和取消分合闸防跳或闭锁功能，可以在本体控制器的线路板上跳线实现。

二、前置器工作原理

产品前置器是人机联系组件，有大面积触摸式彩色液晶屏、按键等元部件，如图 3-11 所示。

在触摸式液晶屏上可观察运行工况图形、曲线、表格、文字、字母、数字等，又有触摸式键盘，通过操作干预设备的运行；功能压板、远方/本地切换和分合闸操作按键等用于替代通用开关柜屏面上的相应元件；微处理器电路是装置核心电路，实现智能化功能；GPRS、微型天线是无线通信部件。

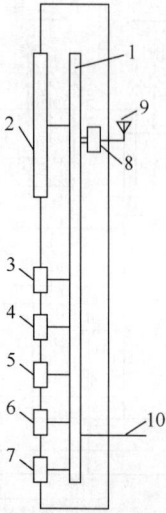

图 3-11 产品前置器
电路结构示意图

1-微处理器电路；2-触摸式彩色液晶屏；3-进线侧中压带电指示灯；4-功能压板；5-分闸、合闸与故障状态指示灯；6-远方/本地操作切换与分合闸操作按键；7-红外传感器；8-GPRS；9-微型天线；10-串行通信通道

三、柔性分合闸原理

针对产品的开关触头运动具有行程小、驱动机构惯量大的特点，要求运动时间短、时点可控、过程无弹跳，采用一种时序控制与预测控制相结合的复合闭环控制方法，设计适宜的控制时序和函数，采用电流预测控制算法，抵消电感对电流变化的迟滞作用，在触头接近闭合点时的时序函数及预测控制，解决大惯量问题和抑制大冲量，使开关具有"柔性"特点。

"柔性"开关技术的控制模型如图 3-12 所示。

"柔性"开关技术的控制电路结构如图 3-13 所示。

四、关键技术与技术特点

1."柔性"分合闸技术

(1) 分合闸时间短。

(2) 分合闸三相同期性好。

(3) 分合闸过程无反弹和弹跳。

(4) 分合闸时点可控。

2. 智能集成技术

(1)"一次"与"二次"的集成。

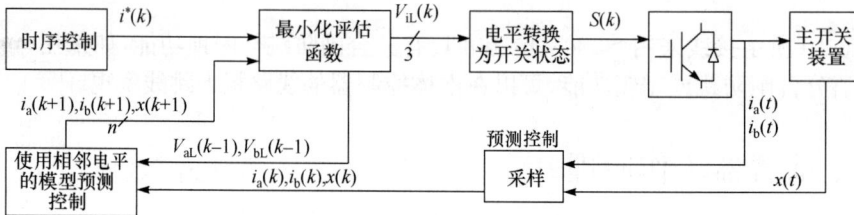

图 3-12 "柔性"开关技术的控制模型示意图

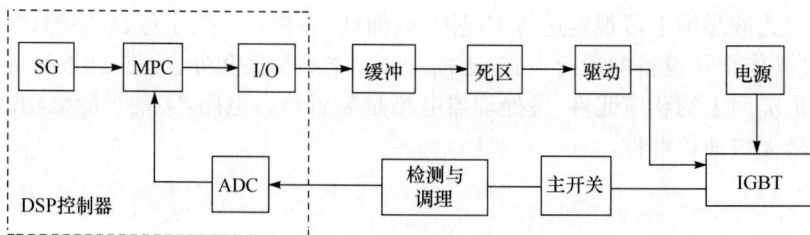

图 3-13 "柔性"开关技术的控制电路结构示意图

（2）"一次"中开关与电流传感器的集成。

（3）"二次"中综保与在线监测的集成。

（4）在线监测中电气量在线监测与机械量在线监测的集成,开关在线监测与其成套在线监测的集成。

3. 高可靠性技术

（1）稳态电磁兼容技术。

（2）瞬态抗扰技术。

第三节　主 要 功 能

一、前置器界面功能

（一）前置器的主要界面

1）导引界面

导引界面中主要显示产品型号规格等粘贴在产品本体上和前置器上的铭牌内容,以及对产品正确顺利使用的指导,如图 3-14 所示。

2）主界面

主界面有一次接线图、运行参数、事件提示和主菜单目录触摸键等,如图 3-15 所示。

图 3-14　导引界面

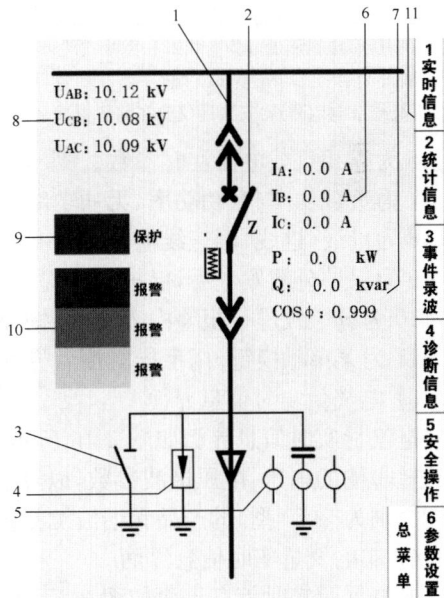

图 3-15　主界面

图 3-15 中,各部分说明如下。

1 为主接线,与实际主接线状态一致。

2 为主接线中的本产品,可显示开关的分合闸状态、弹簧的已储能/未储能状态和底盘车的推进/退出状态(额定电压 12kV、额定电流≤1250A 的产品中有电流传感器,一般在主接线中不加电流传感器,如加则应在成套参数设置界面中设置)。

3 为接地刀闸(简称地刀),有电动操作和手动操作两种,电动操作的地刀要配本书组编单位产品 TDS 机柜测控装置,将电动地刀的分合闸控制端和分合闸状态信号端分别接 TDS 机柜测控装置的对应端;手动操作的地刀可把分合闸状态信号端直接与产品本体的接插端子的对应端相连。地刀的有无和电动、手动操作类型要在成套参数设置界面中设置。

4 为避雷器,要在成套参数设置界面中设置。

5 为本体出线侧 A、B、C 相中压带电指示,因出线侧是否安装带电监测器而显示形式不同,如表 3-5 所示。

表 3-5　出线侧带电显示形式与意义

带电显示器[①]	显示形式	意　义
没有	不亮	分闸、出线侧测量无电流
	常亮	合闸、出线侧测量有电流
	闪光	分闸、出线侧测量有电流,或合闸、出线侧测量无电流
有	不亮	分闸、中压带电监测器监测无电压
	常亮	合闸、中压带电监测器监测有电压
	闪光	分闸、中压带电监测器监测有电压,或合闸、中压带电监测器监测无电压

① 中压带电监测器分为有线式和无线式两种,有线式带电监测器(传感器)安装后需要将其 A、B、C 三相输出端接入产品本体接插端子的 5、6、7 端,并要在前置器的成套设置界面中设置;无线式带电监测器(本书组编单位产品 TDS 无线式带电监测器)安装后仅要在前置器成套设置界面中设置,不需要导线连接。

6 为三相负载电流实时参数。

7 为负载功率(有功功率、无功功率、功率因数)实时参数。

8 为母线(进线)侧三线电压实时参数。

9 为保护分闸发生后,保护类型提示,按面板上报警清除键后消失。

10 为分三级进行报警内容提示,按面板上报警清除键后消失。

11 为菜单触摸键,用手指触摸后界面即转到所触摸的菜单界面。

3) 电气量实时信息界面

电气量实时信息界面如图 3-16 所示,界面中有进线侧、出线侧高压带电状态和配电(或进线)侧的电压、电压谐波参数,以及负载(或出线)侧的电流、功率、电流谐波参数等。智能级别为 0(50 型)的产品无谐波测量显示。

4) 非电气量实时信息界面

非电气量实时信息界面如图 3-17 所示,界面内容因产品的智能级别不同而不同,如表 3-6 所示。

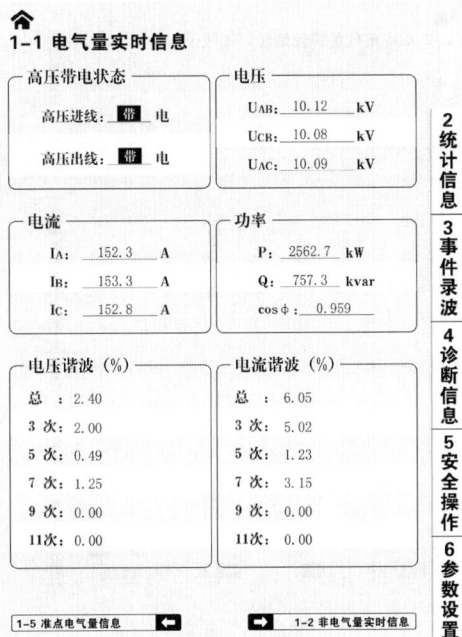

图 3-16　电气量实时信息界面

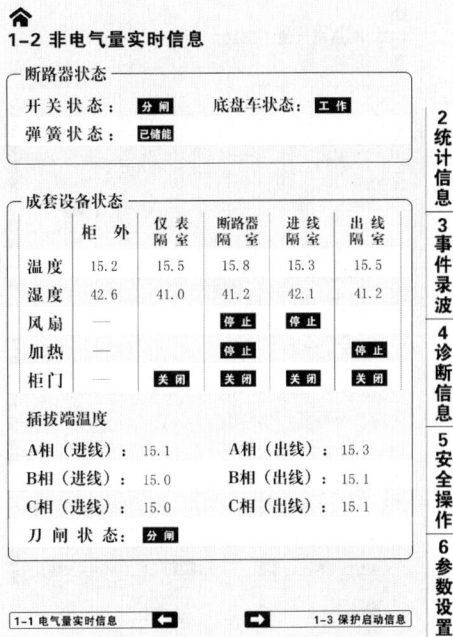

图 3-17　非电气量实时信息界面

表 3-6　产品的智能级别与非电气量实时信息

序号	属性 信息	智能级别 类型	0 50	1 51	2 52	3 53	4 54	5 55
1	开关非电气量信息		√	√	√	√	√	√
2	成套非电气量信息					√	√	√
3	插拔端温度信息			√	√	√	√	√

5）保护信息界面和报警信息界面

保护信息界面和报警信息界面形式与图 3-16 所示电气量实时信息界面、图 3-17 所示非电气量实时信息界面基本相同，但所示参数为保护或报警发生时实时信息的记录，似有"黑匣子"作用，供故障保护或报警分析之用。

6）准点电气量信息界面与准点电气量统计信息界面

产品对于配电电压、电压谐波、负载电流、有功功率、无功功率、功率因数、电流谐波等电气量的准点数据进行记录，并以图 3-18 所示准点电气量信息界面和图 3-19 所示准点电气量统计信息界面显示，作为对配电和负载状况分析、诊断和评估的依据。

准点电气量统计界面分日（昨日）、月（上月）和年（上年）三种，而上月、上年的准点电气量统计界面信息中的准点数据为上月 30 日（31 日）或上年 365 日（366 日）准点电气量的平均值。

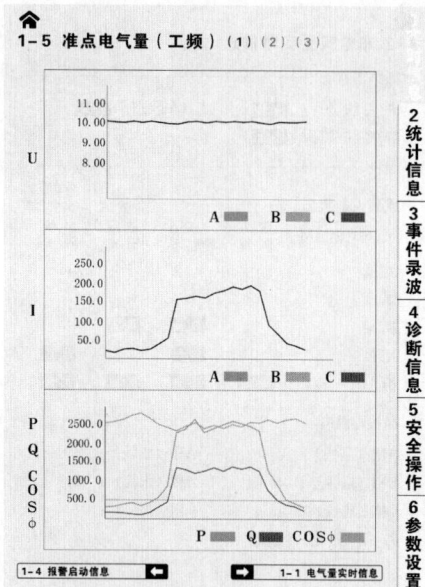

图 3-18 准点电气量信息界面

图 3-19 准点电气量统计界面

7）事件统计信息界面

事件统计信息界面分为开关分闸与合闸操作统计信息界面，底盘车与刀闸操作统计信息界面，以及保护启动与报警启动统计信息界面。图 3-20 是开关分闸与合闸操作统计信息界面；图 3-21 是底盘车与刀闸操作统计信息界面。

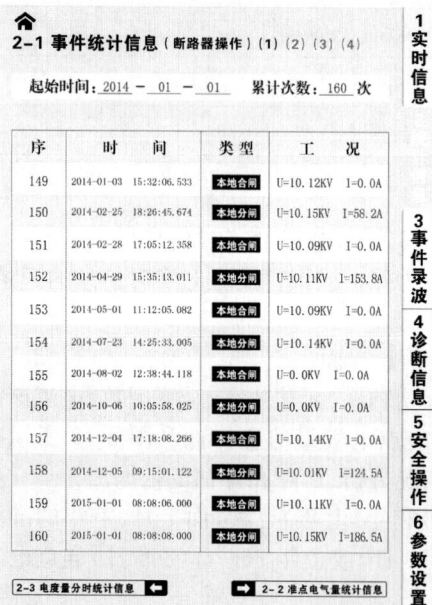

图 3-20 开关分闸与合闸操作统计信息界面

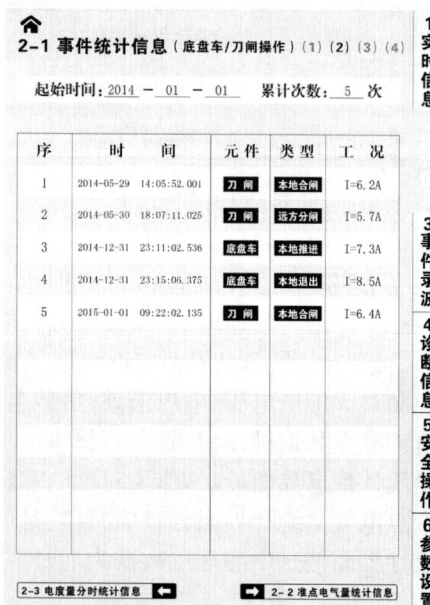

图 3-21 底盘车与刀闸操作统计信息界面

　　开关分闸与合闸操作统计信息界面，以及底盘车与刀闸操作统计信息界面中有些变化的工况参数是采用操作过程中电气量、非电气量的代表值。

　　8）电气量瞬变录波界面

　　电气量瞬变在产品分闸、合闸瞬间发生及配电、负载故障突变时产生。图3-22、图3-23分别是正常分闸、合闸时的录波；图3-24、图3-25分别是电流型故障时选相分闸、选相重合闸（重合闸失败）时的录波。

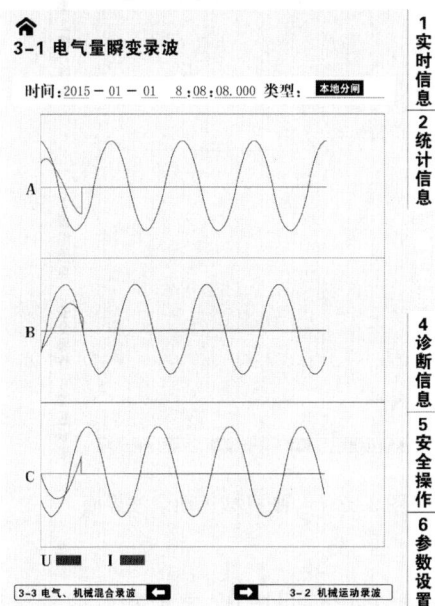

图 3-22　正常分闸录波界面

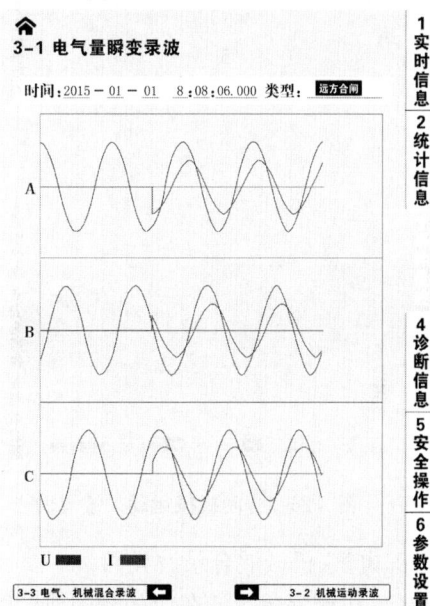

图 3-23　正常合闸录波界面

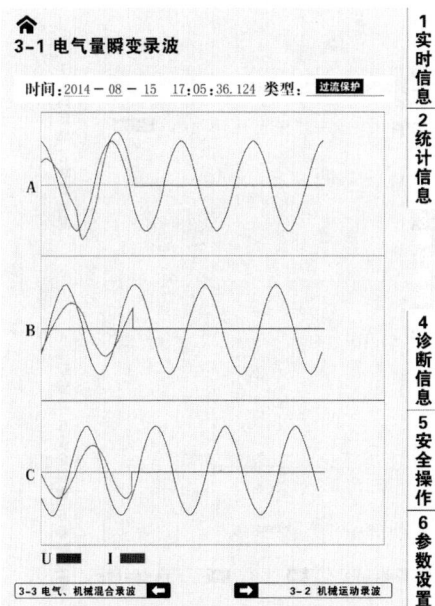

图 3-24　选相分闸录波界面

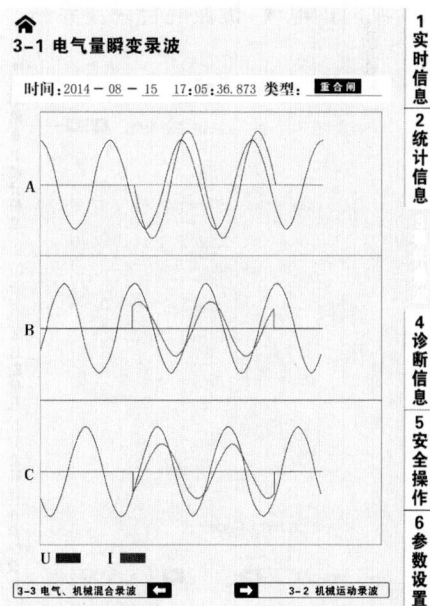

图 3-25　选相重合闸（重合闸失败）录波界面

9）机械运动录波界面

机械运动是指产品分闸、合闸时开关动触头的运动。机械运动录波界面中有产品的开关动触头在分合闸过程中运动的行程、速度和加速度曲线，能比较全面地反映产品的开关机械性能，如图 3-26 和图 3-27 所示。

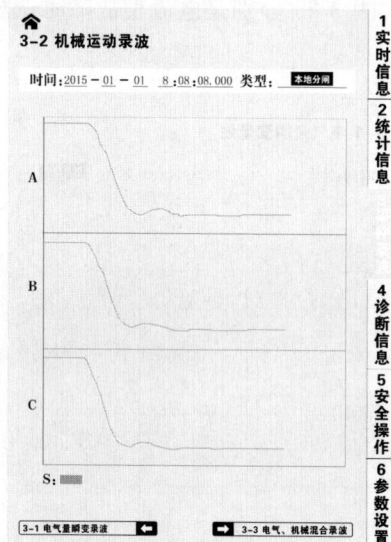

图 3-26　分闸机械运动录波界面　　　　图 3-27　合闸机械运动录波界面

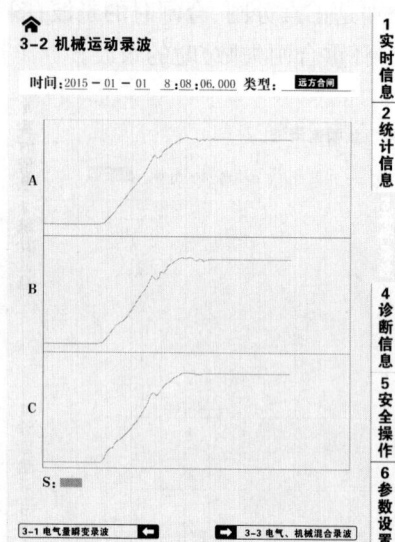

10）电气、机械混合录波界面

电气、机械混合录波在产品分闸或合闸时进行，将电气量电压、电流和机械量行程波形结合在一起观察，有利于对产品的开关状态进行分析与诊断。图 3-28、图 3-29 分别是分闸、合闸时的电气、机械混合录波界面。

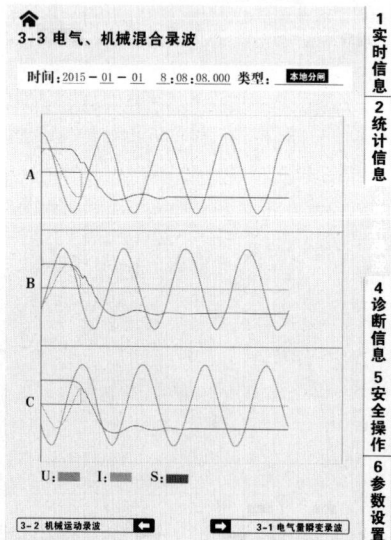

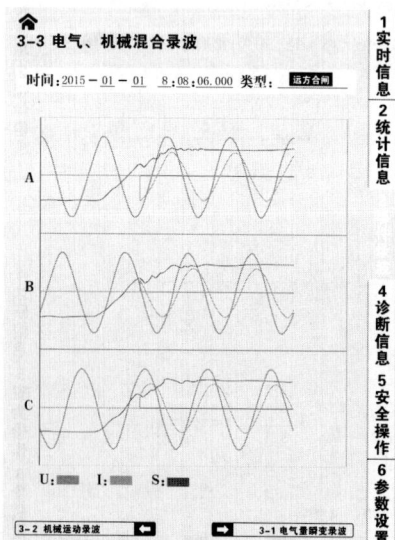

图 3-28　分闸时电气、机械混合录波界面　　图 3-29　合闸时电气、机械混合录波界面

11）开关诊断信息界面和成套诊断信息界面

开关诊断信息界面和成套诊断信息界面如图 3-30 和图 3-31 所示，界面中对性能参数标有正常指标范围，与实际数据进行比较，如超标用箭头"↓"或"↑"指示。

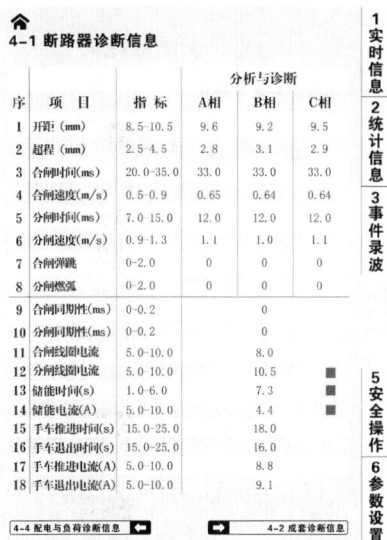

4-1 断路器诊断信息

序	项目	指标	分析与诊断		
			A相	B相	C相
1	开距(mm)	8.5-10.5	9.6	9.2	9.5
2	超程(mm)	2.5-4.5	2.8	3.1	2.9
3	合闸时间(ms)	20.0-35.0	33.0	33.0	33.0
4	合闸速度(m/s)	0.5-0.9	0.65	0.64	0.64
5	分闸速度(m/s)	7.0-15.0	12.0	12.0	12.0
6	分闸速度(m/s)	0.9-1.3	1.1	1.1	1.1
7	合闸弹跳	0-2.0	0		
8	分闸燃弧	0-2.0	0		
9	合闸同期性(ms)	0-0.2	0		
10	分闸同期性(ms)	0-0.2	0		
11	合闸线圈电流	5.0-10.0	8.0		
12	分闸线圈电流	5.0-10.0	10.5		
13	储能时间(s)	1.0-6.0	7.3		
14	储能电流(A)	5.0-10.0	4.4		
15	手车推进时间(s)	15.0-25.0	18.0		
16	手车退出时间(s)	15.0-25.0	16.0		
17	手车推进电流(A)	5.0-10.0	8.8		
18	手车退出电流(A)	5.0-10.0	9.1		

4-4 配电与负荷诊断信息　　4-2 成套诊断信息

图 3-30　开关诊断信息界面

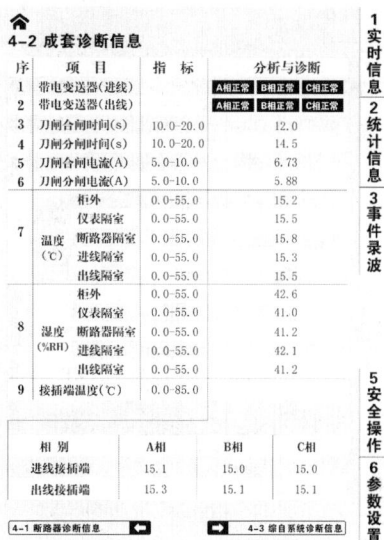

4-2 成套诊断信息

序	项目		指标	分析与诊断
1	带电变送器(进线)			A相正常　B相正常　C相正常
2	带电变送器(出线)			A相正常　B相正常　C相正常
3	刀闸合闸时间(s)		10.0-20.0	12.0
4	刀闸分闸时间(s)		10.0-20.0	14.5
5	刀闸合闸电流(A)		5.0-10.0	6.73
6	刀闸分闸电流(A)		5.0-10.0	5.88
7	温度(℃)	柜外	0.0-55.0	15.2
		仪表室	0.0-55.0	15.5
		断路器隔室	0.0-55.0	15.8
		进线隔室	0.0-55.0	15.3
		出线隔室	0.0-55.0	15.5
8	湿度(%RH)	柜外	0.0-55.0	42.6
		仪表室	0.0-55.0	41.0
		断路器隔室	0.0-55.0	41.2
		进线隔室	0.0-55.0	42.1
		出线隔室	0.0-55.0	41.2
9	接插端温度(℃)		0.0-85.0	

相别	A相	B相	C相
进线接插端	15.1	15.0	15.0
出线接插端	15.3	15.0	15.1

4-1 断路器诊断信息　　4-3 综自系统诊断信息

图 3-31　成套诊断信息界面

侧栏：1 实时信息　2 统计信息　3 事件录波　5 安全操作　6 参数设置

12）综自系统诊断信息界面和配电与负荷诊断信息界面

综自系统诊断界面中有产品本体控制器、前置器、保护选相分闸、保护选相重合闸、机柜隔室测控装置等工况的诊断结论，如图 3-32 所示。

配电与负荷诊断信息界面中配电有安全性、经济性和电能质量方面的分析、诊断与评估，负荷有安全性、经济性和节能性方面的分析、诊断与评估，如图 3-33 所示。

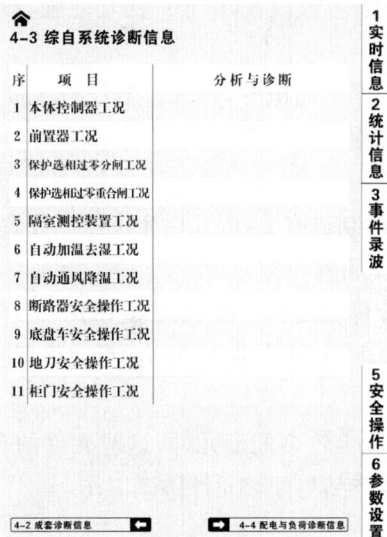

4-3 综自系统诊断信息

序	项目	分析与诊断
1	本体控制器工况	
2	前置器工况	
3	保护选相过零分闸工况	
4	保护选相重合闸工况	
5	隔室测控装置工况	
6	自动加湿去湿工况	
7	自动通风降温工况	
8	断路器安全操作工况	
9	底盘车安全操作工况	
10	地刀安全操作工况	
11	柜门安全操作工况	

4-2 成套诊断信息　　4-4 配电与负荷诊断信息

图 3-32　综自系统诊断信息界面

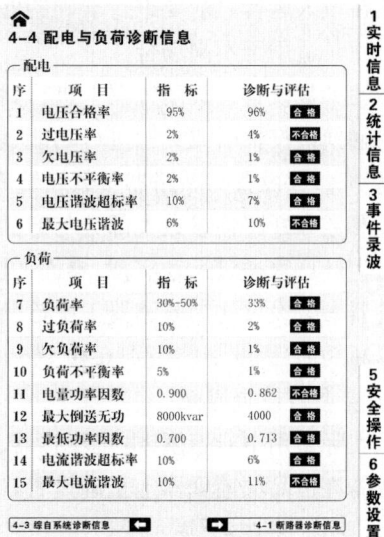

4-4 配电与负荷诊断信息

配电

序	项目	指标	诊断与评估	
1	电压合格率	95%	96%	合格
2	过电压率	2%	4%	不合格
3	欠电压率	2%	1%	合格
4	电压不平衡率	2%	1%	合格
5	电压谐波超标率	10%	7%	合格
6	最大电压谐波	6%	10%	不合格

负荷

序	项目	指标	诊断与评估	
7	负荷率	30%-50%	33%	合格
8	过负荷率	10%	2%	合格
9	欠负荷率	10%	1%	合格
10	负荷不平衡率	5%	1%	合格
11	电量功率因数	0.900	0.862	不合格
12	最大倒送无功	8000kvar	4000	合格
13	最低功率因数	0.700	0.713	合格
14	电流谐波超标率	10%	6%	合格
15	最大电流谐波	10%	11%	不合格

4-3 综自系统诊断信息　　4-1 断路器诊断信息

图 3-33　配电与负荷诊断信息界面

13) 安全操作界面

安全操作有程控安全操作和五防安全操作,要操作的设备有一次开关的分闸与合闸、底盘车的推进与退出,以及成套元件刀闸的分闸与合闸、门锁的上锁与解锁等,如图3-34和图3-35所示。

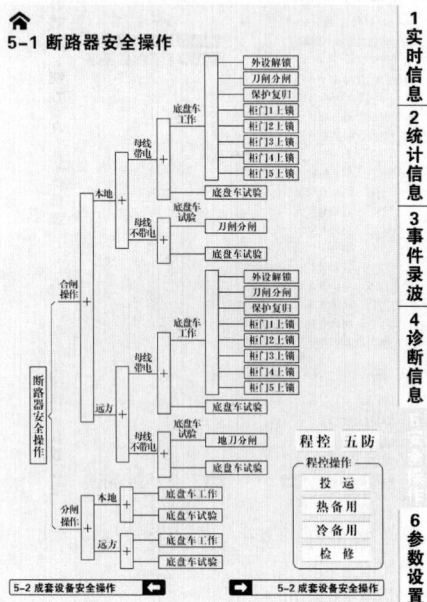

图 3-34　开关安全操作界面

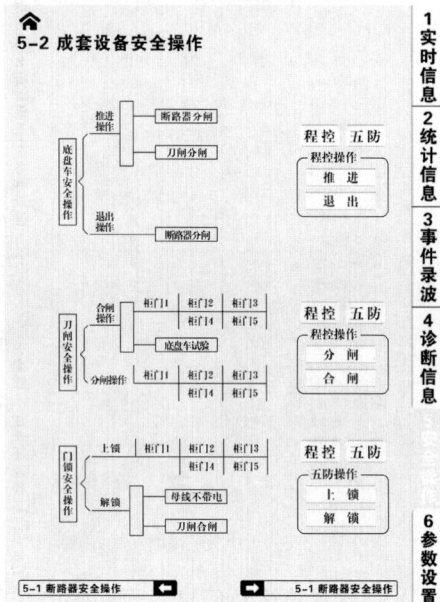

图 3-35　成套设备安全操作界面

(二) 参数设置界面

产品在投入运行之前要进行准确的各种功能、参数设置,由于产品功能强、参数多,通过设置可使其适用于不同场合。

产品的参数设置在其前置器上进行,将前置器接通电源,进入参数设置界面,使用液晶屏上的触摸键按指引或提示进行功能、参数设置。

1) 系统参数设置与断路器参数设置界面

系统参数和断路器参数大部分与产品本身的制造有关,因此由生产厂家设置,若需要修改可由生产厂家通过远动实现,界面如图3-36和图3-37所示。

断路器参数设置作为断路器工况诊断之用,智能级别0和1(50型和51型)的产品无断路器诊断功能,因此智能级别0和1(50型和51型)的产品无断路器参数设置。

2) 成套参数设置界面

产品实际使用中有刀闸、电压互感器、避雷器等较多配套元件,这些元件的有无以及相关参数需在产品的前置器上正确设置,以保证产品与配套元件协调工作。

6-1 系统参数设置

1　设置密码：********
2　日　　期：2015 － 01 － 01
3　时　　钟：08 ： 08 ： 08
4　统计起始时间：2014 － 01 － 01
5　峰时段：8:00 － 22:00
6　谷时段：12:00 － 14:00
7　平时段：
8　主接线图类型：类型一
9　PT 变比：100 / 1
10　CT 变比：2000 / 5
11　最大负荷：21650 kVA
12　通信规约：IEC61850
13　SIM 卡号：1886286****
14　IP：176.122.5.88
15　端　　口：8808
16　短信中心：13805130000
17　地　　址：001

1 实时信息　2 统计信息　3 事件录波　4 诊断信息　5 安全操作

6-6 安全操作逻辑设置　◀　保存　▶　6-2 断路器参数设置

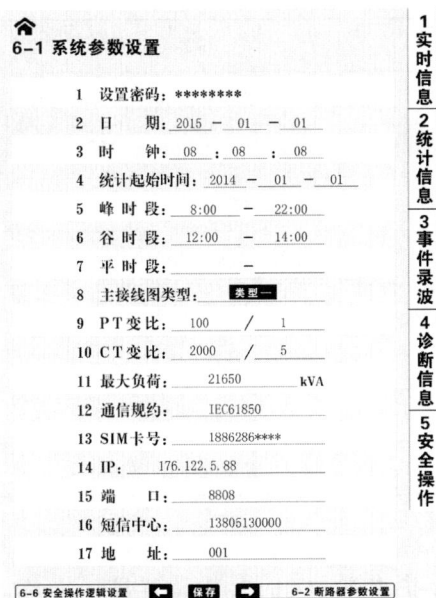

图 3-36　系统参数设置界面

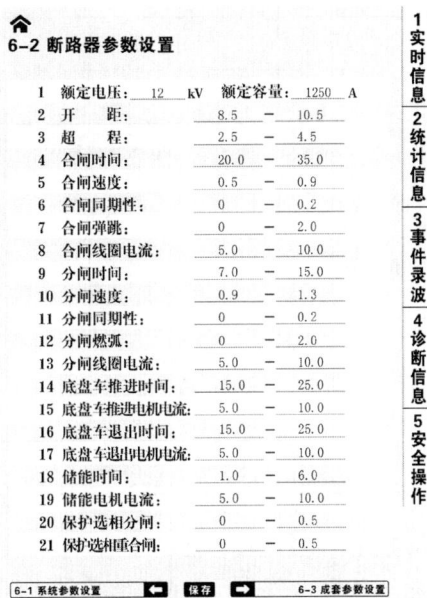

6-2 断路器参数设置

1　额定电压：12 kV　额定容量：1250 A
2　开　　距：8.5 － 10.5
3　超　　程：2.5 － 4.5
4　合闸时间：20.0 － 35.0
5　合闸速度：0.5 － 0.9
6　合闸同期性：0 － 0.2
7　合闸弹跳：0 － 2.0
8　合闸线圈电流：5.0 － 10.0
9　分闸时间：7.0 － 15.0
10　分闸速度：0.9 － 1.3
11　分闸同期性：0 － 0.2
12　分闸燃弧：0 － 2.0
13　分闸线圈电流：5.0 － 10.0
14　底盘车推进时间：15.0 － 25.0
15　底盘车推进电机电流：5.0 － 10.0
16　底盘车退出时间：15.0 － 25.0
17　底盘车退出电机电流：5.0 － 10.0
18　储能时间：1.0 － 6.0
19　储能电机电流：5.0 － 10.0
20　保护选相分闸：0 － 0.5
21　保护选相重合闸：0 － 0.5

1 实时信息　2 统计信息　3 事件录波　4 诊断信息　5 安全操作

6-1 系统参数设置　◀　保存　▶　6-3 成套设置

图 3-37　断路器参数设置界面

产品的配套元件因产品的使用场合和智能级别不同而不尽相同。例如，用于母线连接的产品成套电器中没有刀闸元件，智能级别 0 或 1 的产品成套电器中不设置 TDS 接插端温度传感器元件。

产品成套元件分为配用元件和配套元件两种。配用元件为本书组编单位研发、生产的专用于智能中压交流开关柜的产品；而配套元件则为市售产品，智能中压交流开关柜和通用中压交流开关柜均有用。

表 3-7 是产品应予考虑是否设置的成套元件的种类和特性。

表 3-7　产品应予考虑是否配置的成套元件的种类和特性

序号	元件		特性
1		TDS 机柜隔室监控装置	有/无
2		TDS 无线中压接插端温度监测器	进线侧、出线侧
3	配用元件	TDS 温湿度监测器	温湿度监测、控制安装位置
4		TDS 柜门监控器	柜门监测、控制安装位置
5		TDS 无线中压带电监测器	进线侧、出线侧

续表

序号	元件		特性
6	配套元件	底盘车	手动/电动、推进/退出时间、线圈电流
7		电压互感器	变比
8		电流传感器	外置/内置、变比
9		刀闸	手动/电动、分闸/合闸时间、线圈电流
10		避雷器	进线侧、出线侧
11		中压带电监测器	进线侧、出线侧
12		加热器	安装位置、功率
13		风扇	安装位置、功率

3）保护参数设置界面

产品在投入实际运行之前要正确设置保护参数，保护参数设置界面如图 3-38 所示。

4）报警级别设置界面

报警级别设置界面如图 3-39～图 3-41 所示。报警内容有产品设备本身、成套设备及

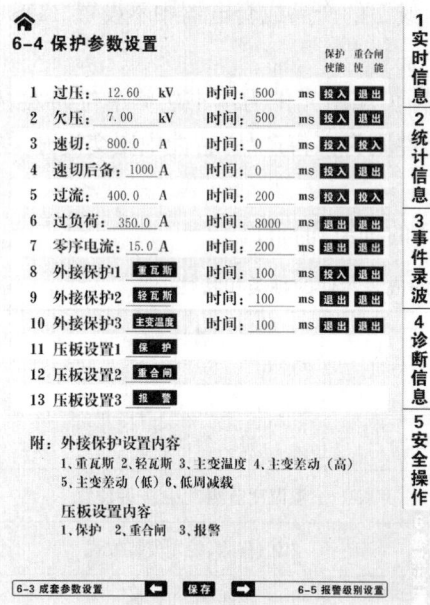

图 3-38　保护参数设置界面

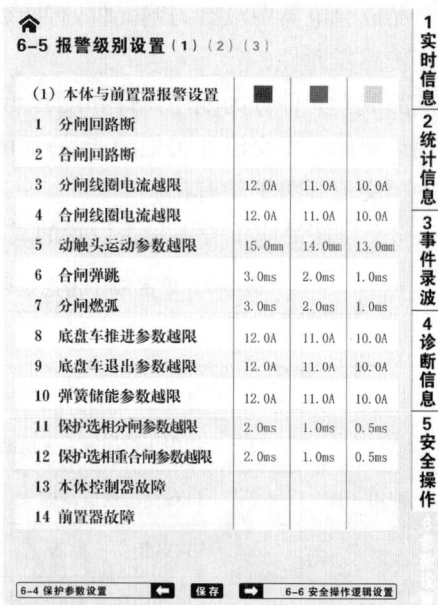

图 3-39　断路器报警级别设置界面

248

图 3-40 成套设备报警级别设置界面

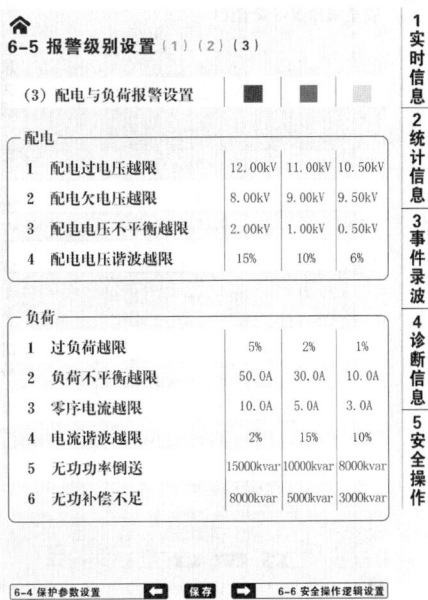

图 3-41 配电与负载报警级别设置界面

配电与负载的工况,因产品的使用场合和智能级别不同而报警的内容不同,需要设置。报警的形式按其严重性分为红色、橙色和黄色三种,由用户按实际情况进行设置。一般红色表示需要立即采取措施,避免事故的发生;橙色表示尚能勉强运行,应尽快检查处理;黄色表示设备带有缺陷,尚能运行,需要加强监视适时解决。

5) 安全操作逻辑设置界面

产品在使用中,为了保证自身操作(如分闸与合闸)和成套元件操作(如刀闸分闸与合闸)的安全性,应设置各种安全操作的逻辑关系,避免错误操作而发生人身伤害或设备损坏事故。

进行安全操作逻辑设置首先要列出与安全性有关的所有元件,研究其操作安全性逻辑,确定安全操作的程序关系。

图 3-42 和图 3-43 分别为用于出线的产品开关分闸与合闸安全操作逻辑设置界面和产品底盘车的推进与退出、地刀的分闸与合闸、柜体隔室门锁的上锁与解锁的安全操作逻辑设置界面。

二、智能级别与功能

产品按智能级别目前分 50、51、52、53、54 和 55 六种类型,各种类型产品的功能不尽

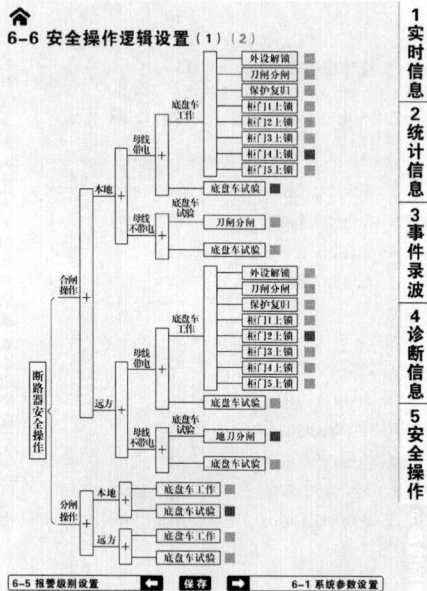

图 3-42　断路器安全操作逻辑设置界面　　　　图 3-43　成套元件安全操作逻辑设置界面

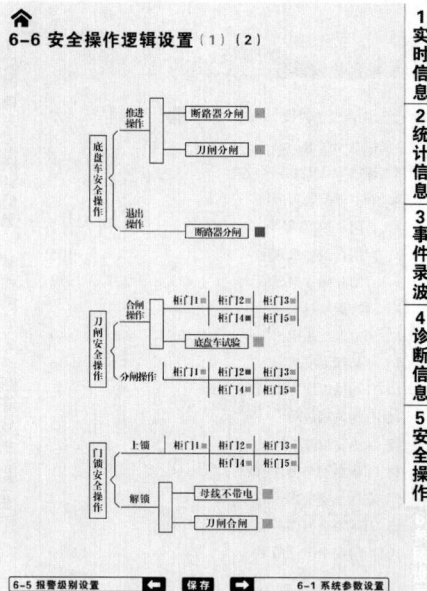

相同，按智能类型代号数字的递增而功能增加。表 3-8 是所有类型的功能综合，标记"√"的表示该智能类型的产品具有该功能。

表 3-8　产品的综合功能

序号		属性 功能		智能级别	0	1	2	3	4	5	注
				类型	50	51	52	53	54	55	
0	0-1	一次 功能		断路器	√	√	√	√	√	√	
	0-2			电流传感器	√	√	√	√	√	√	①
1	1-1	综合 保护 测控 功能	保护 （录波）	电流速切保护	√	√	√	√	√	√	
	1-2			电流速切后备保护	√	√	√	√	√	√	②
	1-3			过电流保护	√	√	√	√	√	√	
	1-4			过负荷保护	√	√	√	√	√	√	
	1-5			低压低周减载保护		√	√	√	√	√	
	1-6			保护录波				√	√	√	
	1-7		测量	电压、电流测量	√	√	√	√	√	√	
	1-8			有功功率、无功功率、 功率因数测量	√	√	√	√	√	√	
	1-9			谐波测量		√	√	√	√	√	
	1-10			频率测量		√	√	√	√	√	
	1-11			测量准点曲线			√	√	√	√	

续表

序号	属性/功能		智能级别 类型	0 / 50	1 / 51	2 / 52	3 / 53	4 / 54	5 / 55	注
1	综合保护测控功能	控制	远方/本地切换控制	√	√	√	√	√	√	
			手动分合闸控制	√	√	√	√	√	√	
		信号	分合闸状态信号	√	√	√	√	√	√	
			分合闸线圈通断状况信号	√	√	√	√	√	√	
			保护类型信号	√	√	√	√	√	√	
			报警类型信号	√	√	√	√	√	√	
		通信（IEC 61850）	遥控、遥测、遥信	√	√	√	√	√	√	
			遥定值修改	√	√	√	√	√	√	
			遥功能调整			√	√	√	√	
			遥软件升级			√	√	√	√	
2	与外设连接功能		特殊保护信号输入	√	√	√	√	√	√	
			进线、出线中压带电信号输入	√	√	√	√	√	√	
			控制断路器分合闸信号输入	√	√	√	√	√	√	
			闭锁断路器合闸信号输入	√	√	√	√	√	√	
			刀闸分合闸信号输入	√	√	√	√	√	√	
			断路器分合闸信号输出	√	√	√	√	√	√	
			储能位置信号输出	√	√	√	√	√	√	
			底盘车位置信号输出	√	√	√	√	√	√	
			保护动作信号输出	√	√	√	√	√	√	
			报警信号输出	√	√	√	√	√	√	
3	电度计量功能		有功电度计量（总、峰、谷、平）	√	√	√	√	√	√	
			无功电度计量（总、峰、谷、平）	√	√	√	√	√	√	
			功率因数计算（总、峰、谷、平）	√	√	√	√		√	
4	模拟屏功能		一次主接线动态模拟图	√	√	√	√	√	√	③
			进线、出线中压带电指示	√	√	√	√	√	√	
			电压、电流实时数据指示	√	√	√	√	√	√	
			有功功率、无功功率与功率因数实时数据指示	√	√	√	√	√	√	
			有功、无功电度与电度功率因数实时数据指示	√	√	√	√	√	√	
			保护、报警提示	√	√	√	√	√	√	

续表

序号		属性 功能	类型	0 / 50	1 / 51	2 / 52	3 / 53	4 / 54	5 / 55	注
5	5-1	压板功能	压板1(投入/退出功能1)	√	√	√	√	√	√	
	5-2		压板2(投入/退出功能2)	√	√	√	√	√	√	
	5-3		压板3(投入/退出功能3)	√	√	√	√	√	√	
6	6-1	带电监测功能	无线中压进线侧中压带电监测		√	√	√	√	√	
	6-2		无线中压出线侧中压带电监测		√	√	√	√	√	
7	7-1	插拔端温度监测功能	无线中压进线插拔端温度监测		√	√	√	√	√	
	7-2		无线中压出线插拔端温度监测		√	√	√	√	√	
8	8-1	事件统计功能	分合闸操作统计		√	√	√	√	√	
	8-2		远动分合闸统计		√	√	√	√	√	
	8-3		保护分合闸统计		√	√	√	√	√	
	8-4		报警统计		√	√	√	√	√	
9	9-1	保护相控功能	电流型保护相控分闸控制			√	√	√	√	④
	9-2		电流型保护相控重合闸控制			√	√	√	√	
10	10-1	开关机构运动监测功能	储能时间监测			√	√	√	√	⑤
	10-2		分合闸线圈电流监测			√	√	√	√	
	10-3		底盘车推进、退出时间监测			√	√	√	√	
	10-4		底盘车推进、退出电机电流监测			√	√	√	√	
11	11-1	开关触头运动监测与录波功能	分合闸时间监测			√	√	√	√	⑥
	11-2		分合闸速度监测			√	√	√	√	
	11-3		分合闸同期性监测			√	√	√	√	
	11-4		分合闸行程监测			√	√	√	√	
	11-5		合闸超程监测			√	√	√	√	
	11-6		分合闸触头运动录波			√	√	√	√	

续表

序号	属性 功能			智能级别 类型	0 50	1 51	2 52	3 53	4 54	5 55	注
12	成套设备监控功能	刀闸监控		分合闸控制				√	√	√	
			12-2	分合闸时间监测				√	√	√	
			12-3	分合闸线圈电流监测				√	√	√	
		柜门监控	12-4	开闭状态监测				√	√	√	
			12-5	上锁、解锁控制				√	√	√	
		环境监控	12-6	柜外温湿度监测				√	√	√	
			12-7	隔室温湿度监测				√	√	√	
			12-8	隔室温湿度自动控制				√	√	√	
13	程控操作功能		13-1	断路器分合闸程控操作				√	√	√	
			13-2	底盘车推进、退出程控操作				√	√	√	
			13-3	刀闸分合闸程控操作				√	√	√	
14	五防操作功能		14-1	断路器分合闸五防操作				√	√	√	⑦
			14-2	底盘车推进、退出五防操作				√	√	√	
			14-3	刀闸分合闸五防操作				√	√	√	
			14-4	柜门上锁、解锁五防操作				√	√	√	
15	产品工况分析与诊断功能		15-1	机构运动机械工况分析与诊断					√	√	
			15-2	机构运动电气工况分析与诊断					√	√	
			15-3	动触头运动机械工况分析与诊断					√	√	
			15-4	动触头运动电气(燃弧) 工况分析与诊断					√	√	
			15-5	电流传感器工况分析与诊断					√	√	
			15-6	智能化系统工况分析与诊断					√	√	⑧
16	成套设备工况分析与诊断功能		16-1	机柜隔室监控装置工况分析与诊断					√	√	⑨
			16-2	中压带电监测器工况分析与诊断					√	√	
			16-3	中压插拔端温度监测器工况分析与诊断					√	√	
			16-4	刀闸工况分析与诊断					√	√	
			16-5	温湿度传感器工况分析与诊断					√	√	
			16-6	柜门监控器工况分析与诊断					√	√	
17	负荷分析与评估功能		17-1	安全性分析与评估						√	⑩
			17-2	经济性分析与评估						√	
			17-3	节能性分析与评估						√	

序号		属性	智能级别	0	1	2	3	4	5	注
		功能	类型	50	51	52	53	54	55	
18	18-1	配电分析与评估功能	安全性分析与评估						√	⑪
	18-2		经济性分析与评估						√	
	18-3		电能质量分析与评估						√	

① 额定电压 12kV、额定电流＞1250A 和额定电压 40.5kV 的产品中无电流传感器。

② 产品具有由智能软硬件构成的综合性保护，同时有完全由硬件组成的电流速切后备保护，提高电流速切保护可靠性。

③ 产品一般成套组柜应用，柜面上配有智能显示器，显示一次系统动态图、运行工况指示、中压带电指示灯，以及柜面有分合闸操作按钮、远方/本地控制切换、重要功能压板等。

④ 在发生相地、相间（两相间）故障时，在故障相电流近零点分闸，并在故障相上电压近零点重合闸，从而减小故障分闸和重合闸对电网、负载和开关本身的冲击损害。

⑤ 监测断路器操作机构的主要参数，这些参数反映了断路器操作机构的电气和机械工况。

⑥ 监测断路器动触头运动的主要参数，这些参数反映了断路器动触头的运行质量和工况。

⑦ 产品一般成套组柜应用，产品的断路器与地刀、柜门等操作控制需要五防（逻辑）控制，避免设备破坏、人身安全事故的发生。

⑧ 产品的智能化系统由硬件和软件模块组成，在运行过程中对此进行工况诊断并提示，以便尽早发现异常工况并及时处理。

⑨ 产品与刀闸、中压带电监测器、中压接插端温度监测器等成套组柜运用，产品可与这些设备、装置柔性连接，并对其工况优劣进行评估。

⑩ 产品在运行过程中对负荷的合理性进行监测评估并提示，使用户调整负荷结构以节约用电和安全用电。

⑪ 产品在运行过程中对所接配电网参数进行监测评估并提示，便于用户和供电部门协调，改善供电的质量及经济性、安全性。

第四节　主要技术参数

一、使用环境参数

1）正常使用环境

（1）环境温度：环境温度不超过 40℃，且在 24h 内测得的平均值不超过 35℃。环境温度最低为−5℃、−15℃和−25℃三类。

（2）环境湿度：在 24h 内测得的相对湿度平均值≤95％；在 24h 内测得的水蒸气压力的平均值≤2.2kPa。月相对湿度平均值≤90％；月水蒸气平均值≤1.8kPa。

（3）环境污染：周围没有明显受到尘埃、烟、腐蚀性或可燃性气体、蒸气或烟雾的污染。

（4）海拔：海拔≤1000m。

2）特殊使用环境

由生产单位与用户协商。

二、断路器技术参数

1）开关电气参数

产品开关主要电气参数如表 3-9 所示。

表 3-9　产品开关主要电气参数

序号	项目		单位	数值		
				U_r:12kV I_r:630A/1250A	U_r:12kV I_r:3150A/4000A	U_r:40.5kV I_r:1250A
1	额定电压		kV	12	12	40.5
2	额定频率		Hz	50	50	50
3	额定绝缘水平	额定雷击冲击耐受电压峰值	kV	75/85	75/85	185
		1min 工频耐压	kV	42/48	42/48	95
4	额定短路开断电流		kA	20/25/31.5	31.5/40	31.5
5	额定电流		A	630/1250	3150/4000	1250
6	额定短时耐受电流(4s)		kA	20/25/31.5	31.5/40	31.5
7	额定峰值耐受电流(1s)		kA	50/63/80	80/100	80
8	额定短路关合电流		kA	50/63/80	80/100	80
9	额定短路开断次数		次	30	30	20
10	二次回路工频耐受电压(1min)		V	2000	2000	2000
11	额定单个/背对背电容器开断电流		A	630	630	400
12	主导电回路电阻		$\mu\Omega$	≤50(630A) ≤45(1250A)	≤15(3150A) ≤10(4000A)	≤25

2）开关机械参数

产品开关主要机械参数如表 3-10 所示。

表 3-10　产品开关主要机械参数

序号	项目	单位	数值		
			U_r:12kV I_r:1250A	U_r:12kV I_r:4000A	U_r:40.5kV I_r:1250A
1	触头开距	mm	9.5±1	9.5±1	18±1
2	接触行程	mm	3.5±1	3.5±1	6±2
3	平均合闸速度(6mm～触头闭合)	m/s	0.7±0.2	0.7±0.2	1.3±0.3
4	平均分闸速度(触头闭合～6mm)	m/s	1.1±0.2	1.1±0.2	1.7±0.3
5	分闸时间(额定电压)	ms	≤15	≤15	≤20
6	合闸时间(额定电压)	ms	≤35	≤35	≤40
7	触头分闸反弹幅值	mm	≤0.5	≤0.5	≤0.5
8	触头合闸反弹时间	ms	0	0	0

续表

序号	项目	单位	数值		
			U_r:12kV I_r:1250A	U_r:12kV I_r:4000A	U_r:40.5kV I_r:1250A
9	三相分闸不同期性	ms	≤0.2	≤0.2	≤0.2
10	三相合闸不同期性	ms	≤0.2	≤0.2	≤0.2
11	额定操作顺序		O-0.3s-CO-180s-CO	O-0.3s-CO-180s-CO	O-0.3s-CO-180s-CO
12	机械寿命	次	10000	10000	10000

三、智能化技术参数

产品的智能化主要技术参数如表 3-11 所示。

表 3-11　智能化主要技术参数

序号		功能			参数	
		功能符号	功能总称	功能项目	单位	数值
1	1-1	BHCK	综合保护测控参数	电流速切保护	%	≤10
	1-2			电流速切后备保护		≤10
	1-3			过电流、过负荷		≤1
	1-4			电压		≤0.5
	1-5			频率	Hz	≤0.01
	1-6			时间	ms	≤1
	1-7			分辨率	μs	25
	1-8			幅值误差	%	≤10
	1-9			配电电压		≤0.5
	1-10			负载电流		≤0.5
	1-11			有功功率	%	≤1.0
	1-12			无功功率		≤1.0
	1-13			功率因数		≤0.01
	1-14			频率	Hz	≤0.01
	1-15			配电电压谐波	%	≤2.0
	1-16			负载电流谐波		≤2.0
	1-17			远方/本地切换控制	%	100
	1-18			手动分合闸控制		100
	1-19			分合闸状态信号		100
	1-20			分合闸线圈通断状态信号	%	100
	1-21			保护类型信号		100
	1-22			报警类型信号		100
	1-23			通信检错准确率	%	100

序号		功能			参数	
		功能符号	功能总称	功能项目	单位	数值
2	2-1	WSLJ	与外设连接参数	外设输入信号检错	%	100
	2-2			对外设输出信号		100
3	3-1	DDJL	电度计量参数	有功电度计量	%	1.0
	3-2			无功电度计量		1.0
	3-3			电度功率因数计算		1.0
4	4-1	MNP	模拟屏参数	主接线图 准确率	%	100
	4-2			主接线图 实时性	ms	≤10
	4-3			实时数据 准确率	%	100
	4-4			实时数据 实时性	ms	≤10
	4-5			保护、报警提示 准确率	%	100
	4-6			保护、报警提示 实时性	ms	≤100
5	5-1	YB	压板参数	执行压板功能 响应时间	ms	≤100
	5-2			执行压板功能 准确率	%	100
6	6-1	DDJC	带电监测参数	有线连接 响应时间	ms	≤100
	6-2			有线连接 准确率	%	100
	6-3			无线连接 响应时间	ms	≤200
	6-4			无线连接 准确率	%	100
7	7-1	CBWD	插拔端温度监测参数	工作电流	A	≤10
	7-2			测量误差	℃	≤1.0
	7-3			响应时间	s	≤1.0
8	8-1	SJTJ	事件统计参数	统计数量 分合闸统计	次	50
	8-2			统计数量 保护统计		10
	8-3			统计数量 报警统计		10
	8-4			统计准确率	%	100
9	9-1	BHXK	保护相控参数	相控偏移度 电流型保护分闸相控	(°)	≤5.0
	9-2			电流型保护重合闸相控		≤5.0
10	10-1	JGYD	开关机构运动监测参数	分合闸线圈电流测量误差 分闸线圈电流	%	≤2.0
	10-2			分合闸线圈电流测量误差 合闸线圈电流		≤2.0
	10-3			储能时间测量误差	ms	≤10
	10-4			底盘车运动时间测量误差 推进时间	ms	≤10
	10-5			底盘车运动时间测量误差 退出时间		≤10
	10-6			底盘车电机电流监测误差 推进电机电流	%	≤2.0
	10-7			底盘车电机电流监测误差 退出电机电流		≤2.0

续表

序号		功能			参数	
		功能符号	功能总称	功能项目	单位	数值
11	11-1	CTYD	开关触头运动监测与录波参数	分闸测量误差 分闸时间	ms	≤0.1
	11-2			分闸速度	m/s	≤0.1
	11-3			分闸行程	mm	≤0.1
	11-4			三相分闸同期性	ms	≤0.01
	11-5			合闸测量误差 合闸时间	ms	≤0.1
	11-6			合闸速度	m/s	≤0.01
	11-7			合闸行程	mm	≤0.1
	11-8			合闸超程	mm	≤0.1
	11-9			三相合闸同期性	ms	≤0.01
	11-10			录波 分辨率	μs	25
	11-11			长度	ms	80
12	12-1	CTJK	成套设备监控参数	刀闸监控 分合闸时间测量误差	ms	≤1.0
	12-2			分合闸电机电流测量误差	%	≤2.0
	12-3			分合闸控制准确率		100
	12-4			柜门监控 柜门开、闭监测准确率	%	100
	12-5			柜门上锁、解锁控制准确率		100
	12-6			环境监控 柜内、柜外温度测量误差	%	≤2.0
	12-7			柜内、柜外湿度测量误差		≤2.0
	12-8			隔室温度控制灵敏度	℃	≤1.0
13	13-1	CKCZ	程控操作参数	程控操作准确率	%	100
14	14-1	WFCZ	五防操作参数	五防操作准确率	%	100
15	15-1	JCZD	集成断路器工况分析与诊断参数	机构运动 机械工况分析与诊断准确率	%	≥95
	15-2			电气工况分析与诊断准确率		≥95
	15-3			触头运动 机械工况分析与诊断准确率	%	≥95
	15-4			电气(燃弧)工况分析与诊断准确率		≥95 / ≥95
	15-5			电流传感器工况分析与诊断准确率	%	≥95
	15-6			智能化系统工况分析与诊断准确率		≥95
16	16-1	CTZD	成套设备工况分析与诊断参数	机柜隔室监控装置工况分析与诊断准确率	%	≥95
	16-2			中压带电监测器工况分析与诊断准确率		≥95
	16-3			中压插拔端温度监测器工况分析与诊断准确率		≥95
	16-4			刀闸工况分析与诊断准确率		≥95
	16-5			温湿度传感器工况分析与诊断准确率		≥95
	16-6			柜门监控器工况分析与诊断准确率		≥95

续表

序号		功能			参数	
		功能符号	功能总称	功能项目	单位	数值
17	17-1	FHFX	负荷分析与评估参数	安全性分析与评估准确率	%	≥95
	17-2			经济性分析与评估准确率		≥95
	17-3			节能性分析与评估准确率		≥95
18	18-1	PDFX	配电分析与评估参数	安全性分析与评估准确率	%	≥95
	18-2			经济性分析与评估准确率		≥95
	18-3			节能性分析与评估准确率		≥95

四、设备结构参数

1. 本体结构参数

(1) 额定电压 12kV、额定电流≤1250A 产品的本体结构参数如图 3-44 所示。

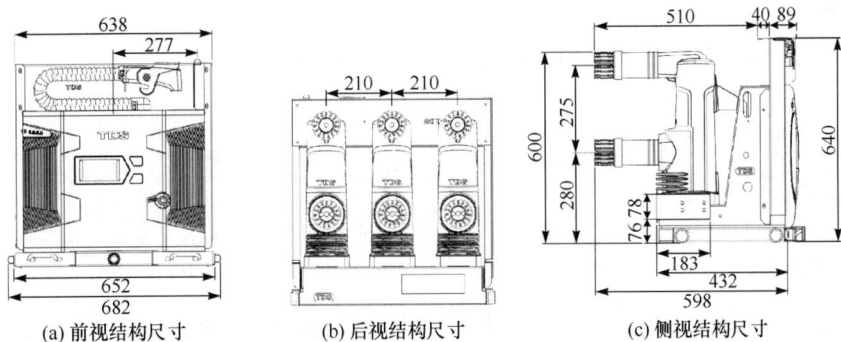

(a) 前视结构尺寸　　(b) 后视结构尺寸　　(c) 侧视结构尺寸

图 3-44　额定电压 12kV、额定电流≤1250A 产品的本体结构参数(单位:mm)

(2) 额定电压 12kV、额定电流＞1250A 产品的本体结构参数如图 3-45 所示。

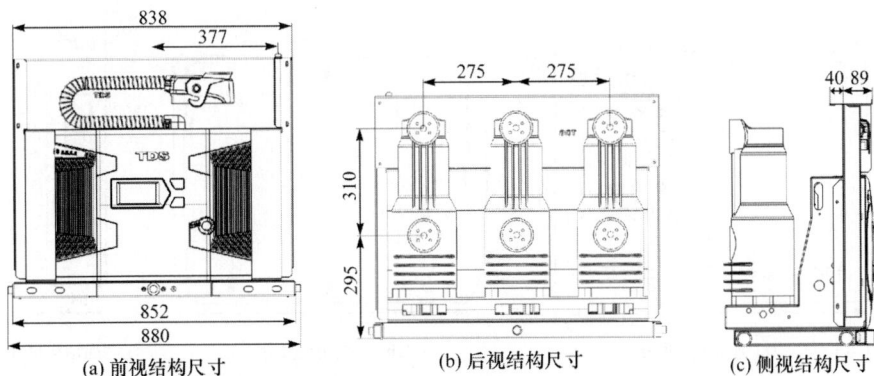

(a) 前视结构尺寸　　(b) 后视结构尺寸　　(c) 侧视结构尺寸

图 3-45　额定电压 12kV、额定电流＞1250A 产品的本体结构参数(单位:mm)

（3）额定电压 40.5kV、额定电流≤1250A 产品的本体结构参数如图 3-46 所示。

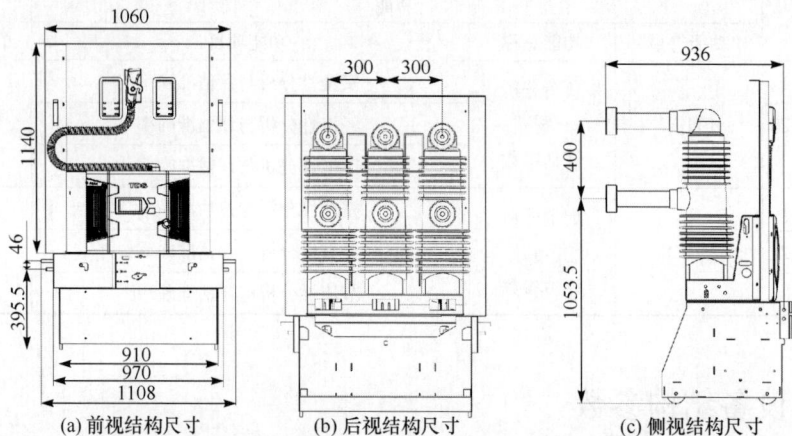

  (a) 前视结构尺寸   (b) 后视结构尺寸   (c) 侧视结构尺寸

图 3-46 额定电压 40.5kV、额定电流≤1250A 产品的本体结构参数（单位：mm）

2. 本体外接插件结构参数

产品本体对外电气连接采用接插件，结构参数如图 3-47 所示。

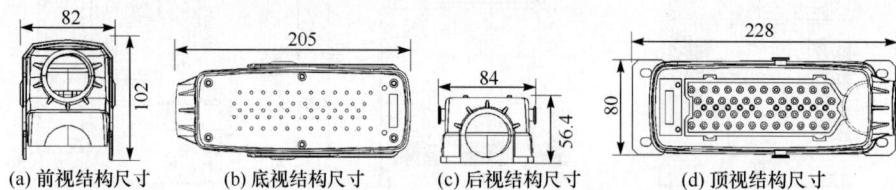

(a) 前视结构尺寸 (b) 底视结构尺寸 (c) 后视结构尺寸   (d) 顶视结构尺寸

图 3-47 产品本体的接插件结构参数（单位：mm）

3. 前置器结构参数

产品前置器的结构参数如图 3-48 所示。

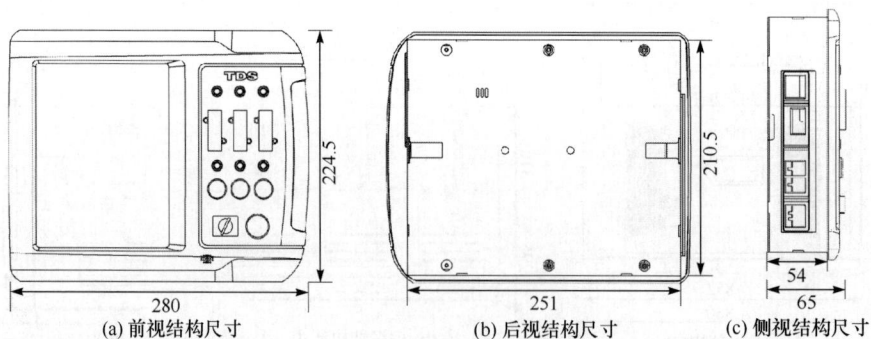

  (a) 前视结构尺寸   (b) 后视结构尺寸   (c) 侧视结构尺寸

图 3-48 产品前置器的结构参数（单位：mm）

第五节　性 能 试 验

一、电气性能试验

产品将一次开关、电流互感器和二次自动化装置一体化集成,因此要进行一次开关、一次电流传感器和二次自动化装置三方面的电气试验,每方面的试验项目与常规设备的试验项目基本相同,二次自动化装置除常规综合保护测控装置功能外还有机械监测功能等,需要进行相应试验。

产品由于一次开关、电流传感器和二次自动化装置一体化集成,在进行开关、电流传感器和自动化装置三方面试验时应注意其试验方法的特殊性。

1) 一次开关电气试验

产品在投运之前对其中一次开关的电气试验的项目和方法与常规设备相同,试验项目有绝缘耐压试验和触头闭合接触电阻测量,可分别使用绝缘耐压试验仪和接触电阻测试仪进行测量。

2) 电流传感器电气试验

电流传感器的电气试验主要为精度检验。由于产品内的电流传感器和开关装配在一起,所以一次电流以实际电流从开关极柱的伸出臂端接入,因电流较大需要使用升流器。

产品中的电流传感器二次侧线圈有两组,一组用于测量,另一组用于保护。一次额定电流时其二次侧对应电压为 100mV,进行精度检验时使用仪表对一次电流和二次电压进行同步测量并对误差进行计算,一般取表 3-12 所示的若干点数值。

表 3-12　电流传感器检验取样点

	项目		1	2	3	4	5	6
测量绕组	一次电流(%额定电流)		10	20	50	80	100	120
	二次电压/mV	标准值	10	20	50	80	100	120
		实测值	9.9	20.1	49.8	80.2	100.2	121
	误差/%		0.1	0.1	0.2	0.2	0.2	0.1
	误差指标/%		≤0.2					
	结论		合格	合格	合格	合格	合格	合格
保护绕组	一次电流(%额定电流)		100	150	250	500	750	1000
	二次电压/mV	标准值	100	150	250	500	750	1000
		实测值	101	152	248	497	745	992
	误差/%		1	2	2	3	5	8
	误差指标/%		≤5					
	结论		合格	合格	合格	合格	合格	合格

产品中电流传感器的二次输出端子位于产品本体前面板左上端,将标有"调试端子"的小盖板向左上方滑出,即有图 3-49 所示排列的采用接插形式的检测接线端子。

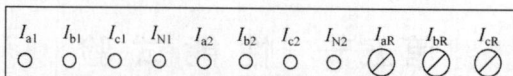

图 3-49　电流传感器二次输出检测接线端子排列

图 3-49 中各量说明如下。

I_{a1}、I_{b1}、I_{c1}、I_{N1} 为电流传感器保护绕组输出端子,A、B、C 三相一次保护电流分别转换为 I_{a1}、I_{b1}、I_{c1} 与 I_{N1} 之间的电压。

I_{a2}、I_{b2}、I_{c2}、I_{N2} 为电流传感器测量绕组输出端子,A、B、C 三相一次测量电流分别转换为 I_{a2}、I_{b2}、I_{c2} 与 I_{N2} 之间的电压。

I_{aR}、I_{bR}、I_{cR} 为三个可调电阻,分别用于调节由纯硬件组成的三相电流速切后备保护的定值。

二、机械性能试验

智能级别 52、53、54 和 55 的产品,具有开关机构运动和开关动触头运动的机械性能监测、诊断功能,在产品投入运行之前应进行相应试验。

产品的机械性能试验可使用通用中压开关机械特性试验装置,试验时将中压开关机械特性试验装置的机械运动传感器安装在被试产品的分合闸操作驱动机构底部,如图 3-50 所示,然后对被试产品进行分合闸操作,将前置器上所显示的机械性能参数与中压开关机械特性试验装置上所标示的数值进行比较,应在标示的误差范围内。

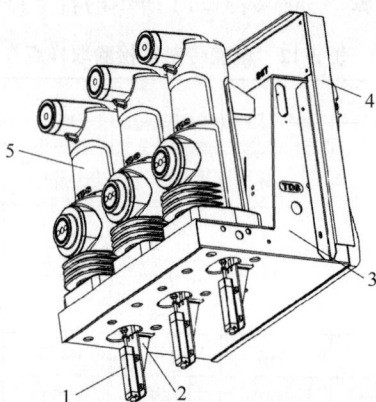

图 3-50　机械特性试验装置传感器的安装
1-机械特性测试传感器;2-固定支架;3-产品机体;4-产品前面板;5-产品极柱

在产品的机械特性试验过程中,可对被试产品前置器上的产品的机械参数正常范围进行修改,使被试产品的试验数值偏离该范围,则产品的前置器上应有相应的故障报警提示。

三、智能化试验

智能化试验在产品投入运行之前主要有测量误差试验、保护准确性试验和功能试验，其中测量误差试验是保护准确性试验和功能试验的基础，十分重要。

1）测量误差试验

测量误差试验可使用通用标准试验电源（如三相标准电源），将其交流三相 100V 输出接至产品本体的外接线接插件的对应端子，而将其交流三相电流以电压（$0\sim100\mathrm{mV}$）形式输出接至产品本体的前面板左上侧测试端子（I_{a2}、I_{b2}、I_{c2}、I_{N2}），调节试验电源的电压、电流，同时改变有功功率、无功功率和功率因数输出，将其输出数值与产品前置器上所显示的数值进行比较，然后计算误差是否在标准误差范围内。

2）保护准确性试验

保护准确性试验可使用通用继电保护试验装置，将其交流三相 100V 输出接至产品本体的外接线接插件的对应端子，而将其交流三相电流以电压（$0\sim500\mathrm{mV}$）形式输出接至产品本体的前面板左上侧调试端子（I_{a1}、I_{b1}、I_{c1}、I_{N1}），进行各种保护定值设置与修改，开关应分闸并有保护类型的提示。在进行电流速切后备保护试验时，将其他保护取消或设置成不能达到的定值，然后调节继电保护试验装置的输出电流和产品本体前面板左上侧的电流速切后备保护的调节电位器 I_{aR}、I_{bR}、I_{cR}，使电流速切后备保护在设定的定值上可靠启动。

3）功能试验

产品功能是在对产品和外设的各种模拟信息和开关信息进行准确测量和采集的基础上进行逻辑分析和判断实现的，因此产品功能试验应输入与功能实现相应的模拟信息和开关信息。

四、配电与负载分析及评估试验

智能级别 55 的产品具有配电与负载分析及评估功能，试验时使用能够模拟配电和负载各种工况的高性能试验电源，将其模拟配电电压二次输出和模拟负载电流二次输出分别接至产品上的对应输入端，然后调节高性能试验电源，模拟各种配电运行工况和负载运行工况，观察产品的前置器界面对配电和负载的分析与评估的正确性。

第六节　应　用　设　计

一、一次电气符号

1）一次电气图形符号

产品的一次电气图形符号用图 3-51 所示符号表示，该符号与现有标准符号相比增加了字母 Z，表示智能集成特征。

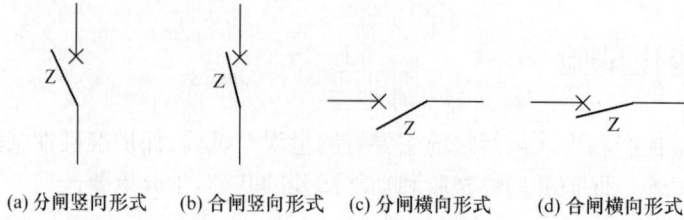

    (a) 分闸竖向形式   (b) 合闸竖向形式   (c) 分闸横向形式   (d) 合闸横向形式

图 3-51　产品一次电气图形符号

2）一次电气文字符号

产品的一次电气文字符号用现有交流断路器一次文字符号 QF 后加上 Z，即 QFZ 表示智能集成特征。产品由本体和前置器组成，本体文字符号为 QFZB，前置器文字符号为 QFZQ，以区别二者。

二、二次接线端子

1）额定电压 12kV、额定电流≤1250A 产品的二次接线端子

产品本体与外设之间的二次电气连接采用接插件，额定电压 12kV、额定电流≤1250A 产品的二次接线端子如图 3-52 所示。

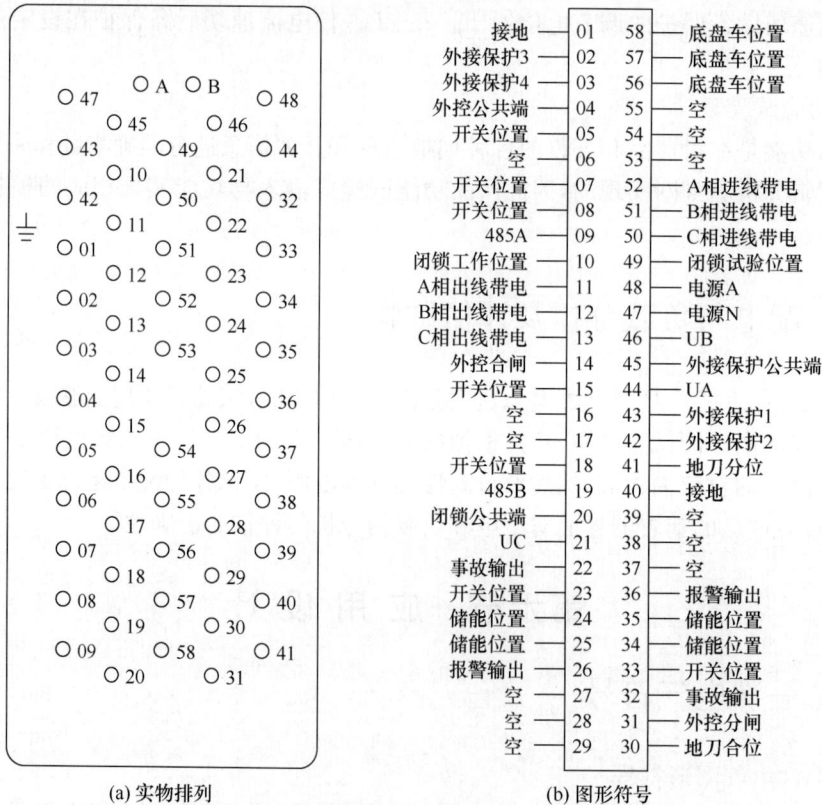

接地	01	58	底盘车位置
外接保护3	02	57	底盘车位置
外接保护4	03	56	底盘车位置
外控公共端	04	55	空
开关位置	05	54	空
空	06	53	空
开关位置	07	52	A相进线带电
开关位置	08	51	B相进线带电
485A	09	50	C相进线带电
闭锁工作位置	10	49	闭锁试验位置
A相出线带电	11	48	电源A
B相出线带电	12	47	电源N
C相出线带电	13	46	UB
外控合闸	14	45	外接保护公共端
开关位置	15	44	UA
空	16	43	外接保护1
空	17	42	外接保护2
开关位置	18	41	地刀分位
485B	19	40	接地
闭锁公共端	20	39	空
UC	21	38	空
事故输出	22	37	空
开关位置	23	36	报警输出
储能位置	24	35	储能位置
储能位置	25	34	储能位置
报警输出	26	33	开关位置
空	27	32	事故输出
空	28	31	外控分闸
空	29	30	地刀合位

(a) 实物排列　　　　　　　　　　　(b) 图形符号

图 3-52　额定电压 12kV、额定电流≤1250A 产品的二次接线端子

A、B 与前置器光纤通信接插端

2) 额定电压 12kV、额定电流＞1250A 和额定电压 40.5kV 产品的二次接线端子

额定电压 12kV、额定电流＞1250A 和额定电压 40.5kV 产品的二次接线端子如图 3-53所示。

<table>
<tr><td>接地</td><td>01</td><td>58</td><td>底盘车位置</td></tr>
<tr><td>外接保护3</td><td>02</td><td>57</td><td>底盘车位置</td></tr>
<tr><td>外接保护4</td><td>03</td><td>56</td><td>底盘车位置</td></tr>
<tr><td>外控公共端</td><td>04</td><td>55</td><td>C相测量CT进</td></tr>
<tr><td>开关位置</td><td>05</td><td>54</td><td>A相测量CT出</td></tr>
<tr><td>B相测量CT出</td><td>06</td><td>53</td><td>A相测量CT进</td></tr>
<tr><td>开关位置</td><td>07</td><td>52</td><td>A相进线带电</td></tr>
<tr><td>开关位置</td><td>08</td><td>51</td><td>B相进线带电</td></tr>
<tr><td>485A</td><td>09</td><td>50</td><td>C相进线带电</td></tr>
<tr><td>闭锁工作位置</td><td>10</td><td>49</td><td>闭锁试验位置</td></tr>
<tr><td>A相出线带电</td><td>11</td><td>48</td><td>电源A</td></tr>
<tr><td>B相出线带电</td><td>12</td><td>47</td><td>电源N</td></tr>
<tr><td>C相出线带电</td><td>13</td><td>46</td><td>UB</td></tr>
<tr><td>外控合闸</td><td>14</td><td>45</td><td>外接保护公共端</td></tr>
<tr><td>开关位置</td><td>15</td><td>44</td><td>UA</td></tr>
<tr><td>B相测量CT进</td><td>16</td><td>43</td><td>外接保护1</td></tr>
<tr><td>C相测量CT出</td><td>17</td><td>42</td><td>外接保护2</td></tr>
<tr><td>开关位置</td><td>18</td><td>41</td><td>地刀分位</td></tr>
<tr><td>485B</td><td>19</td><td>40</td><td>接地</td></tr>
<tr><td>闭锁公共端</td><td>20</td><td>39</td><td>C保护CT进</td></tr>
<tr><td>UC</td><td>21</td><td>38</td><td>B保护CT进</td></tr>
<tr><td>事故输出</td><td>22</td><td>37</td><td>A保护CT进</td></tr>
<tr><td>开关位置</td><td>23</td><td>36</td><td>报警输出</td></tr>
<tr><td>储能位置</td><td>24</td><td>35</td><td>储能位置</td></tr>
<tr><td>储能位置</td><td>25</td><td>34</td><td>储能位置</td></tr>
<tr><td>报警输出</td><td>26</td><td>33</td><td>开关位置</td></tr>
<tr><td>A相保护CT出</td><td>27</td><td>32</td><td>事故输出</td></tr>
<tr><td>B相保护CT出</td><td>28</td><td>31</td><td>外控分闸</td></tr>
<tr><td>C相保护CT出</td><td>29</td><td>30</td><td>地刀合位</td></tr>
</table>

(a) 实物排列　　　　　　　(b) 图形符号

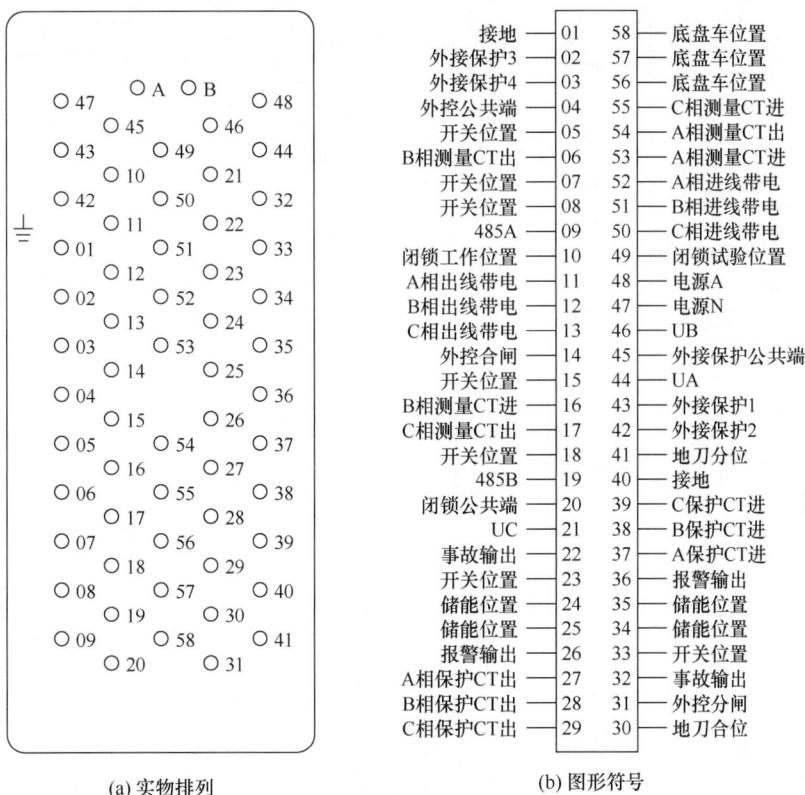

图 3-53　额定电压 12kV、额定电流＞1250A 和额定电压 40.5kV 产品的二次接线端子
A、B-与前置器光纤通信接插端

图 3-52 和图 3-53 中 A、B 端子为光纤接插端子，用于本体与前置器之间的通信。

三、电气原理图设计

产品应用时要进行应用电气原理图设计，从电气原理图可以看出主要功能和产品与其配套电器的相互连接关系。由于产品功能相当于集成了众多功能电器，所以产品的应用电气原理图的所用配套电器数量少，应用电气原理图简单。

产品的应用电气原理图与其功能有关，而产品的功能与其智能级别有关。图 3-54 是智能级别最高、具有综合功能的产品应用电气原理图，其他应用电气原理简图可以在此基础上简化而成。

图 3-54 中 JGCK 是与产品配套使用的配用件 TDS 机柜隔室测控装置。

图 3-54 中各功能模块图例说明：

一次主接线 A
二次配电电压 B
事件音响告警 C
光示牌预告 D
电源母排 空开 电源 RS-485通信 E
电源 RS-485通信 网络通信插座 光纤通信插座 GPRS通信 RS-485通信 F
电源 RS-485通信 G

QFZB H（信号输入 / 控制输入 / 外接保护输入 / 信号输出）
进线带电 出线带电 刀闸状态 合闸闭锁 分闸与合闸 保护1 保护2 保护3 保护4 开关状态 储能状态 底盘车状态

序	符号	功能名称	注
1	BHCK	综合保护录波测控	
2	WSLJ	与外设连接	
3	DDJL	电度计量	
4	MNP	模拟屏	
5	YB	压板	
6	DDJC	无线高压带电监测	
7	CBDW	无线插拔端温度监测	
8	SJTJ	事件统计	
9	BHXK	保护相控	
10	JGYD	断器机构运动监测	
11	CTYD	断路器触头温度监测与录波	
12	CTJK	成套设备监控	
13	CKCZ	程控操作	
14	WFCZ	"五防"操作	
15	JCZD	集成断路器工况分析与诊断	
16	CTZD	成套设备工况分析与诊断	
17	FHFX	负荷分析与评估	
18	PDFX	配电分析与评估	

序	符号	设备名称	注
1	QFZ	集成断路器	
2	GD	地刀	
3	QFZB	集成断路器本体	
4	QFZQ	集成断路器前置器	
5	JGCK	机柜测控装置	

QFZQ K（进线带电 出线带电 接插端温度 / 无线监测）
JGCK L（电源 ≈220V 控制 信号 柜外隔室1 柜门1 加热1 风扇1 / 刀闸监控 温湿度监测 柜门监控 加热控制 风扇控制）

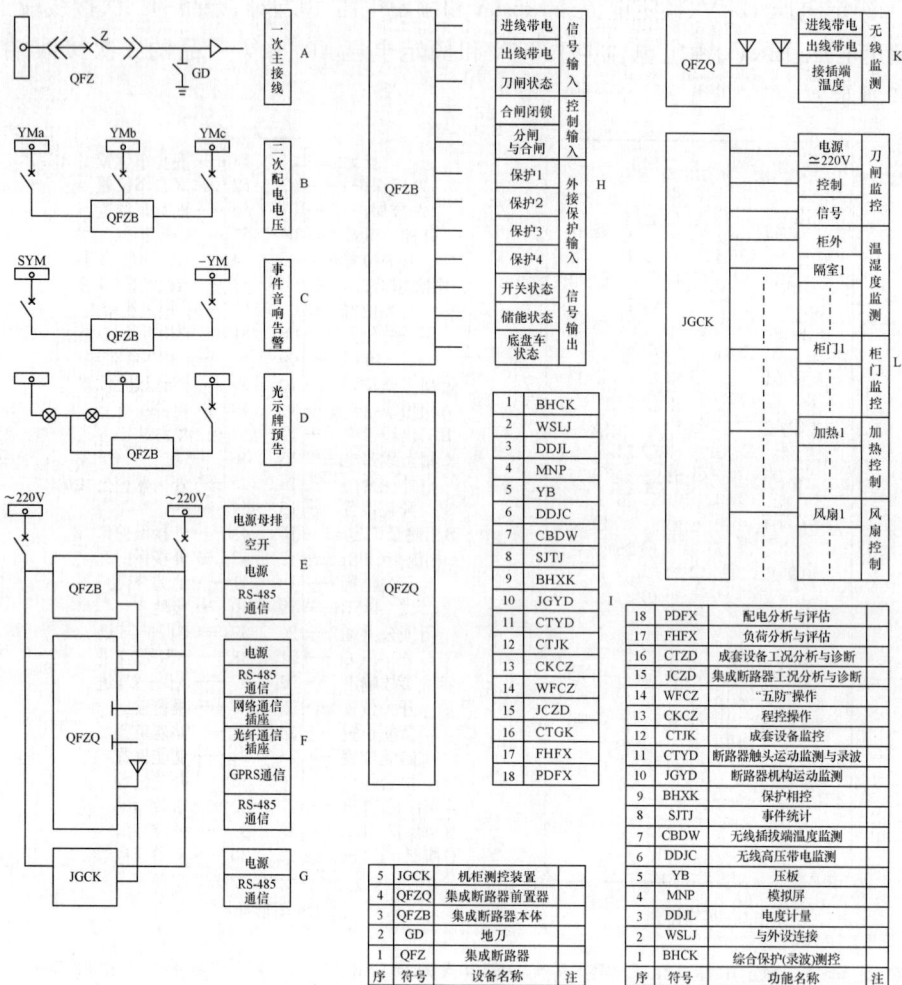

图 3-54 智能级别最高、具有综合功能的产品应用电气原理简图

图 3-54 中共有 A、B、C、D、E、F、G、H、I、K、L 共 11 个功能模块，功能模块与产品智能级别的关系如表 3-13 所示。

表 3-13 产品的智能级别与功能模块

智能级别	类型	A	B	C	D	E	F	G	H	I	K	L
0	50	√	√	√	√	√	√	—	√	—	—	—
1	51	√	√	√	√	√	√	—	√	√	—	—
2	52	√	√	√	√	√	√	√	√	√	—	—
3	53	√	√	√	√	√	√	√	√	√	√	√
4	54	√	√	√	√	√	√	√	√	√	√	√
5	55	√	√	√	√	√	√	√	√	√	√	√

注："√"表示有该功能；"√"表示有部分该功能；"—"表示无该功能。

功能模块的意义如下。

A-一次主接线,电流传感器在产品(额定电压 12kV、额定电流≤1250A)中,故未标出。

B-二次配电电压接入产品本体电路,用于综合保护测控等。

C-事件音响告警电路,在发生保护等重要事件时产品本体闭合告警信号接点。

D-光示牌预告电路,在发生非重要事件时,产品本体闭合光示牌预告信号接点。

E-产品本体电源、接地及与前置器的通信联机。

F-产品前置器电源、接地及与其外设的通信联机。

G-产品要实现较多功能,需要接口装置与 TDS 机柜测控装置配用,TDS 机柜测控装置(JGCK)电源、接地及其与产品前置器通信联机。

H-产品本体通过接插件引出在一些特定场合需要的信号输入、控制输入、外部保护输入和信号输出。

I-在产品前置器上通过触摸式彩色液晶屏设置并由软件(无需硬件接线)实现的功能,功能用汉字拼音字符号表示。

K-进线无线带电监测、出线无线带电监测和产品接插端温度监测功能,需要配置本书组编单位生产的 TDS 无线中压带电监测器和 TDS 中压接插端温度监测器,不需要电气接线。

L-成套功能,产品一般组柜应用,机柜中需要配置刀闸、温湿度控制装置、加热器、风扇和柜门锁等电器,产品通过本书组编单位生产的 TDS 机柜测控装置对这些电器进行监控,实现成套智能化。

四、电气接线图设计

产品应用的电气接线图设计因产品相当于集成了通用综合保护测控装置、多功能电度表、开关柜综合显示器等部件而十分简易。产品应用电气接线图设计在其应用电气原理图的基础上进行,使用确定的产品应用电气原理图进行电气接线图设计。

(1) 将产品应用电气原理图中标示的由软件实现的功能模块删除。

(2) 将产品应用电气原理图中所有元部件的需要相互连接的端子标出,并标上端子编号。

(3) 将所有元部件之间的实际连接线连上。

图 3-55 是以图 3-54 智能级别最高、具有综合功能的产品应用电气原理图为基础的产品应用电气接线简图。

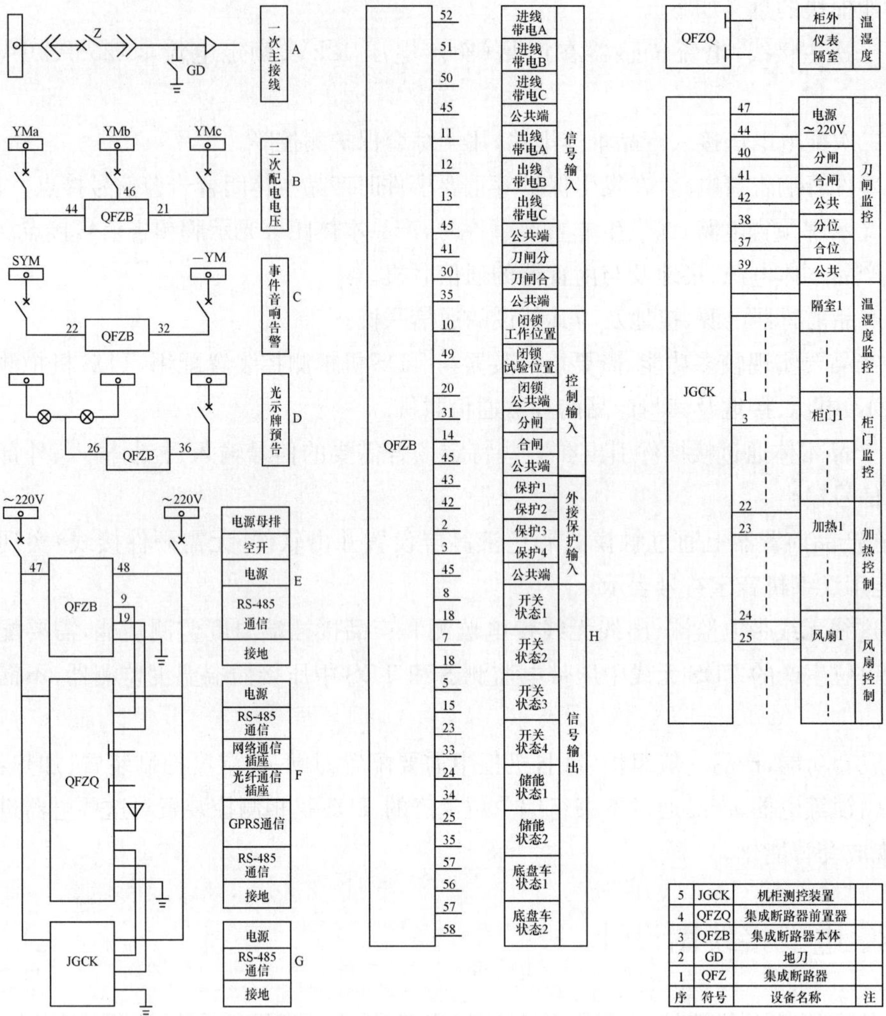

一次主接线 A

二次配电电压 B

事件音响告警 C

光示牌预告 D

电源母排
空开
电源
RS-485通信
接地 E

电源
RS-485通信
网络通信插座
光纤通信插座
GPRS通信
RS-485通信
接地 F

电源
RS-485通信
接地 G

QFZB

端子	信号	
52	进线带电A	信号输入
51	进线带电B	
50	进线带电C	
45	公共端	
11	出线带电A	
12	出线带电B	
13	出线带电C	
45	公共端	
41	刀闸分	
30	刀闸合	
35	公共端	
10	闭锁工作位置	控制输入
49	闭锁试验位置	
20	闭锁公共端	
31	分闸	
14	合闸	
45	公共端	
43	保护1	外接保护输入
42	保护2	
2	保护3	
3	保护4	
45	公共端	
8	开关状态1	信号输出
18		
7	开关状态2	
18		
15	开关状态3	
23		
33	开关状态4	
24		
34	储能状态1	
25		
57	储能状态2	
56		
57	底盘车状态1	
58	底盘车状态2	

H

QFZQ 柜外仪表隔室温湿度 L

JGCK

端子	信号	
47	电源≈220V	
44		
40	分闸	刀闸监控
41	合闸	
42	公共	
38	分位	
37	合位	
39	公共	
	隔室1	温湿度监控
1	柜门1	柜门监控
3		
22	加热1	加热控制
23		
24	风扇1	风扇控制
25		

M

序	符号	设备名称	注
5	JGCK	机柜测控装置	
4	QFZQ	集成断路器前置器	
3	QFZB	集成断路器本体	
2	GD	地刀	
1	QFZ	集成断路器	

图 3-55 智能级别最高、具有综合功能的应用电气接线简图

五、订货要点

(一)产品型号确定

1)智能级别(类型)

订货时要确定产品的型号,其中最重要的是选择产品的智能级别(类型),智能级别越高,智能化程度越高。

产品智能化功能的实现决定于产品的硬件和软件,硬件确定后一般不能升级,软件可在使用相同硬件的基础上升级。表 3-14 为智能级别(类型)及功能与硬件的关系。

表 3-14 产品的智能级别及功能与硬件的关系

序号	功能		硬件	智能化(智能级别/类型)					
	符号	简称		0/50	1/51	2/52	3/53	4/54	5/55
1	BHCK	保护测控	基础硬件	√	√	√	√	√	√
2	WSLJ	外设连接		√	√	√	√	√	√
3	DDJL	电度计量		√	√	√	√	√	√
4	MNP	模拟屏		√	√	√	√	√	√
5	YB	压板		√	√	√	√	√	√
6	ZYJC	中压监测(无线)	基础硬件、配用部件(1)		√	√	√	√	√
7	CBWD	插拔温度(无线)			√	√	√	√	√
8	SJTJ	事件统计			√	√	√	√	√
9	BHXK	保护相控	基础硬件、加级硬件、配用部件(1)			√	√	√	√
10	JGYD	机构运动				√	√	√	√
11	CTYD	触头运动				√	√	√	√
12	CTJK	成套监控	基础硬件、加级硬件、配用部件(1)、配用部件(2)				√	√	√
13	CKCZ	程控操作					√	√	√
14	WFCZ	五防操作					√	√	√
15	JCZD	集成断路器诊断					√	√	√
16	CTZD	成套诊断					√	√	√
17	FHFX	负荷分析					√	√	√
18	PDFX	配电分析					√	√	√

由表 3-14 可见:

(1) 50 型产品仅有基础硬件,不能通过软件升级增加功能。

(2) 51 型产品有基础硬件和配用部件(1),不能通过软件升级增加功能,但可以在功能设置时减少功能变成 50 型。

(3) 52 型产品有基础硬件、加级硬件和配用部件(1),不能通过软件升级增加功能,但可以在功能设置时减少功能变成 50 型或 51 型。

(4) 53 型与 54 型、55 型产品有相同的基础硬件、加级硬件、配用部件(1)和配用部件(2),可以通过软件升级变为 54 型或 55 型,也可以在功能设置时减少功能变成 50 型、51 型或 52 型。

2) 电压参数选择

产品的额定电压有 3kV、6kV、12kV 和 40.5kV 等规格供选择。

3) 电流参数选择

(1) 开关额定电流:开关额定电流有 400A、630A、1250A 和 4000A 等规格供选择。

(2) 开关额定短路开关断电流:开关额定短路开关电流有 25kA、31.5kA 和 40kA 等规格供选择。

(二) 配用部件选定

1) 配用部件(1)

配用部件(1)为本书组编单位研发及生产的如下产品：

(1) TDS 无线中压带电监测器；

(2) TDS 无线中压接插端温度监测器。

1 台产品可配 6 个 TDS 无线中压带电监测器和 6 个中压无线接插端温度监测器，分别安装于产品的 A、B、C 三相进线侧和 A、B、C 三相出线侧。

2) 配用部件(2)

配用部件(2)为本书组编单位研发及生产的如下产品：

(1) TDS 机柜隔室监控装置；

(2) TDS 温湿度监测器；

(3) TDS 柜门监控器。

1 台产品一般配 1 个 TDS 机柜隔室监控装置、2～3 个 TDS 温湿度传感器和 1～2 个 TDS 柜门监控器。

(三) 通用部件拟定

产品使用时需要一些市售通用部件结合，这些通用部件包括：

(1) 刀闸；

(2) 加热器；

(3) 风扇；

(4) 避雷器；

(5) 带电监测器(有线)；

(6) 门锁；

(7) 门位行程开关。

在产品的订货单中注明配合用的通用部件，有利于供货方对使用方案的了解，并可能提出一些合理的参考意见。

(四) 主接线图确定

产品的前置器主界面显示产品应用的一次主接线图，一次主接线图因产品的应用场合不同而异，一次主接线图通过前置器上的设置而改变。产品的一次接线图有受电与馈电、联络、架空进线、架空出线、电缆进线、电缆出线、进线与计量等数十种类型。

在产品的订货单中使用方标出应用场合和一次主接线图，使供应方能够在此基础上进行主接线图特定设计，满足在产品前置器液晶屏上显示的要求。

(五) 订货单填写

(1) 产品订货单如表 3-15 所示。

表 3-15　产品订货单

序号	型号	应用场合	一次主接线图(附)	数量/台	备注
1					
2					
⋮					
n					
合计					

(2) 产品配用部件订货单如表 3-16 所示。

表 3-16　产品配用部件订货单

序号	名称	安装位置	数量/台	总数/台	备注
1	TDS 无线中压带电监测器	进线侧 A 相			
		进线侧 B 相			
		进线侧 C 相			
		出线侧 A 相			
		出线侧 B 相			
		出线侧 C 相			
2	TDS 无线中压接插端温度监测器	进线侧 A 相			
		进线侧 B 相			
		进线侧 C 相			
		出线侧 A 相			
		出线侧 B 相			
		出线侧 C 相			
3	TDS 机柜隔室监控装置	—			
4	TDS 温湿度监测器	柜外			(连接线长度)
		仪表隔室			
		开关隔室			
		进线隔室			
		出线隔室			
		其他			

续表

序号	名称	安装位置	数量/台	总数/台	备注
5	TDS 柜门监控器	柜外			（连接线长度）
		仪表隔室			
		开关隔室			
		进线隔室			
		出线隔室			
		其他			

（3）产品配套通用部件表如表 3-17 所示。

表 3-17　产品配套通用元件表

序号	名称	型号规格	数量/台	备注
1	刀闸			
2	中压带电监测器(有线)			
3	避雷器			
4	门锁			
5	门位行程开关			
6	加热器			
7	风扇			
8	其他			

第七节　用户接收检查

一、移动与转移

（1）产品如需要较长距离的转移，应将其装入生产厂家使用的包装箱内并在箱内加固后进行转移，在转移过程中不应倒置、侧卧并应避免剧烈震动和碰撞。

（2）产品的本体质量较大，在搬移时尽量使用机械设备，将吊钩钩入产品操作机构箱上部的钩孔，起吊后平稳移动，减小晃动。

（3）产品在人工搬移时应着力在机构操作箱和底盘车上，不能在极柱、极柱伸臂和面板上使劲，避免这些部件损伤而影响使用。

二、外观检查

1）包装形式

产品发往用户采用专用包装运输。包装有两种方式,一种是将产品的本体和前置器分别包装,另一种是前置器包装后放入本体包装箱内。本体使用木材料包装,前置器使用纸材料包装。在包装箱内有固定和防震支件。

2）收件检查

（1）包装箱外所标示的发货单位、收货单位和产品型号规格应与产品订货合同的相应内容一致。

（2）包装箱应无破损、变形和受雨淋、受潮痕迹,若有问题应与运输单位交涉或与生产单位联系。

3）开箱检查

产品从包装箱内取出要使用合适的工具进行合适的操作,避免损坏箱中的物品,开箱后首先应找到装箱单,根据装箱单找到装箱单中所列的随机文件和随机附件。

检查产品本体和前置器上的铭牌,所示型号规格和所标参数应与订货合同中的相应内容一致。

产品外观应注意:

（1）结构件不应变形、损伤;

（2）外表面不应有起泡、裂纹、流痕和生锈等缺陷;

（3）焊接件应无裂缝、脱焊;

（4）金属紧固件不应脱落、松动、变色及生锈;

（5）本体上的液晶显示器无损伤,显示"分闸"、"未储能"和操作次数全"0"等内容;

（6）前置器面板上的液晶显示屏、指示灯应完好无损伤,面板上功能压板、转换开关、分合闸按键应完好、操作自如,两侧板上的接插座应完好,无脱落与损伤。

三、本体不带电操作试验

1）手动储能操作检查

使用手动弹簧储能摇杆插入面板右下方的对应插孔内,顺时针方向摇动至终止位置,面板上的液晶显示器的显示由"未储能"变为"已储能"。

2）手动分闸、合闸操作检查

（1）用手按面板上的合闸按钮,有较大的合闸音响,面板上液晶显示器的显示由"分闸"变为"合闸",同时"已储能"变为"未储能",分合闸次数显示器显示的数值增加1,测量每个极柱的上下伸出臂之间由"断开"变为"接通"。

（2）用手按面板上的分闸按钮,有较小的分闸音响,面板上液晶显示器的显示由"合闸"变为"分闸",测量每个极柱的上下伸出臂之间由"接通"变为"断开"。

3）手动推进、退出底盘车检查

使用手动底盘车摇杆插入底盘车前面的对应插入孔，顺时针方向摇动，底盘车后侧有顶杆伸出，并有较大推斥力；而逆时针方向摇动，底盘车后侧顶杆退回，并有较大退回力。

4）开关状态输出端子检查

在进行手动储能、手动分合闸操作以及手动底盘车推进、退出操作时，接插头上的端子应反映这些机构状态的变化，如表 3-18 所示。

表 3-18　机构状态与接插头上端子间的通断状态的对应

机构状态	已储能/未储能		分闸/合闸				底盘车推进/退出	
端子	24～34	25～35	23～33	5～15	8～18	7～18	56～57	57～58
通断状态	通/断	断/通	通/断	断/通	通/断	断/通	通/断	断/通

四、本体带电操作试验

1）通电检查

（1）在接插头的 47、48 端子接入～220V 电源，面板上的液晶显示屏发出背光，指示的储能、分合闸状态与实际状态相符。

（2）如未通电时处于未储能状态，则通电后应有储能电机工作声响，停止后显示器显示"已储能"。

（3）分合闸操作次数显示器如有非 0 次数记录，可用针状件插入液晶显示屏右下方的小孔中并向下顶压，使分合闸操作次数清 0。

2）分闸、合闸操作检查

（1）接插头的 4、31 和 14 是外接分合闸控制端子。如果在合闸状态将 4、31 端子接通，则电动控制分闸；如果在分闸状态将 4、14 端子接通，则电动控制合闸，在电动控制合闸之后，储存的能量消失，显示器显示"未储能"，会有储能电机工作声响，停止后显示器显示"已储能"。

（2）电动分闸、合闸操作之后，显示器显示内容及接插头上对应端子反映分合闸状态、储能状态，端子间通断与手动分合闸操作之后相同。

五、前置器通电检查

产品前置器经外观检查之后进行通电检查，在左侧面电源接插件接上额定电压的电源，左侧大面积触摸式彩色液晶显示屏应：

（1）有彩色数字、文字、图形显示及有背光；

（2）除标准数字、文字、图形外，无杂斑、光点、暗点出现；

（3）用手指触摸标示菜单的方框，界面应变化；

（4）用手触摸屏面，显示不受影响；

（5）人体离开 30s 后背光应熄灭，人体接近后又恢复。

六、储存保养

产品如较长时间不用应妥善储存与保养。

(1) 产品本体储存时应加塑料膜等物包裹,前置器应放入供应方发货用包装盒内。

(2) 产品储存安放位置离地高度应大于 0.5m,环境应干燥,温度应适宜(-25~40℃),且无震、无有害气体侵蚀。

(3) 产品中真空开关管的储存时间限制为 20 年。

(4) 长期存放应在传动部位加润滑油。

(5) 产品本体前面板上的液晶显示器有储能器件,供电时间为 3 年,如超过 3 年液晶显示屏上保存的分合闸操作次数消失,在通电使用时从 0 开始恢复计数。

(6) 定期(间隔不能太长)关注产品储存环境,维护良好条件,使产品得到较好保养。

第八节 运行与维护

一、投运前检查

产品在投入实际运行时应完成如下检查。

1) 机械特性和机械操作试验

(1) 手动合闸、分闸操作,循环 5 次,不得有拒合、拒分现象。

(2) 以 110%合闸额定电压、120%分闸额定电压电动操作 5 次,不得有误合、误分、拒合、拒分现象。

(3) 以 85%合闸额定电压、65%分闸额定电压电动操作 5 次,不得有误合、误分、拒合、拒分现象。

(4) 在额定电压下"分-0.3s-合"循环操作 5 次,不得有拒合、拒分现象。

(5) 以 30%额定电压分闸电动操作 5 次,不应分闸。

(6) 储能电机分别在 85%、100%、110%额定电压下储能正常。

(7) 底盘车(电动)分别在 85%、100%、110%额定电压下推进、退出正常。

(8) 一次、二次接插件接插应到位、无卡带等现象。

在进行以上操作试验时,操作机构及传动装置应可靠灵活,联动开关的接点、机械或电气的联锁装置应正确可靠。

2) 电气特性试验

(1) 绝缘试验符合相关规定。

(2) 工频耐压试验符合相关规定。

(3) 一次接插接触电阻符合相关规定。

二、投运过程检查

1) 二次通电检查

产品在退出位置,产品本体与前置器均接通二次工作电源,并接上本体的外接配电三相二次电压,检查如下。

(1) 本体前面板上液晶显示屏有背光,开关分闸与合闸状态、储能与未储能状态以及分合闸操作次数显示正确。

(2) 前置器面板上进线带电指示灯指示正确、分闸与合闸指示灯指示正确。

(3) 前置器界面上主接线图显示正确、母线电压显示准确。

2) 一次通电检查

产品推入工作位置,在前置器面板上将远方/本地转换开关拨向本地位置,按"合闸"按键,产品本体合闸音响,检查如下。

(1) 本体前面板液晶显示屏显示合闸状态、储能状态,同时分合闸操作次数应显示准确。

(2) 前置器面板上合闸状态指示灯亮,进线侧带电指示灯亮。

(3) 前置器界面上主接线图显示正确,母线电压、负载电流、有功功率、无功功率、功率因数等显示准确。

三、投运后维护

1) 自然环境维护

(1) 维护产品运行环境中没有明显尘埃、烟雾、腐蚀性气体、可燃性气体以及没有昆虫和鼠类等小动物。

(2) 关注产品对环境温湿度监测数据,维护环境温湿度在规定范围内。

2) 电气环境维护

(1) 维护一次、二次系统的避雷器等瞬态过电压保护元件的可靠性,避免产品受雷击等瞬态过电压损坏。

(2) 关注产品对配电、负荷的监测数据和诊断,维护良好的配电条件和合理的负荷配置。

3) 设备运行工况维护

(1) 关注产品对分闸与合闸(特别是电流型保护分闸与重合闸)时拉弧、燃弧等电气瞬态参数的监测与诊断,如有不良情况要及时采取措施(如通知产品生产方)进行维护。

(2) 关注产品对分闸与合闸过程中动触头运动行程、超程等静态机械参数以及时间、速度等动态机械参数的监测与诊断,如有不良情况要及时采取维护措施(可与产品生产方联系)。

第九节　配 用 设 备

一、机柜隔室监控装置

(一) 主要特点

TDS 机柜隔室监控装置是上端与 TDS 智能集成中压交流真空断路器配套和下端与同是配用设备的 TDS 温湿度监测器、TDS 柜门监控器配套,以及与门位行程开关、加热器、风扇、刀闸等通用设备相连实现 TDS 模式的中压交流开关柜智能化的重要设备。由此形成的智能中压交流开关柜功能扩展性强,并且结构简洁、接线简易、可靠性高、可维护性好。

(二) 主要功能

1) 控制功能

(1) 接受上端 TDS 智能集成中压交流真空断路器(前置器)的指令进行控制或自动控制,并上报所监测、控制设备的工况。

(2) 控制或五防控制柜门的开锁或闭锁。

(3) 控制或自动控制加热器的启停。

(4) 控制或自动控制风扇的启停。

(5) 控制或五防控制刀闸的分闸、合闸。

(6) 自动控制机柜隔室内的温湿度。

2) 监测功能

(1) 监测机柜外侧环境温度、湿度。

(2) 监测机柜隔室内温度、湿度。

(3) 监测机柜柜门开闭状态。

(4) 监测加热器启停及工况状态。

(5) 监测风扇启停及工况状态。

(6) 监测门锁工况状态。

(7) 监测刀闸分合闸状态及分合闸电机工况。

(三) 主要参数

1) 电源参数

(1) 电压:$\sim$220V(110V,$\pm$10%)。

(2) 电流:$\leqslant$0.1A。

2) 控制参数

(1) 控制指令执行时间:$\leqslant$1ms。

(2) 自动控制延时时间:$\leqslant$30s。

(3) 控制准确率:100%。

3）监测参数

（1）状态信号监测准确率：100％。

（2）工况判断准确率：≥95％。

4）机械参数

（1）质量：0.66kg。

（2）外形尺寸如图 3-56 所示。

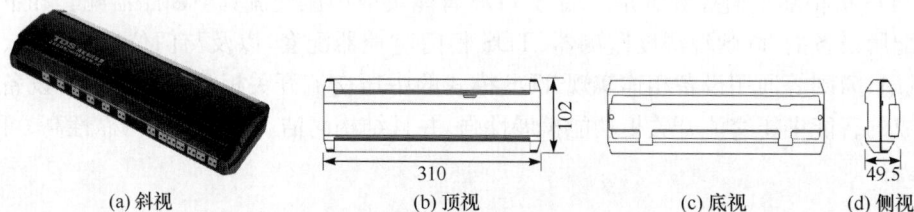

(a) 斜视　　　　　(b) 顶视　　　　　(c) 底视　　(d) 侧视

图 3-56　TDS 机柜隔室监控装置外形及其尺寸（单位：mm）

（四）安装与使用

1）机械安装

TDS 机柜隔室监控装置一般在机柜的仪表隔室内横卧安装，产品采用底部嵌在标准"⌐┌"形导轨上而得到固定，如图 3-57 所示。

2）接线端子

TDS 机柜隔室监控装置的电气接线端子如图 3-58 所示。

3）TDS 机柜隔室监控装置与 TDS 智能集成中压交流真空断路器（前置器）的连接

TDS 机柜隔室监控装置使用 RS-485 通信方式与上端设备 TDS 智能集成中压交流真空断路器的前置器连接，如图 3-59 所示。

4）TDS 机柜隔室监控装置与 TDS 温湿度监测器的连接

TDS 机柜隔室监控装置可与 5 个同是配用设备的 TDS 温湿度监测器连接，监测 5 个部位的温度与湿度，其中第 1 个一般安装在机柜前柜面外，用于监测机柜外部环境的温度和

图 3-57　TDS 机柜隔室监控装置的安装

湿度，其余 4 个一般安装在需要监测温度和湿度的机柜隔室内。进行温湿度自动控制的隔室必须有 TDS 温湿度监测器。

TDS 机柜隔室监控装置与 TDS 温湿度监测器的连接如图 3-60 所示。TDS 机柜隔室监控装置与 TDS 温湿度监测器的连接使用两端装有接插头的线缆（产品附件）。

5）TDS 机柜隔室监控装置与 TDS 柜门监控器（或门位行程开关）的连接

TDS 机柜隔室监控装置与 TDS 柜门监控器连接后监测柜门的开闭状态和控制柜门锁的开锁与闭锁（门位行程开关仅能监测柜门的开闭状态），连接方式如图 3-61 所示。

(a) 实物排列

(b) 图形符号

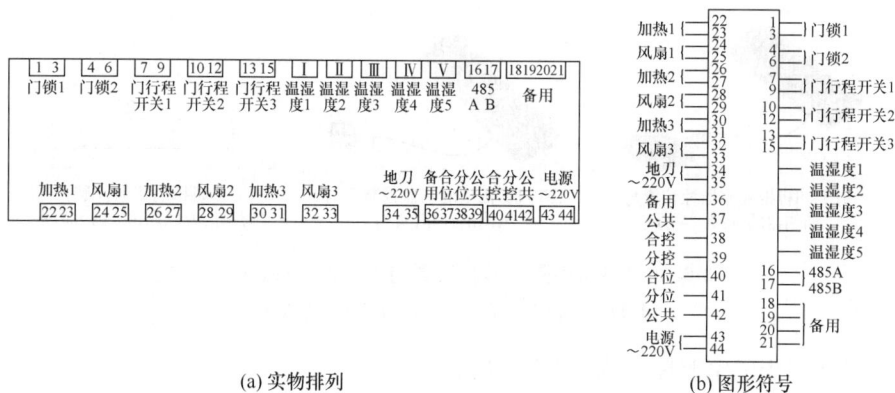

图 3-58 TDS 机柜隔室监控装置的电气接线端子

(a) 实物连接

(b) 连接原理

图 3-59 TDS 机柜隔室监控装置与 TDS 智能集成中压交流真空断路器(前置器)的连接
1-TDS 机柜隔室监控装置;2-TDS 智能集成中压交流真空断路器(前置器)

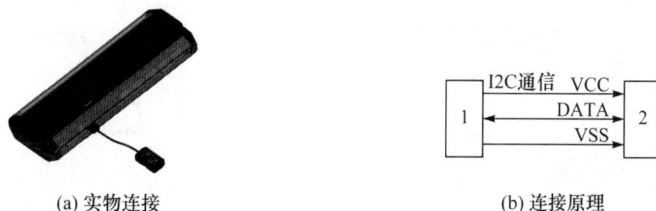

(a) 实物连接

(b) 连接原理

图 3-60 TDS 机柜隔室监控装置与 TDS 温湿度监测器的连接
1-TDS 机柜隔室监控装置;2-TDS 温湿度监测器

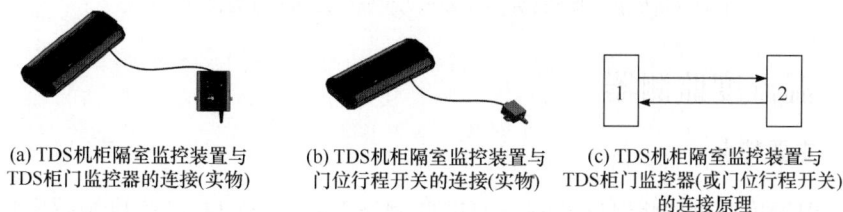

(a) TDS 机柜隔室监控装置与
TDS 柜门监控器的连接(实物)

(b) TDS 机柜隔室监控装置与
门位行程开关的连接(实物)

(c) TDS 机柜隔室监控装置与
TDS 柜门监控器(或门位行程开关)
的连接原理

图 3-61 TDS 机柜隔室监控装置与 TDS 柜门监控器(或门位行程开关)的连接
1-TDS 机柜隔室监控装置;2-TDS 柜门监控器(或门位行程开关)

6) TDS 机柜隔室监控装置与加热器(或风扇)的连接

TDS 机柜隔室监控装置与通用设备加热器(或风扇)连接后控制加热器(或风扇)的启停,同时监测加热器(或风扇)的运行工况,连接方式如图 3-62 所示。

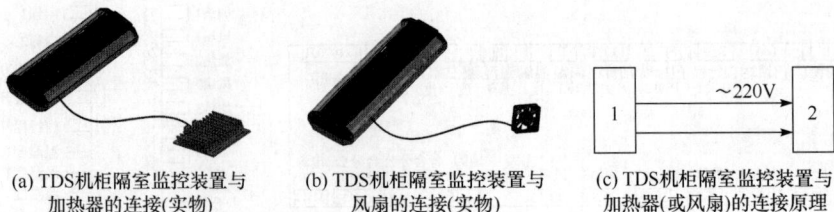

(a) TDS机柜隔室监控装置与　　　(b) TDS机柜隔室监控装置与　　　(c) TDS机柜隔室监控装置与
　加热器的连接(实物)　　　　　　风扇的连接(实物)　　　　　加热器(或风扇)的连接原理

图 3-62　TDS 机柜隔室监控装置与加热器(或风扇)的连接
1-TDS 机柜隔室监控装置;2-加热器(或风扇)

7) TDS 机柜隔室监控装置与刀闸的连接

通用设备刀闸有电动操作刀闸和手动操作刀闸两种。

TDS 机柜隔室监控装置与电动操作刀闸连接后可对电动操作刀闸提供操作电源、进行分闸或合闸操作以及监测分闸或合闸电机电流、分闸或合闸时间、分闸或合闸状态等工况。

TDS 机柜隔室监控装置与手动操作刀闸连接后仅能监测手动操作刀闸的分闸或合闸状态。

TDS 机柜隔室监控装置与刀闸的连接如图 3-63 所示。

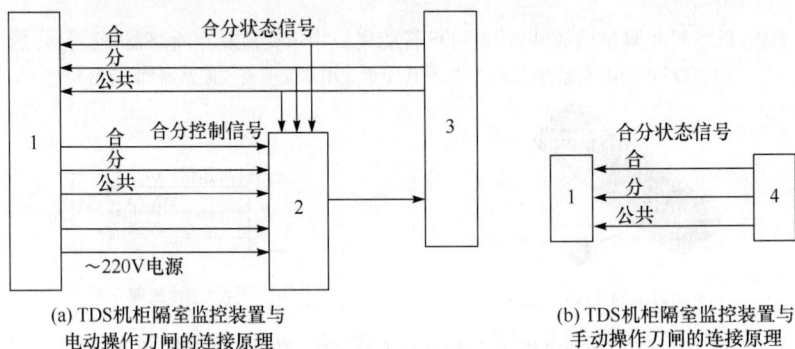

(a) TDS机柜隔室监控装置与　　　　　　　　(b) TDS机柜隔室监控装置与
　电动操作刀闸的连接原理　　　　　　　　　手动操作刀闸的连接原理

图 3-63　TDS 机柜隔室监控装置与刀闸的连接
1-TDS 机柜隔室监控装置;2-电动地刀控制盒;3-电动地刀;4-手动地刀

二、温湿度监测器

(一) 主要特点

TDS 温湿度监测器将温度监测与湿度监测结合在一起,与 TDS 机柜隔室监控装置的连接使用单根线缆,安装固定使用底部磁铁吸力,因此体积小、连接方便、安装简易。

(二) 主要功能

(1) 对所处环境温度监测。

(2) 对所处环境湿度监测。

（三）主要参数

1）测量参数

（1）温度测量范围：−25～85℃。

（2）温度测量误差：≤2℃。

（3）湿度测量范围：0～100％RH。

（4）湿度测量误差：≤2％。

2）机械参数

（1）质量：0.02kg。

（2）外形尺寸如图 3-64 所示。

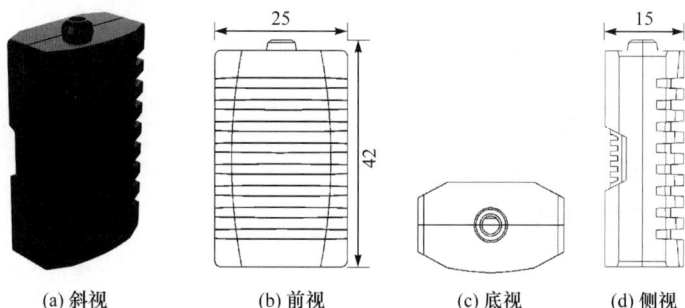

（a）斜视　　　（b）前视　　　（c）底视　　　（d）侧视

图 3-64　TDS 温湿度监测器外形及其尺寸（单位：mm）

（四）安装与使用

1）机械安装

TDS 温湿度监测器底部内置强磁铁，可吸附在铁板上。安装时在需要监测温湿度的地方设置一块铁板，为防止滑动可将止滑件（产品附件）装上，如图 3-65 所示。

2）电气连接

TDS 温湿度监测器使用时要与 TDS 机柜隔室监控装置电气连接，连接方法见前述 TDS 机柜隔室监控装置与 TDS 温湿度监测器的连接（图 3-65）。

3）使用

TDS 温湿度监测器本身没有温湿度显示，测得的环境温度、湿度通过 TDS 机柜隔室监控装置在 TDS 智能集成中压交流真空断路器的前置器上显示。因此，TDS 温湿度监测器要和 TDS 机柜隔室监控装置及 TDS 智能集成中压交流真空断路器配用。

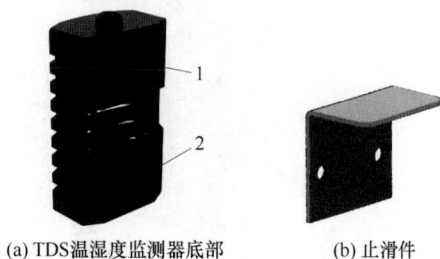

（a）TDS温湿度监测器底部　　　（b）止滑件

图 3-65　TDS 温湿度监测器机械安装

1、2-上、下两块内置磁铁

三、柜门监控器

(一) 主要特点

TDS 柜门监控器将柜门监测开关(门位行程开关)和电磁锁结合在一起,与外设的连接仅用两根线,且无极性,因此安装、连接、使用均方便。

(二) 主要功能

(1) 对柜门开闭状态进行监测。

(2) 控制柜门的开锁、闭锁。

(3) 工况自检。

(三) 主要参数

1) 电气参数

(1) 开闭状态检测电流:≤1mA。

(2) 开闭状态检测周期:≤2s。

(3) 开闭锁控制电压:≃220V。

(4) 开闭锁控制电流:≤10mA。

(5) 开闭状态检测准确率:100%。

(6) 开闭锁控制准确率:100%。

2) 机械参数

(1) 质量:0.68kg。

(2) 外形尺寸如图 3-66 所示。

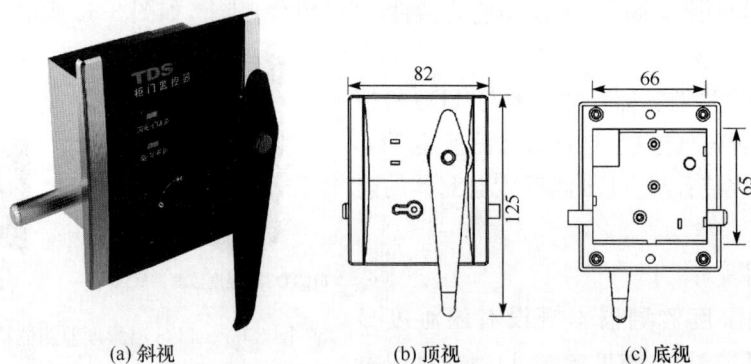

(a) 斜视   (b) 顶视   (c) 底视

(d) 侧视　　　　　　　　(e) 锁扣件

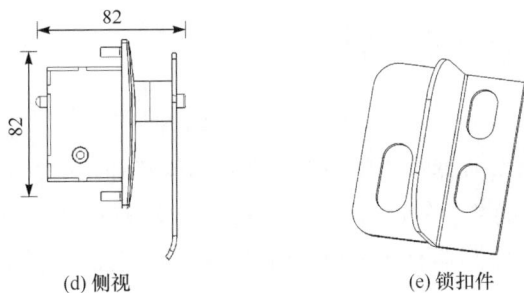

图 3-66　TDS 柜门监控器的外形及其尺寸(单位:mm)

(四) 安装与使用

1) 机械安装

TDS 柜门监控器有主件和锁扣件,主件安装在活动的门上,锁扣件安装在固定的门框上,如图 3-67 所示。

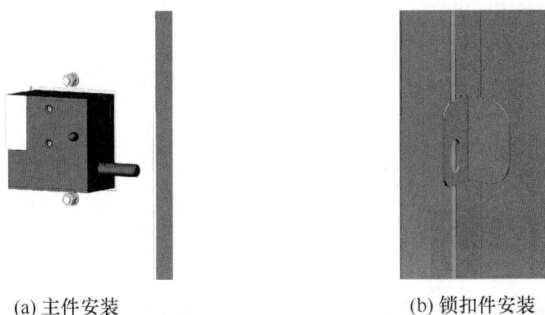

(a) 主件安装　　　　　　　　(b) 锁扣件安装

图 3-67　TDS 柜门监控器的安装

2) 电气连接

TDS 柜门监控器使用时要与 TDS 机柜隔室监控装置电气连接,连接方法见 TDS 机柜隔室监控装置与 TDS 柜门监控器的连接(图 3-61)。

3) 使用

(1) TDS 柜门监控器面板上有一个指示灯,该灯亮时说明允许开门,在按下面板上的按键时即可开门(按键时间不能过长,要短于 5s);该灯不亮时说明不允许开门,如要强制开门用钥匙插入锁孔右旋 45°方可开门。

(2) TDS 柜门监控器监测到的柜门状态和柜门的开锁、闭锁控制都要通过 TDS 机柜隔室监控装置在 TDS 智能集成中压交流真空断路器的前置器上显示和受其控制。因此,TDS 柜门监控器要与 TDS 机柜隔室测控装置及 TDS 智能集成中压交流真空断路器配用。

四、无线中压带电监测器

(一) 主要特点

TDS 无线中压带电监测器对中压带电信息采用无线通信方法直接发至 TDS 智能集成中压交流真空断路器的前置器以应用，无电气连接线，安装、使用安全、方便。

TDS 无线中压带电监测器有通用型和加强型两种，加强型可用于固定刀闸等受力较大的场合。

(二) 主要功能

(1) 监测中压带电状态。

(2) 中压带电状态信息以无线方式发送。

(三) 主要参数

1) 电气参数

(1) 监测电压范围：50%～120%额定电压。

(2) 监测取样电流：≤0.5mA。

2) 机械参数

(1) 质量：1.26kg(通用型)、1.56kg(加强型)。

(2) 外形尺寸如图 3-68 所示。

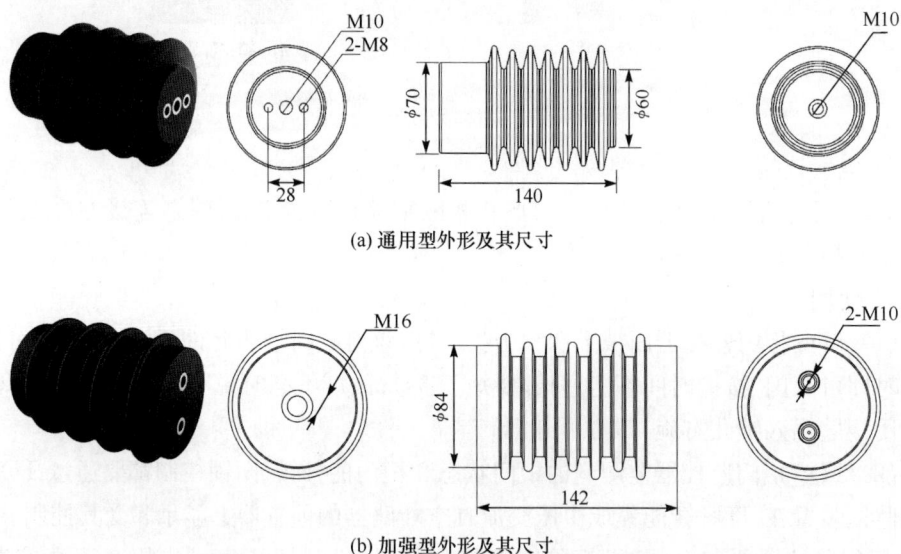

(a) 通用型外形及其尺寸

(b) 加强型外形及其尺寸

图 3-68　TDS 无线中压带电监测器外形及其尺寸(单位：mm)

（四）安装与使用

1）机械安装

TDS 无线中压带电监测器的上端一般使用螺栓固定在需要监测中压的铜排上，下端则用螺栓固定在接地金属件上。TDS 无线中压带电监测器同时起支撑铜排或与铜排相连设备的作用，如图 3-69 所示。

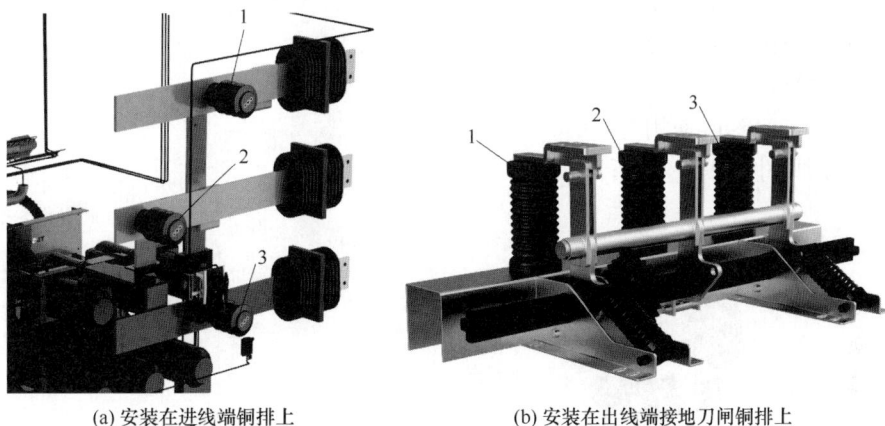

(a) 安装在进线端铜排上　　　　　　　(b) 安装在出线端接地刀闸铜排上

图 3-69　TDS 无线中压带电监测器的机械安装

1-A 相 TDS 无线中压带电监测器；2-B 相 TDS 无线中压带电监测器；3-C 相 TDS 无线中压带电监测器

2）使用

（1）TDS 无线中压带电监测器在 TDS 智能交流开关柜内一般使用 6 台，分别用于上端进线 A、B、C 三相和下端出线 A、B、C 三相。为了避免混乱，在产品上标有安装位置的标记 A 上、B 上、C 上和 A 下、B 下、C 下，在使用时按标记安装到相应位置。

（2）TDS 无线中压带电监测器产品上标有无线频道标记，使用时应在与其进行通信联机的 TDS 智能集成中压交流真空断路器前置器上设置频道，二者频道应一致。

五、无线中压接插端温度监测器

（一）主要特点

TDS 无线中压接插端温度监测器套在 TDS 智能集成中压交流真空断路器极柱伸出臂的接插座端，并采用无线方式将检测的接插端温度信息直接发至 TDS 智能集成中压交流真空断路器的前置器以应用，具有安装方便、无电气接线、温度取样准确等特点。

TDS 无线中压接插端温度监测器有通用型和大电流型两种，大电流型用于额定电流大于 1250A 的接插端。

（二）主要功能

（1）监测中压接插端温度。

(2) 中压接插端温度以无线方式发送。

(3) 工况自检。

(三) 主要参数

1) 电气参数

(1) 监测起始电流：≥10A（通用型）、≥50A（大电流型）。

(2) 温度监测范围：-25～200℃。

(3) 温度监测误差：≤2℃。

2) 机械参数

(1) 质量：0.16kg（通用型）、0.12kg（大电流型）。

(2) 外形尺寸如图3-70所示。

(a) 通用型外形及其尺寸

(b) 大电流型外形及其尺寸

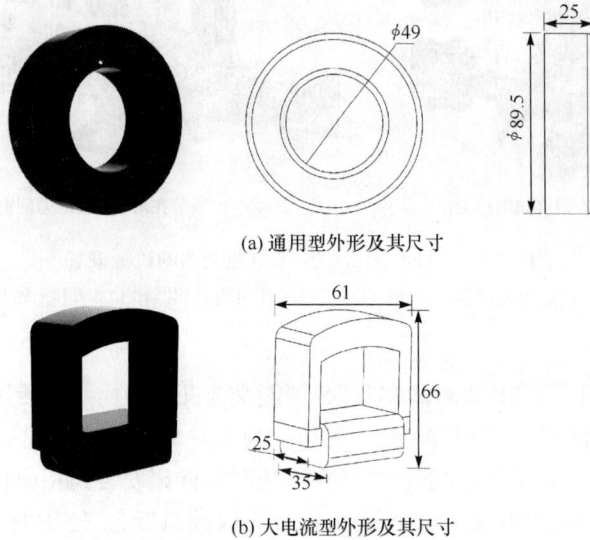

图 3-70　TDS无线中压接插端温度监测器外形及其尺寸（单位：mm）

(四) 安装与使用

1) 机械安装

通用型 TDS 无线中压接插端温度监测器采用套装方式，一般安装在 TDS 智能集成中压交流真空断路器极柱伸出臂的接插座端，如图 3-71(a) 所示。大电流型 TDS 无线中压接插端温度监测器则采用嵌装方式，如图 3-71(b) 所示。

2) 使用

(1) TDS 无线中压接插端温度监测器在 TDS 智能集成交流断路器上一般安装 6 台，分别用于上端进线 A、B、C 三相和下端出线 A、B、C 三相。为了避免混乱，在产品上标有安装位置的标记 A 上、B 上、C 上和 A 下、B 下、C 下，在使用时按标记安装到相应位置。

(a) 通用型机械安装　　　　　　　　　(b) 大电流型机械安装

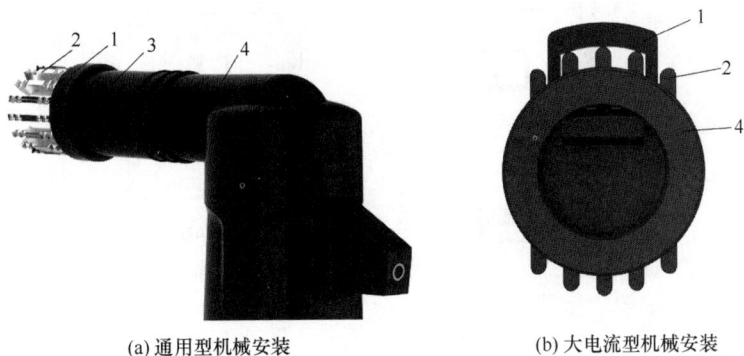

图 3-71　TDS 无线中压接插端温度监测器的机械安装

1-TDS 无线中压接插端温度监测器；2-接插座；3-套筒；4-产品极柱

（2）TDS 无线中压接插端温度监测器产品上标有无线频道标记，使用时应在与其进行通信联机的 TDS 智能集成中压交流真空断路器前置器上设置频道，二者频道应一致。

六、智能中压机柜模拟屏

（一）概述

TDS 智能中压机柜模拟屏（以下简称产品）是 TDS 智能集成中压交流真空断路器和 TDS 智能中压交流开关柜（金属封闭开关设备和控制设备）的配用设备，用于计量、测量、联络等其中没有交流断路器的中压机柜，作为人机联系部件，使内部有与没有 TDS 智能集成中压交流真空断路器的中压机柜在外观上风格一致，如图 3-72 所示。

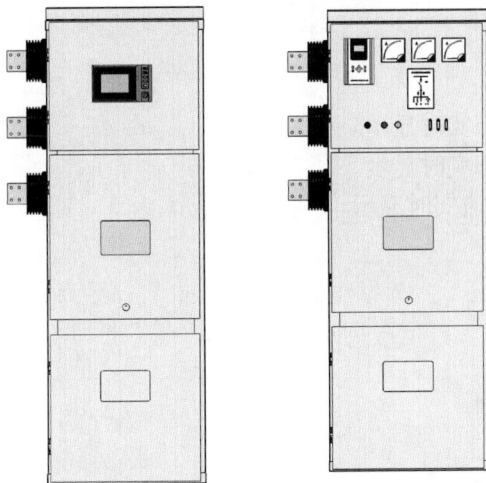

(a) 使用 TDS 智能集成中压交流真空断路器的中压机柜与
内部没有中压交流断路器的中压机柜的外观效果比较

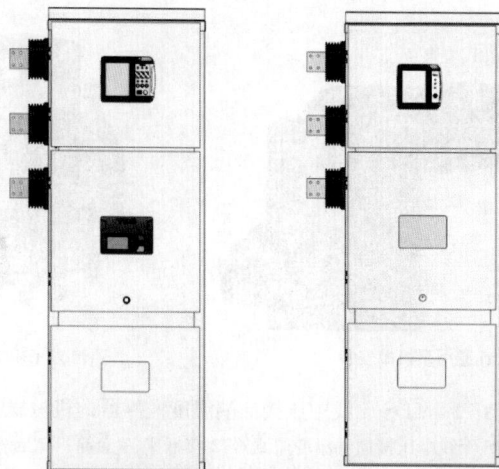

(b) 使用 TDS 智能集成中压交流真空断路器的中压机柜与内部没有中压交流
断路器的使用TDS中压机柜智能模拟屏的中压机柜的外观效果比较

图 3-72　产品使用外观效果

(二) 主要特点

（1）TDS 智能中压机柜模拟屏采用大面积彩色触摸式液晶屏，通用性强，可以在用户端通过设置应用于不同的中压机柜。

（2）TDS 智能中压机柜模拟屏智能化程度高，具有信息容量大、显示直观和人机联系人性化的特点。

（3）TDS 智能中压机柜模拟屏有人体感应器，当人体接近时液晶屏发光工作，人体离开后延时熄灭，从而延长液晶屏和相关器件的使用寿命。

(三) 主要功能

1）主接线模拟功能

（1）主接线设备状态实时显示。

（2）主接线带电状态实时显示。

（3）主接线电压、电流实时显示。

2）测量功能

（1）温度测量。

（2）湿度测量。

3）控制功能

（1）加热器启停控制。

（2）风扇启停控制。

（3）柜门开闭锁控制。

（4）低温自动加热控制。

（5）高湿度自动加热、吹风去湿控制。

（6）柜门开闭锁五防控制。

(四) 主要参数

1) 工作条件参数

(1) 电源电压:≃220V(±10％)。

(2) 功率消耗:5VA＋负载功率。

(3) 环境温度:－20～60℃。

(4) 抗干扰性:符合 GB/T 7626.8—1998 要求。

2) 电气安全参数

(1) 绝缘性能:外壳与电源端子间 20MΩ/1000V。

(2) 抗电强度:外壳与电源端子间～2000V/min。

3) 测量参数

(1) 温度测量误差:≤2℃。

(2) 湿度测量误差:≤2％。

4) 控制参数

(1) 温度控制灵敏度:≤1℃。

(2) 湿度控制灵敏度:≤1％。

(3) 有源输出:≤3A。

5) 通信参数

(1) 通信口:RS-485、网络、无线。

(2) 通信规约:IEC 61850。

6) 机械参数

(1) 质量:2.06kg。

(2) 外形尺寸与安装开孔尺寸如图 3-73 所示。

(a) 外形尺寸 (b) 开孔尺寸

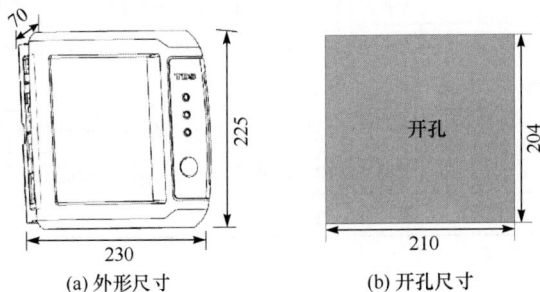

图 3-73 TDS 智能中压机柜模拟屏外形尺寸与安装开孔尺寸(单位:mm)

(五) 安装

1) 机械安装

在中压机柜的仪表隔室的前门板上合适位置按产品安装开孔尺寸开孔,然后将产品从前面嵌入,在产品背面两侧将两个产品固定件安上并将固定件上的螺栓拧紧。

2）接线端子

产品与外设的连接采用插拔式接线端子，接线端子如图 3-74 所示。

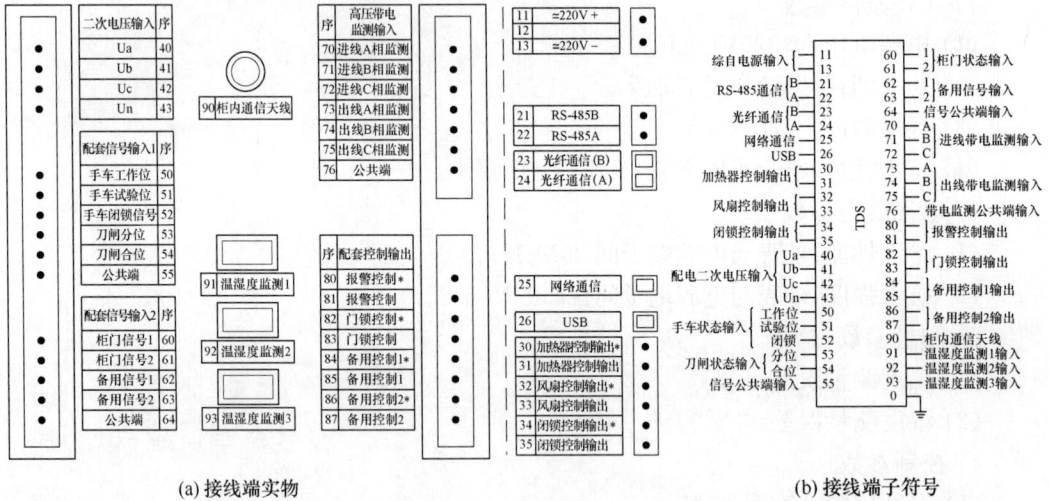

图 3-74 的接线端子包含以下内容：

二次电压输入 序
Ua	40
Ub	41
Uc	42
Un	43

90 柜内通信天线

配套信号输入1 序
手车工作位	50
手车试验位	51
手车闭锁信号	52
刀闸分位	53
刀闸合位	54
公共端	55

配套信号输入2 序
柜门信号1	60
柜门信号2	61
备用信号1	62
备用信号2	63
公共端	64

91 温湿度监测1
92 温湿度监测2
93 温湿度监测3

高压带电监测输入 序
进线A相监测	70
进线B相监测	71
进线C相监测	72
出线A相监测	73
出线B相监测	74
出线C相监测	75
公共端	76

序 配套控制输出
80	报警控制*
81	报警控制
82	门锁控制*
83	门锁控制
84	备用控制1*
85	备用控制1
86	备用控制2*
87	备用控制2

11	≈220V＋
12	
13	≈220V－

21	RS-485B
22	RS-485A
23	光纤通信(B)
24	光纤通信(A)

| 25 | 网络通信 |
| 26 | USB |

30	加热器控制输出*
31	加热器控制输出
32	风扇控制输出*
33	风扇控制输出
34	闭锁控制输出*
35	闭锁控制输出

接线端子符号（TDS）：

综合电源输入 11、13
RS-485通信 B22、A22
光纤通信 B23、A24
网络通信 25
USB 26
加热器控制输出 30、31
风扇控制输出 32、33
闭锁控制输出 34、35
Ua 40、Ub 41、Uc 42、Un 43 配电二次电压输入
手车状态输入 工作位 50、试验位 51、闭锁 52
刀闸状态输入 分位 53、合位 54
信号公共端输入 55

60、61 柜门状态输入
62、63 备用信号输入
64 信号公共端输入
70、71、72 进线带电监测输入
73、74、75 出线带电监测输入
76 带电监测公共端输入
80 报警控制输出
82、83 门锁控制输出
84、85 备用控制1输出
86、87 备用控制2输出
90 柜内通信天线
91 温湿度监测1输入
92 温湿度监测2输入
93 温湿度监测3输入
0

(a) 接线端实物　　　　(b) 接线端子符号

图 3-74　TDS 智能中压机柜模拟屏的接线端子

3）电气接线

产品的电气接线按外设的接线要求接到产品的对应接线端子上。产品电气接线除正确、可靠、美观之外，还应注意如表 3-19 所示的接线要点。

表 3-19　产品的接线要点

序号	外设名称	接线要点
1	电源	线径要考虑所接负载电流（如加热器等）
2	手车	手车中无断路器，仅有工作位置、试验位置两种状态信号接线
3	刀闸	刀闸为非电动型，仅有分闸、合闸两种状态信号接线
4	中压带电传感器	A、B、C 三相相序应正确
5	加热器	加热器回路中应串微断开关，进行短路保护和应急关停，线径要考虑负载电流
6	风扇	风扇回路中应串微断开关，进行短路保护和应急关停
7	接地	应采用黄绿双色专用接地导线

（六）使用

1）产品面板

产品面板如图 3-75 所示。

2）产品界面

产品的界面有两种，一种是主界面，另一种是设置界面。

主界面实时显示中压机柜内设备的运行工况。产品有人体感应功能，人体接近时主界面显示，人体离开后延时熄灭。

（1）主界面。产品的主界面（主接线为"隔离＋联络＋电压测量"）如图 3-76 所示。

（2）设置界面。产品的应用设置应按设置界面中的提示准确设置，使产品由通用型变为仅对所在中压机柜专用。主接线的设置应首先确认主接线的类型，然后与生产厂家联系，由生产厂家设置。设置界面如图 3-77 所示。

（3）电器操作。产品接有加热器、风扇等电器，在产品的主界面有相应的触摸键可以进行启动、停止操作，也可以设置成自动控制状态，使其按预定规律自动启动和停止。

在电器（如加热器、风扇等）回路中应串有微断开关，在电器失控的情况下，可以将相应回路中的微断开关开断，使该电器退出。

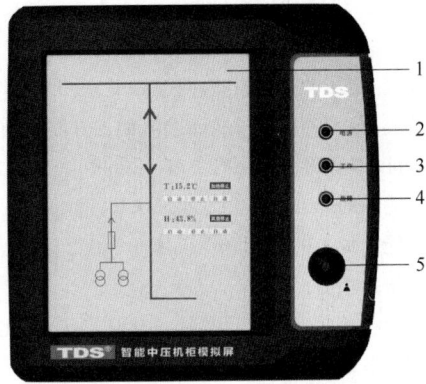

图 3-75　TDS 智能中压机柜模拟屏面板
1-液晶屏；2-电源指示灯；3-工作指示灯；
4-故障指示灯；5-人体感应器件

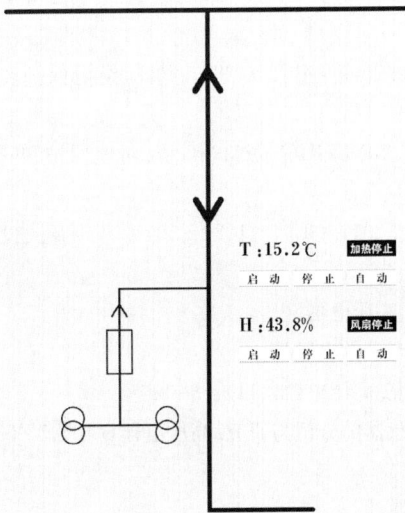

图 3-76　TDS 智能中压机柜模拟屏的主界面
主接线为"隔离＋联络＋电压测量"

图 3-77　TDS 智能中压机柜模拟屏的设置界面

参 考 文 献

白同云,等.2004.电磁兼容设计.北京:北京邮电大学出版社.

段雄英,等.2011.两种故障电流相控开断电流零点预测算法对比.高压电器,(1):5-9.

国家能源局.2009.DL/T 604—2009.高压并联电容器装置使用技术条件.北京:中国电力出版社.

国家能源局.2010.DL/T 478—2010.继电保护和安全自动装置通用技术条件.北京:中国电力出版社.

国家能源局.2015.NB/T 42044—2014.3.6kV～40.5kV智能交流金属封闭开关设备和控制设备.北京:新华出版社.

国家质量监督检验检疫总局,中国国家标准化管理委员会.1989.GB 3309—1989.高压开关设备常温下的机械试验.北京:中国标准出版社.

国家质量监督检验检疫总局,中国国家标准化管理委员会.1994.GB/T 2900.20—1994.电工术语高压开关设备.北京:中国标准出版社.

国家质量监督检验检疫总局,中国国家标准化管理委员会.2001.GB/T 14808—2001.交流高压接触器和基于接触器的电动机起动器.北京:中国标准出版社.

国家质量监督检验检疫总局,中国国家标准化管理委员会.2003.GB/T 1984—2003.高压交流断路器.北京:中国标准出版社.

国家质量监督检验检疫总局,中国国家标准化管理委员会.2006.GB 3906—2006.3.6kV～40.5kV交流金属封闭开关设备和控制设备.北京:中国标准出版社.

国家质量监督检验检疫总局,中国国家标准化管理委员会.2006.GB/T 14285—2006.继电保护和安全自动装置技术规程.北京:中国标准出版社.

国家质量监督检验检疫总局,中国国家标准化管理委员会.2008.GB/T 7261—2008.继电保护和安全自动装置基本实验方法.北京:中国标准出版社.

国家质量监督检验检疫总局,中国国家标准化管理委员会.2011.GB/T 11022—2011.高压开关设备和控制设备标准的共同技术要求.北京:中国标准出版社.

何妍,等.2011.智能真空开关投切不同负载控制策略研究.高压电器,(10):1-6.

华伟,等.2002.现代电力电子器件及其应用.北京:北京邮电大学出版社.

贾涛,等.2012.电磁干扰对高压开关设备可靠性影响的研究.高压电器,(11):58-62.

贾一凡,等.2013.智能化高压开关机械试验测试用位移传感器的分析与研究.高压电器,(10):58-63.

林莘.2003.永磁机构与真空断路器.北京:机械工业出版社.

林莘.2014.现代高压电器技术.2版.北京:机械工业出版社.

刘延冰,等.2010.电子式互感器原理、技术及应用.北京:科学出版社.

孟凡钟.2009.真空断路器实用技术.北京:中国水利水电出版社.

施文冲.2010.现代电力无功控制技术与设备.北京:中国电力出版社.

苏奎峰,等.2010.TMS320X281X DSP原理及C程序开发.北京:北京航空航天大学出版社.

田建忠,等.2010.机械设备电磁兼容设计与实施.北京:国防工业出版社.

王邦田,等.2013.基于27.5kV永磁机构开关的优化设计.高压电器,(12):54-58.

王邦田,等.2014.永磁式真空断路器的仿真建模与故障分析.高压电器,(5):36-41.

闻邦椿.2010.机械设计手册.5版.北京:机械工业出版社.

熊泰昌,等.2010.中压开关设备实用手册.北京:中国电力出版社.

苑舜.2001.真空断路器开断与关合不同负载时的操作过电压.北京:中国电力出版社.

张应中,等.2014.高压断路器弹簧操动机构的优化与仿真.高压电器,(4):66-71.

中国电器工业协会高压开关分会.2013.高压开关行业年鉴.北京:中国标准出版社.

周文,等.2013.高压真空断路器主轴系统优化研究.高压电器,(4):60-65,70.

周志敏,等.2006.IGBT 和 IPM 及其应用电路.北京:人民邮电出版社.